**国家出版基金资助项目**

现代数学中的著名定理纵横谈丛书

丛书主编　王梓坤

PEDOE THEOREM

# Pedoe定理

刘培杰数学工作室　编

哈爾濱工業大學出版社
HARBIN INSTITUTE OF TECHNOLOGY PRESS

## 内 容 简 介

本书主要介绍了 Weisenböck 不等式、Finsler-Hadwiger 不等式、Pedoe 不等式、Neuberg-Pedoe 不等式等的相关内容.

本书适合大学师生及数学爱好者阅读使用.

**图书在版编目(CIP)数据**

Pedoe 定理/刘培杰数学工作室编. — 哈尔滨:哈尔滨工业大学出版社,2021.1

(现代数学中的著名定理纵横谈丛书)

ISBN 978－7－5603－8925－7

Ⅰ.①P… Ⅱ.①刘… Ⅲ.①几何－数学分析 Ⅳ.①O18

中国版本图书馆 CIP 数据核字(2020)第 124467 号

策划编辑 刘培杰 张永芹
责任编辑 甄淼淼 李 欣
封面设计 孙茵艾
出版发行 哈尔滨工业大学出版社
社　　址 哈尔滨市南岗区复华四道街 10 号 邮编 150006
传　　真 0451－86414749
网　　址 http://hitpress.hit.edu.cn
印　　刷 黑龙江艺德印刷有限责任公司
开　　本 787 mm×960 mm 1/16 印张 24 字数 258 千字
版　　次 2021 年 1 月第 1 版 2021 年 1 月第 1 次印刷
书　　号 ISBN 978－7－5603－8925－7
定　　价 98.00 元

---

## 代序

### 读书的乐趣

你最喜爱什么——书籍.

你经常去哪里——书店.

你最大的乐趣是什么——读书.

这是友人提出的问题和我的回答.真的,我这一辈子算是和书籍,特别是好书结下了不解之缘.有人说,读书要费那么大的劲,又发不了财,读它做什么?我却至今不悔,不仅不悔,反而情趣越来越浓.想当年,我也曾爱打球,也曾爱下棋,对操琴也有兴趣,还登台伴奏过.但后来却都一一断交,“终身不复鼓琴”.那原因便是怕花费时间,玩物丧志,误了我的大事——求学.这当然过激了一些.剩下来唯有读书一事,自幼至今,无日少废,谓之书痴也可,谓之书橱也可,管它呢,人各有志,不可相强.我的一生大志,便是教书,而当教师,不多读书是不行的.

读好书是一种乐趣,一种情操;一种向全世界古往今来的伟人和名人求教的方法，一种和他们展开讨论的方式；一封出席各种活动、体验各种生活、结识各种人物的邀请信；一张迈进科学宫殿和未知世界的入场券；一股改造自己、丰富自己的强大力量．书籍是全人类有史以来共同创造的财富，是永不枯竭的智慧的源泉．失意时读书，可以使人重整旗鼓；得意时读书，可以使人头脑清醒；疑难时读书，可以得到解答或启示；年轻人读书，可明奋进之道；年老人读书，能知健神之理．浩浩乎！洋洋乎！如临大海，或波涛汹涌，或清风微拂，取之不尽，用之不竭．吾于读书，无疑义矣，三日不读，则头脑麻木，心摇摇无主．

## 潜能需要激发

我和书籍结缘，开始于一次非常偶然的机会．大概是八九岁吧，家里穷得揭不开锅，我每天从早到晚都要去田园里帮工．一天，偶然从旧木柜阴湿的角落里，找到一本蜡光纸的小书，自然很破了．屋内光线暗淡，又是黄昏时分，只好拿到大门外去看．封面已经脱落，扉页上写的是《薛仁贵征东》．管它呢，且往下看．第一回的标题已忘记，只是那首开卷诗不知为什么至今仍记忆犹新：

日出遥遥一点红，飘飘四海影无踪．

三岁孩童千两价，保主跨海去征东．

第一句指山东，二、三两句分别点出薛仁贵（雪、人贵）．那时识字很少，半看半猜，居然引起了我极大的兴趣，同时也教我认识了许多生字．这是我有生以来独立看的第一本书．尝到甜头以后，我便千方百计去找书，向小朋友借，到亲友家找，居然断断续续看了《薛丁山征西》《彭公案》《二度梅》等，樊梨花便成了我心中的女英雄. 我真入迷了. 从此,放牛也罢,车水也罢,我总要带一本书,还练出了边走田间小路边读书的本领,读得津津有味,不知人间别有他事.

当我们安静下来回想往事时,往往会发现一些偶然的小事却影响了自己的一生. 如果不是找到那本《薛仁贵征东》,我的好学心也许激发不起来. 我这一生,也许会走另一条路. 人的潜能,好比一座汽油库,星星之火,可以使它雷声隆隆、光照天地;但若少了这粒火星,它便会成为一潭死水,永归沉寂.

## 抄,总抄得起

好不容易上了中学,做完功课还有点时间,便常光顾图书馆. 好书借了实在舍不得还,但买不到也买不起,便下决心动手抄书. 抄,总抄得起. 我抄过林语堂写的《高级英文法》,抄过英文的《英文典大全》,还抄过《孙子兵法》,这本书实在爱得狠了,竟一口气抄了两份. 人们虽知抄书之苦,未知抄书之益,抄完毫末俱见,一览无余,胜读十遍.

## 始于精于一,返于精于博

关于康有为的教学法,他的弟子梁启超说:“康先生之教,专标专精、涉猎二条,无专精则不能成,无涉猎则不能通也.”可见康有为强烈要求学生把专精和广博(即“涉猎”)相结合.

在先后次序上,我认为要从精于一开始. 首先应集中精力学好专业,并在专业的科研中做出成绩,然后逐步扩大领域,力求多方面的精. 年轻时,我曾精读杜布(J. L. Doob)的《随机过程论》,哈尔莫斯(P. R. Halmos)的《测度论》等世界数学名著,使我终身受益. 简言之,即“始于精于一,返于精于博”. 正如中国革命一样,必须先有一块根据地,站稳后再开创几块,最后连成一片.

## 丰富我文采,澡雪我精神

辛苦了一周,人相当疲劳了,每到星期六,我便到旧书店走走,这已成为生活中的一部分,多年如此.一次,偶然看到一套《纲鉴易知录》,编者之一便是选编《古文观止》的吴楚材.这部书提纲挈领地讲中国历史,上自盘古氏,直到明末,记事简明,文字古雅,又富于故事性,便把这部书从头到尾读了一遍.从此启发了我读史书的兴趣.

我爱读中国的古典小说,例如《三国演义》和《东周列国志》.我常对人说,这两部书简直是世界上政治阴谋诡计大全.即以近年来极时髦的人质问题(伊朗人质、劫机人质等),这些书中早就有了,秦始皇的父亲便是受害者,堪称"人质之父".

《庄子》超尘绝俗,不屑于名利.其中"秋水""解牛"诸篇,诚绝唱也.《论语》束身严谨,勇于面世,"己所不欲,勿施于人",有长者之风.司马迁的《报任少卿书》,读之我心两伤,既伤少卿,又伤司马;我不知道少卿是否收到这封信,希望有人做点研究.我也爱读鲁迅的杂文,果戈理、梅里美的小说.我非常敬重文天祥、秋瑾的人品,常记他们的诗句:"人生自古谁无死,留取丹心照汗青""休言女子非英物,夜夜龙泉壁上鸣".唐诗、宋词、《西厢记》《牡丹亭》,丰富我文采,澡雪我精神,其中精粹,实是人间神品.

读了邓拓的《燕山夜话》,既叹服其广博,也使我动了写《科学发现纵横谈》的心.不料这本小册子竟给我招来了上千封鼓励信.以后人们便写出了许许多多的“纵横谈”.

从学生时代起,我就喜读方法论方面的论著.我想,做什么事情都要讲究方法,追求效率、效果和效益,方法好能事半而功倍.我很留心一些著名科学家、文学家写的心得体会和经验.我曾惊讶为什么巴尔扎克在51年短短的一生中能写出上百本书,并从他的传记中去寻找答案.文史哲和科学的海洋无边无际,先哲们的明智之光沐浴着人们的心灵,我衷心感谢他们的恩惠.

## 读书的另一面

以上我谈了读书的好处,现在要回过头来说说事情的另一面.

读书要选择.世上有各种各样的书:有的不值一看,有的只值看20分钟,有的可看5年,有的可保存一辈子,有的将永远不朽.即使是不朽的超级名著,由于我们的精力与时间有限,也必须加以选择.决不要看坏书,对一般书,要学会速读.

读书要多思考.应该想想,作者说得对吗?完全吗?适合今天的情况吗?从书本中迅速获得效果的好办法是有的放矢地读书,带着问题去读,或偏重某一方面去读.这时我们的思维处于主动寻找的地位,就像猎人追找猎物一样主动,很快就能找到答案,或者发现书中的问题.

有的书浏览即止,有的要读出声来,有的要心头记住,有的要笔头记录.对重要的专业书或名著,要勤做笔记,“不动笔墨不读书”.动脑加动手,手脑并用,既可加深理解,又可避忘备查,特别是自己的灵感,更要及时抓住.清代章学诚在《文史通义》中说:“札记之功必不可少,如不札记,则无穷妙绪如雨珠落大海矣.”

许多大事业、大作品，都是长期积累和短期突击相结合的产物.涓涓不息，将成江河；无此涓涓，何来江河？

爱好读书是许多伟人的共同特性，不仅学者专家如此，一些大政治家、大军事家也如此.曹操、康熙、拿破仑、毛泽东都是手不释卷，嗜书如命的人.他们的巨大成就与毕生刻苦自学密切相关.

王梓坤

# ◎ 目录

# 第1章 引言

一位世界著名的数学家曾经说过："一位蹩脚的数学家只有一些抽象的定理,而一位好的数学家手中总是有些具体的例子."现在,我们就先从一个具体的中学数学竞赛的例子开始谈起.

## 1.1 从一道科索沃奥赛试题谈起

在2011年,科索沃举行了数学奥林匹克竞赛,其中的一道试题就是:

**问题1** (2011年科索沃数学奥林匹克竞赛试题)设$\triangle ABC$的三边长分别为$a$,$b$,$c$,记$\triangle ABC$的面积为$S$,则

$$a^2+b^2+c^2\geqslant 4\sqrt{3}S \qquad (*)$$

广东省珠海市实验中学的王恒亮、李一淳两位老师给出了几何简捷证明.

**证明** 在$\triangle ABC$中不妨设$a\geqslant b\geqslant c$,如图1.1,以$BC$为边构造等边$\triangle A'BC$,记$AA'=d$,则$\angle ABA'=\angle ABC-\frac{\pi}{3}$,故在$\triangle AA'B$中,由余弦定理有

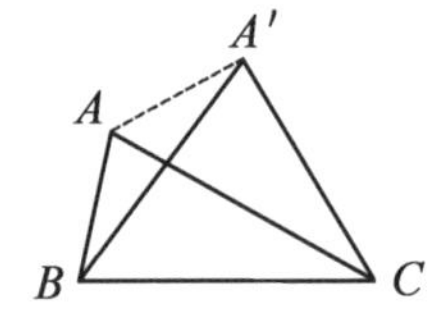


图1.1

$$\begin{aligned}d^2&=a^2+c^2-2ac\cos(\angle ABC-\frac{\pi}{3})\\&=a^2+c^2-2ac(\cos\angle ABC\cos 60^\circ+\\&\quad\sin\angle ABC\sin 60^\circ)\\&=a^2+c^2-ac\cos\angle ABC-2\sqrt{3}\frac{ac\sin\angle ABC}{2}\\&=a^2+c^2-ac\frac{a^2+c^2-b^2}{2ac}-2\sqrt{3}S\\&=\frac{a^2+b^2+c^2}{2}-2\sqrt{3}S\geqslant 0\end{aligned}$$

故$a^2+b^2+c^2\geqslant 4\sqrt{3}S$,其中当且仅当点$A$与$A'$重合时等号成立,即得证.

事实上,对于不等式(*),他们还得到如下一个

更为完美的不等式链：

**定理1** 设△$ABC$的三边长分别为$a,b,c$，边$BC,CA,AB$上的中线长分别记为$m_a,m_b,m_c$，边$BC,CA,AB$上的高线长分别记为$h_a,h_b,h_c$，记$s=\max\left\{\frac{m_a}{h_a},\frac{m_b}{h_b},\frac{m_c}{h_c}\right\}$，$s'=\min\left\{\frac{m_a}{h_a},\frac{m_b}{h_b},\frac{m_c}{h_c}\right\}$，则

$a^2+b^2+c^2\geqslant 4\sqrt{3}Ss\geqslant 4\sqrt{3}Ss'\geqslant 4\sqrt{3}S$.

**证明** 设$AD$为△$ABC$中$BC$边上的高线，在△$ABD$和△$ACD$中分别应用余弦定理可得

$$\frac{m_a^2+\frac{a^2}{4}-c^2}{am_a}=-\frac{m_a^2+\frac{a^2}{4}-b^2}{am_a}$$

故
$$m_a=\frac{1}{2}\sqrt{2b^2+2c^2-a^2}$$

而
$$S=\frac{1}{2}ah_a$$

故

$$\frac{m_a}{h_a}\leqslant\frac{a^2+b^2+c^2}{4\sqrt{3}S}$$

$$\Leftrightarrow a\sqrt{2b^2+2c^2-a^2}\leqslant\frac{a^2+b^2+c^2}{\sqrt{3}}$$

$$\Leftrightarrow 3a^2(2b^2+2c^2-a^2)\leqslant(a^2+b^2+c^2)^2$$

$$\Leftrightarrow 4a^4+b^4+c^4-4a^2b^2-4a^2c^2+2b^2c^2\geqslant 0$$

$$\Leftrightarrow(b^2+c^2-2a^2)^2\geqslant 0$$

此不等式显然成立.

故
$$\frac{m_a}{h_a}\leqslant\frac{a^2+b^2+c^2}{4\sqrt{3}S}$$

同理

$$\frac{m_b}{h_b}\leqslant\frac{a^2+b^2+c^2}{4\sqrt{3}S}$$

$$\frac{m_c}{h_c}\leqslant\frac{a^2+b^2+c^2}{4\sqrt{3}S}$$

故
$$a^2+b^2+c^2\geqslant4\sqrt{3}Ss$$

且
$$a^2+b^2+c^2\geqslant4\sqrt{3}Ss'$$

对于$\triangle ABC$，由几何意义易知$\frac{m_a}{h_a}\geqslant1$，故

$$\max\left\{\frac{m_a}{h_a},\frac{m_b}{h_b},\frac{m_c}{h_c}\right\}\geqslant\min\left\{\frac{m_a}{h_a},\frac{m_b}{h_b},\frac{m_c}{h_c}\right\}\geqslant1$$

即$s\geqslant s'$，故$4\sqrt{3}Ss\geqslant4\sqrt{3}Ss'\geqslant4\sqrt{3}S$.

综上可得$a^2+b^2+c^2\geqslant4\sqrt{3}Ss\geqslant4\sqrt{3}Ss'\geqslant4\sqrt{3}S$.

对于这样一个地区来说，在如此短的时间内能命出如此高质量的试题吗？果然这是一道成题，早在1961年第3届IMO中就已经由波兰人提供过，作为当年的第2题.经过50多年来竞赛选手及教练员们不断地研究，现在已经有了27种不同的证法.

## 1.2　一道有27种证法的IMO试题

**试题1**　已知 $a,b,c$ 是三角形三边的长度,$T$ 是该三角形的面积,求证

$$a^2+b^2+c^2\geqslant 4\sqrt{3}T$$

并指出在什么条件下等号成立?

**证法1**　设 $a$ 不小于 $b$ 或 $c$,则此边上的高在三角形内,以 $h$ 表示. 此高把 $a$ 分成两段,其长度分别以 $m$,$n$ 表示,如图1.2所示. 则

$$b^2=h^2+n^2,c^2=h^2+m^2,T=\frac{1}{2}(m+n)h$$

于是求证的不等式可化为

$$(m+n)^2+(h^2+n^2)+(h^2+m^2)\geqslant 2\sqrt{3}(m+n)h$$

即

$$h^2-\sqrt{3}(m+n)h+(n^2+m^2+mn)\geqslant 0 \tag{1.2.1}$$

这样,我们只需证明式(1.2.1)成立.

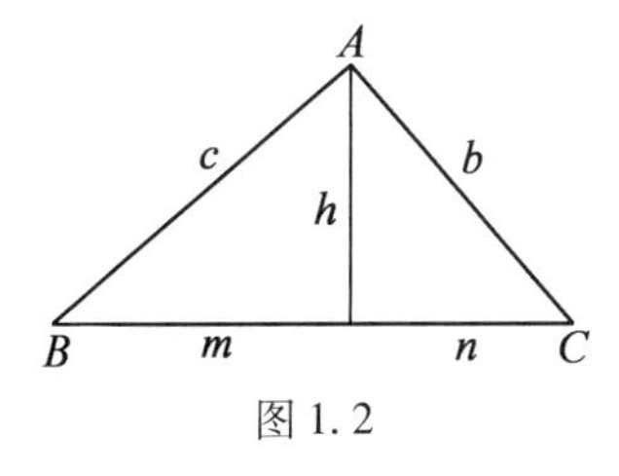


图1.2

用 $Q(h)$ 表示式(1.2.1)的左边,则 $Q(h)$ 是 $h$ 的

二次三项式,其判别式为

$$3(m+n)^2-4(n^2+m^2+mn)=-(m-n)^2\leqslant 0$$

因 $Q(h)$ 的判别式小于或等于 0,可知 $Q(h)$ 不可能取负值. 从而可知原不等式是正确的,而且易知,当且仅当 $m=n,h=\sqrt{3}m$ 时,等号成立. 此时 $BC$ 上的高等于 $\frac{\sqrt{3}}{2}BC$ 且平分 $BC$,故 $\triangle ABC$ 是正三角形.

**证法 2** 令 $a+b+c=2s$,则

$$4s^2=(a+b+c)^2=a^2+b^2+c^2+2ab+2bc+2ca$$

又

$$\begin{aligned}&(a-b)^2+(b-c)^2+(c-a)^2\\&=2(a^2+b^2+c^2-ab-bc-ca)\end{aligned}$$

以上两式左右两边分别相加得

$$4s^2+(a-b)^2+(b-c)^2+(c-a)^2=3(a^2+b^2+c^2)$$

从而得

$$4s^2\leqslant 3(a^2+b^2+c^2)$$

另外,根据平面几何定理,在所有周界相等的三角形中,正三角形的面积最大,若正三角形的边长为 $\frac{2s}{3}$,则其面积为

$$\frac{\sqrt{3}}{4}\left(\frac{2s}{3}\right)^2=\frac{\sqrt{3}s^2}{9}$$

因此

$$T\leqslant\frac{\sqrt{3}s^2}{9}\leqslant\frac{3\sqrt{3}(a^2+b^2+c^2)}{36}$$

$$\Rightarrow a^2+b^2+c^2\geqslant\frac{12T}{\sqrt{3}}=4\sqrt{3}T$$

当且仅当 $a=b=c$,即$\triangle ABC$是正三角形时,上式等号成立.

**证法3**　我们依顶角$\angle A\geqslant 120°$或$\angle A<120°$分为两种情形进行讨论.

(1)设$\angle A\geqslant 120°$. 在 $BC$ 的下方作正$\triangle BCD$及其外接圆,如图1.3所示. 外接圆的直径 $DF=\frac{2a}{\sqrt{3}}$. 因点 $A$ 在弓形 $BFC$ 之内,故 $AH\leqslant FE=\frac{\sqrt{3}a}{6}$,所以

$$\frac{S_{\triangle BCD}}{S_{\triangle ABC}}\geqslant\frac{\frac{\sqrt{3}a}{2}}{\frac{\sqrt{3}a}{6}}=3$$

但 $S_{\triangle BCD}=\frac{\sqrt{3}a^2}{4}$,$S_{\triangle ABC}=T$,所以

$$\frac{\sqrt{3}a^2}{4}\geqslant 3T$$

上式左边加正数$\frac{\sqrt{3}}{4}(b^2+c^2)$得

$$\frac{\sqrt{3}}{4}(a^2+b^2+c^2)>3T$$

以4乘上式两边即得所求证的不等式.

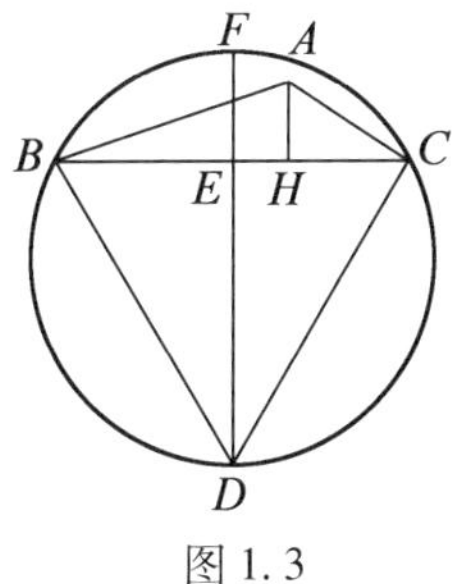


图1.3

(2)设$\angle A<120°$. 在$\triangle ABC$三边上各向外作正三角形和它们的外接圆,如图1.4所示. 这三个外接圆的交点$N$是唯一的. 若$N$是$\triangle RAB$及$\triangle QAC$的外接圆的交点,则

$$\angle ANC=\angle ANB=120°\Rightarrow\angle BNC=120°$$

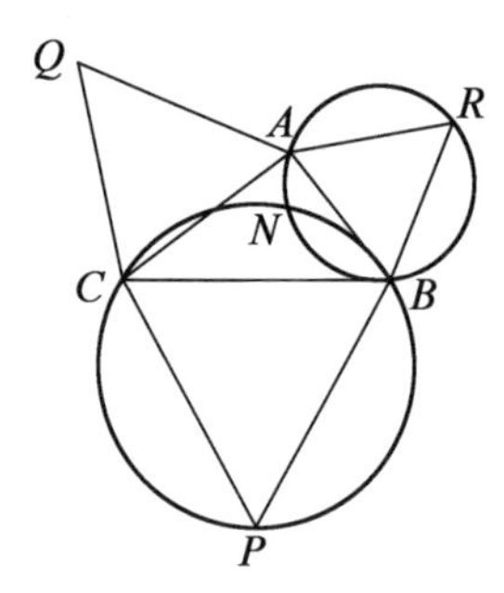


图1.4

所以$N$在$\triangle PBC$的外接圆上. 根据(1)的结果可知

$$\frac{\sqrt{3}a^2}{4}\geqslant 3S_{\triangle NBC},\frac{\sqrt{3}b^2}{4}\geqslant 3S_{\triangle NCA},\frac{\sqrt{3}c^2}{4}\geqslant 3S_{\triangle NAB}$$

把它们相加,即得所求证的不等式,当$NA=NB=NC$时等号成立.

**证法4** 由Heron(海伦)公式,知三角形面积

$$T=\sqrt{\frac{a+b+c}{2}\cdot\frac{a+b-c}{2}\cdot\frac{a+c-b}{2}\cdot\frac{b+c-a}{2}}$$

又因对于任意正实数$x,y,z$,有不等式

$$\frac{x+y+z}{3}\geqslant\sqrt[3]{xyz}$$

即

$$xyz\leqslant\left(\frac{x+y+z}{3}\right)^3$$

(当且仅当$x=y=z$时等号成立),故有

$$
\begin{aligned}
&(a+b-c)(a+c-b)(b+c-a)\\
\leqslant &\left(\frac{a+b+c}{3}\right)^3\\
= &\frac{(a+b+c)^3}{27}
\end{aligned}
$$

(当且仅当 $a+b-c=a+c-b=b+c-a$,即 $a=b=c$ 时等号成立),所以

$$
\begin{aligned}
4T &= \sqrt{(a+b+c)(a+b-c)(a+c-b)(b+c-a)}\\
&\leqslant \sqrt{(a+b+c)\frac{(a+b+c)^3}{27}}\\
&= \frac{(a+b+c)^2}{3\sqrt{3}}\\
&= \frac{3a^2+3b^2+3c^2-(a-b)^2-(b-c)^2-(c-a)^2}{3\sqrt{3}}\\
&\leqslant \frac{a^2+b^2+c^2}{\sqrt{3}}
\end{aligned}
$$

即得

$$a^2+b^2+c^2 \geqslant 4\sqrt{3}T$$

当且仅当 $a=b=c$ 时等号成立.

**证法5**　由余弦定理,得

$$
\begin{aligned}
a^2+b^2+c^2 &= (a^2+b^2-c^2)+(b^2+c^2-a^2)+\\
&\quad (c^2+a^2-b^2)\\
&= 2ab\cdot\cos C+2bc\cdot\cos A+\\
&\quad 2ca\cdot\cos B
\end{aligned}
$$

于是

$$\frac{a^2+b^2+c^2}{4T}=\frac{2ab\cdot\cos C}{4T}+\frac{2bc\cdot\cos A}{4T}+\frac{2ca\cdot\cos B}{4T}$$

$$=\frac{2ab\cdot\cos C}{2ab\cdot\sin C}+\frac{2bc\cdot\cos A}{2bc\cdot\sin A}+\frac{2ca\cdot\cos B}{2ca\cdot\sin B}$$
$$=\cot C+\cot A+\cot B$$

设

$$\begin{aligned}y&=\cot C+\cot A+\cot B\\&=-\cot(A+B)+\cot A+\cot B\\&=-\frac{\cot A\cdot\cot B-1}{\cot A+\cot B}+\cot A+\cot B\end{aligned}$$

去分母并化简,得

$$\cot^2A+(\cot B-y)\cot A+(\cot^2B-y\cdot\cot B+1)=0$$

由于 $\cot A$ 为实数,所以方程成立的必要条件是判别式

$$\begin{aligned}\Delta&=(\cot B-y)^2-4(\cot^2B-y\cdot\cot B+1)\\&=-3\cot^2B+2y\cdot\cot B+(y^2-4)\geqslant 0\end{aligned}$$

这是一个关于 $\cot B$ 的二次三项式,它的二次项系数 $-3<0$,如果要求它的值不小于 0,则 $\cot B$ 之值必介于这个二次三项式的两根之间,亦即这个二次三项式有两个实根. 于是又有

$$(2y)^2-4(-3)(y^2-4)=16y^2-48\geqslant 0$$

注意到 $y=\cot A+\cot B+\cot C>0$,取正值得

$$y\geqslant\sqrt{3}$$

其中当 $\cot B=\frac{1}{\sqrt{3}}$和 $\cot A=\frac{y-\cot B}{2}=\frac{1}{\sqrt{3}}$,即

$$\angle A=\angle B=\angle C=\frac{\pi}{3}$$

时等号成立.

所以$\frac{a^2+b^2+c^2}{4T}\geqslant\sqrt{3}$,即 $a^2+b^2+c^2\geqslant4\sqrt{3}T$,其中等号成立的充要条件是

$$\angle A=\angle B=\angle C=\frac{\pi}{3}$$

**证法6**　由三角形面积的 Heron 公式,并注意到

$$a^4+b^4+c^4\geqslant a^2b^2+b^2c^2+c^2a^2$$

即可得证.

**证法7**　由余弦定理及三角形面积公式知

$$a^2+b^2+c^2-4\sqrt{3}T\geqslant2(a^2+b^2-2ab)$$
$$=2(a-b)^2\geqslant0$$

所以

$$a^2+b^2+c^2\geqslant4\sqrt{3}T$$

注:最近微信公众号中流传的最简单的方法是陕西省西安市高陵区第一中学的袁方老师给出的.

只用到如下预备知识:

(1)余弦定理:$c^2=a^2+b^2-2ab\cos C$;

(2)面积公式:$S=\frac{1}{2}ab\sin C$;

(3)重要不等式:$a^2+b^2\geqslant2ab$;

(4)辅助角公式:$a\sin\omega x+b\cos\omega x=\sqrt{a^2+b^2}\cdot\sin(\omega x+\varphi)$. 其中 $a>0,\omega>0,\tan\varphi=\frac{b}{a},-\frac{\pi}{2}<\varphi<\frac{\pi}{2}$.

证明:要证 $a^2+b^2+c^2\geqslant4\sqrt{3}T$,只需证

$$2(a^2+b^2)-2ab\cos C\geqslant4\sqrt{3}\times\frac{1}{2}ab\sin C$$

即只需证

$$a^2+b^2\geqslant\sqrt{3}ab\sin C+ab\cos C$$

只需证

$$a^2+b^2\geqslant 2ab\sin\left(C+\frac{\pi}{6}\right)$$

而 $a^2+b^2\geqslant 2ab$,故得证.

其实,它同于证法 7.

**证法** 8　由于

$$\begin{aligned}a^2+b^2+c^2&=2(a^2+b^2-ab\cdot\cos C)\\&\geqslant 2ab(2-\cos C)\\&=4T\cdot\frac{2-\cos C}{\sin C}\end{aligned}$$

并注意到 $\cos\left(\frac{\pi}{3}-C\right)\leqslant 1$,即

$$a^2+b^2+c^2\geqslant 4\sqrt{3}T$$

**证法** 9　由余弦定理并利用三角形面积公式,得

$$a^2+b^2+c^2=4T(\cot A+\cot B+\cot C)$$

但

$$\cot A+\cot B+\cot C\geqslant\sqrt{3}$$

所以

$$a^2+b^2+c^2\geqslant 4\sqrt{3}T$$

**证法** 10　由算术—几何平均不等式,得

$$a^2+b^2+c^2\geqslant 3(abc)^{\frac{2}{3}}$$

利用公式

$$a^2b^2c^2=\frac{8T^3}{\sin A\cdot\sin B\cdot\sin C}$$

及

$$\sin A\cdot\sin B\cdot\sin C\leqslant\frac{3}{8}\sqrt{3}$$

即得

$$a^2+b^2+c^2 \geqslant 3\left(8T^3 \cdot \frac{8}{3\sqrt{3}}\right)^{\frac{1}{3}}=4\sqrt{3}T$$

**证法 11** 因为

$$a^2+b^2+c^2 \geqslant ab+bc+ca=2T\left(\frac{1}{\sin A}+\frac{1}{\sin B}+\frac{1}{\sin C}\right)$$

但

$$\frac{1}{\sin A}+\frac{1}{\sin B}+\frac{1}{\sin C} \geqslant 3(\sin A \cdot \sin B \cdot \sin C)^{-\frac{1}{3}}$$

且
$$\sin A \cdot \sin B \cdot \sin C \leqslant \frac{3}{8}\sqrt{3}$$

所以

$$a^2+b^2+c^2 \geqslant 4\sqrt{3}T$$

**证法 12** 设△$ABC$ 与边 $BC$,$CA$,$AB$ 相对应的三条高线及三条中线长分别为 $h_a$,$h_b$,$h_c$ 及 $m_a$,$m_b$,$m_c$. 易知

$$h_a^2+h_b^2+h_c^2 \leqslant \frac{3}{4}(a^2+b^2+c^2) \qquad (1.2.2)$$

由算术—几何平均不等式,并由式(1.2.2)得

$$T^6 \leqslant \frac{1}{64} \cdot \frac{1}{27} \cdot \frac{1}{64}(a^2+b^2+c^2)^6$$

从而

$$a^2+b^2+c^2 \geqslant 4\sqrt{3}T$$

**证法 13** 不妨假定 $a \geqslant b \geqslant c$,则 $h_a \leqslant h_b \leqslant h_c$($h_a$,$h_b$,$h_c$ 分别为边 $BC$,$AC$,$AB$ 上的高线长),由 Tscheby-scheff(切比雪夫)不等式或排序原理,得

$$36T^2 \leqslant (a^2+b^2+c^2)(h_a^2+h_b^2+h_c^2)$$

利用式(1.2.2),即得

$$a^2+b^2+c^2\geqslant 4\sqrt{3}T$$

**证法 14** 不妨假定 $a\geqslant b\geqslant c$,则有

$$b^2+c^2-a^2\leqslant c^2+a^2-b^2\leqslant a^2+b^2-c^2$$

由 Tschebyscheff 不等式或排序原理,得

$$3(2a^2b^2+2b^2c^2+2c^2a^2-a^4-b^4-c^4)\leqslant(a^2+b^2+c^2)^2$$

但

$$2a^2b^2+2b^2c^2+2c^2a^2-a^4-b^4-c^4=16T^2$$

从而

$$a^2+b^2+c^2\geqslant 4\sqrt{3}T$$

**证法 15** 令 $b+c-a=x,c+a-b=y,a+b-c=z$,则 $x>0,y>0,z>0$,且

$$a=\frac{1}{2}(y+z)$$

$$b=\frac{1}{2}(z+x)$$

$$c=\frac{1}{2}(x+y)$$

$$a+b+c=x+y+z$$

又

$$T=\frac{1}{4}\sqrt{(a+b+c)(b+c-a)(c+a-b)(a+b-c)}$$

$$=\frac{1}{4}\sqrt{xyz(x+y+z)}$$

故待证不等式等价于

$$x^2+y^2+z^2+xy+yz+xz\geqslant 2\sqrt{3xyz(x+y+z)} \tag{1.2.3}$$

下面证明比式(1.2.3)更强的不等式,即

$$xy+yz+xz \geqslant \sqrt{3xyz(x+y+z)} \qquad (1.2.4)$$

上式两边平方得

$$(xy+yz+xz)^2 \geqslant 3xyz(x+y+z)$$

由于

$$\begin{aligned}&(xy+yz+xz)^2-3xyz(x+y+z)\\=&\frac{1}{2}(x^2(y-z)^2+y^2(z-x)^2+z^2(x-y)^2)\\>&0\end{aligned}$$

故不等式(1.2.4)成立.再由 $x^2+y^2+z^2 \geqslant xy+yz+xz$,及式(1.2.4)知式(1.2.3)成立,从而待证不等式成立.

**证法16**　设$\triangle ABC$的内切圆半径及周长之半分别为$r$与$s$,则有公式$s=r\cdot\cot\frac{A}{2}\cdot\cot\frac{B}{2}\cdot\cot\frac{C}{2}$.由算术—几何平均不等式,得

$$\cot\frac{A}{2}\cdot\cot\frac{B}{2}\cdot\cot\frac{C}{2} \geqslant 3\sqrt{3} \qquad (1.2.5)$$

所以$s \geqslant 3\sqrt{3}r$.又因为

$$a^2+b^2+c^2 \geqslant \frac{1}{3}(a+b+c)^2=\frac{4}{3}s^2$$

所以

$$a^2+b^2+c^2 \geqslant \frac{4}{3}s\cdot 3\sqrt{3}r=4\sqrt{3}sr=4\sqrt{3}T$$

**证法17**　由式(1.2.5)知

$$\cos\frac{A}{2}\cdot\cos\frac{B}{2}\cdot\cos\frac{C}{2} \geqslant 3\sqrt{3}\sin\frac{A}{2}\cdot\sin\frac{B}{2}\cdot\sin\frac{C}{2} \qquad (1.2.6)$$

因为

$$a^2+b^2+c^2\geqslant\frac{1}{3}(a+b+c)^2$$
$$=\frac{64}{3}R^2\cdot\cos^2\frac{A}{2}\cdot\cos^2\frac{B}{2}\cdot\cos^2\frac{C}{2}$$

其中,$R$ 为 $\triangle ABC$ 的外接圆半径. 利用式(1.2.6),所以

$$a^2+b^2+c^2\geqslant\frac{64}{3}R^2\cdot\cos\frac{A}{2}\cdot\cos\frac{B}{2}\cdot\cos\frac{C}{2}\cdot 3\sqrt{3}\cdot\sin\frac{A}{2}\cdot\sin\frac{B}{2}\cdot\sin\frac{C}{2}$$
$$=8\sqrt{3}R^2\cdot\sin A\cdot\sin B\cdot\sin C=4\sqrt{3}T$$

**证法 18** 由算术—几何平均不等式,知

$$(s-a)(s-b)\leqslant\left(\frac{1}{2}(s-a+s-b)\right)^2=\frac{1}{4}c^2$$
$$s=\frac{1}{2}(a+b+c)$$
$$(s-b)(s-c)\leqslant\frac{1}{4}a^2$$
$$(s-c)(s-a)\leqslant\frac{1}{4}b^2$$

三个不等式相加,得

$$a^2+b^2+c^2\geqslant4((s-a)(s-b)+(s-b)(s-c)+(s-c)(s-a))$$

又 $(s-a)(s-b)+(s-b)(s-c)+(s-c)(s-a)$

$$\geqslant3((s-a)(s-b)(s-c))^{\frac{2}{3}}$$

从而 $(a^2+b^2+c^2)^3\geqslant12^3((s-a)(s-b)(s-c))^2$

易知 $a^2+b^2+c^2\geqslant\frac{1}{3}(a+b+c)^2=\frac{4}{3}s^2$

以上两式相乘得

$$(a^2+b^2+c^2)^4 \geqslant \frac{4}{3} \cdot 12^3 \cdot T^4$$

由此即有

$$a^2+b^2+c^2 \geqslant 4\sqrt{3}T$$

**证法19**　如图1.5所示，设$AB$为$\triangle ABC$的最大边，$AB$边上的高$CD=\frac{2T}{c}$. 设$AD=x$，$DB=c-x$，于是

$$b^2=\left(\frac{2T}{c}\right)^2+x^2, a^2=\left(\frac{2T}{c}\right)^2+(c-x)^2$$

故
$$a^2+b^2+c^2 \geqslant \frac{3}{2}c^2+2\left(\frac{2T}{c}\right)^2$$

但
$$\frac{3}{2}c^2+2\left(\frac{2T}{c}\right)^2 \geqslant 2\sqrt{\frac{3}{2}c^2 \cdot 2\left(\frac{2T}{c}\right)^2}=4\sqrt{3}T$$

所以
$$a^2+b^2+c^2 \geqslant 4\sqrt{3}T$$

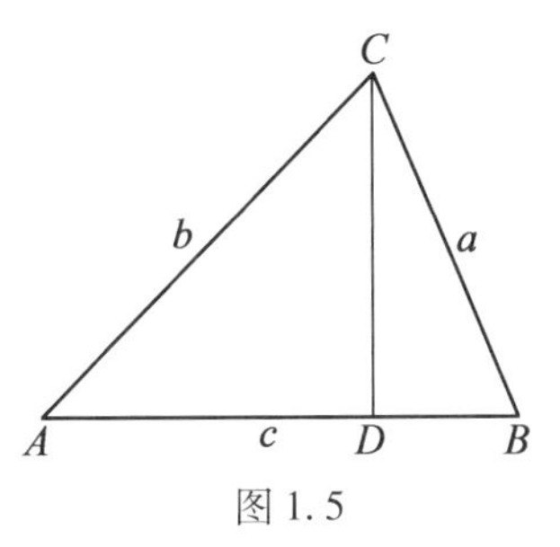


图1.5

**证法20**　设$AB$为$\triangle ABC$的最大边，$AB$边上的高$CD=h$，并设$AD=l$，$DB=m$，则$l+m=c$，又

$$T=\frac{1}{2}(l+m)h, b^2=l^2+h^2, a^2=m^2+h^2$$

所以

$$a^2+b^2+c^2-4\sqrt{3}T=(l+m)^2+m^2+h^2+l^2+h^2-2\sqrt{3}(l+m)h$$
$$=2(h^2-\sqrt{3}(l+m)h+l^2+lm+m^2)$$

令

$$y=h^2-\sqrt{3}(l+m)h+l^2+lm+m^2$$

这是一个关于 $h$ 的二次函数,其判别式

$$\Delta=3(l+m)^2-4(l^2+lm+m^2)=-(l-m)^2\leqslant 0$$

故

$$y=h^2-\sqrt{3}(l+m)h+l^2+lm+m^2\geqslant 0$$

从而有

$$a^2+b^2+c^2\geqslant 4\sqrt{3}T$$

**证法 21** 不妨设 $AB\geqslant AC\geqslant BC$,如图 1.6 所示,以 $BC$ 为底作正 $\triangle A'BC$,使 $A$ 和 $A'$ 在 $BC$ 的同侧. 在 $\triangle ACA'$ 中,由余弦定理得

$$AA'^2=\frac{1}{2}(a^2+b^2+c^2-4\sqrt{3}T)$$

因为 $AA'^2\geqslant 0$,所以

$$a^2+b^2+c^2\geqslant 4\sqrt{3}T$$

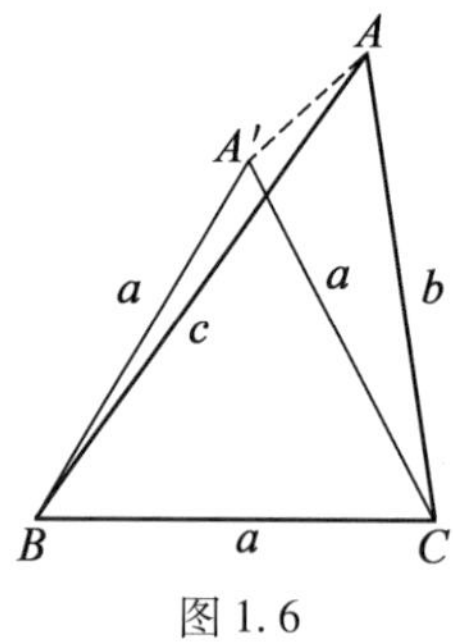

图 1.6

**证法22**　如图1.7所示,设$BC$为$\triangle ABC$的较小边,以$BC$为边作正三角形,使$A$和$A'$在$BC$的同侧,分别过$A,A'$作$BC$的垂线交$BC$于$D,E$. 设$AD=h$,则

$$AA'^2=DE^2+(h-\frac{\sqrt{3}}{2}a)^2=BD^2-a\cdot BD+a^2+h^2-2\sqrt{3}T$$

所以

$$2AA'^2+4\sqrt{3}T=a^2+c^2+h^2+DC^2=a^2+b^2+c^2$$

因为$AA'^2\geqslant 0$,所以

$$a^2+b^2+c^2\geqslant 4\sqrt{3}T$$

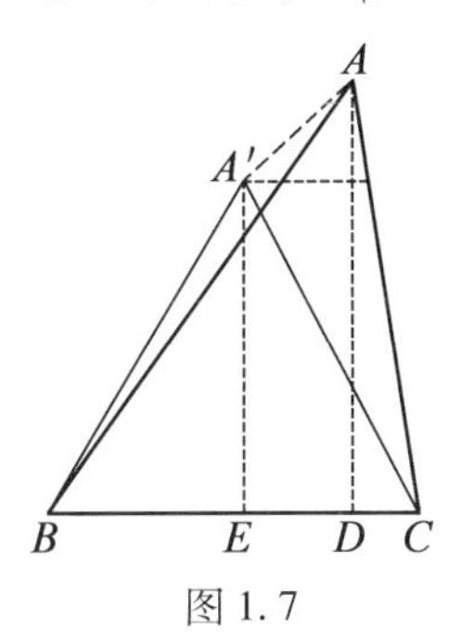


图1.7

**证法23**　如图1.8所示,分别以$\triangle ABC$的边$BC$,$CA$,$AB$为一边向内侧作正三角形,它们的中心依次为$A'$,$B'$,$C'$,若$K$,$L$为$BC$的三等分点,则$\triangle A'KL$为正三角形. 在$\triangle BA'L$中,由余弦定理,得

$$BA'^2=BL^2+LA'^2-2BL\cdot LA'\cdot\cos\angle BLA'=\frac{1}{3}a^2$$

同理

$$BC'^2=\frac{1}{3}c^2$$

在$\triangle A'BC'$中,有

$$C'A'^2 = \frac{1}{3}a^2 + \frac{1}{3}c^2 - 2\cdot\frac{a}{\sqrt{3}}\cdot\frac{c}{\sqrt{3}}\cos\left(B - \frac{\pi}{3}\right)$$

$$= \frac{1}{3}a^2 + \frac{1}{3}c^2 - \frac{1}{3}ac(\cos B + \sqrt{3}\sin B)$$

由 $T = \frac{1}{2}ca\cdot\sin B$ 及 $\cos B = \frac{c^2 + a^2 - b^2}{2ca}$,有

$$C'A'^2 = \frac{1}{3}a^2 + \frac{1}{3}c^2 - \frac{1}{6}(a^2 + c^2 - b^2) - \frac{2}{\sqrt{3}}T$$

$$= \frac{1}{6}(a^2 + b^2 + c^2 - 4\sqrt{3}T)$$

因为 $C'A'^2 \geqslant 0$,所以 $a^2 + b^2 + c^2 \geqslant 4\sqrt{3}T$. 同理可证

$$A'B'^2 = B'C'^2 = \frac{1}{6}(a^2 + b^2 + c^2 - 4\sqrt{3}T)$$

故$\triangle A'B'C'$为正三角形,$\triangle A'B'C'$通常被称为拿破仑三角形,显然当$\triangle ABC$为正三角形时,它退化为一点.

所以 $$a^2 + b^2 + c^2 \geqslant 4\sqrt{3}T$$

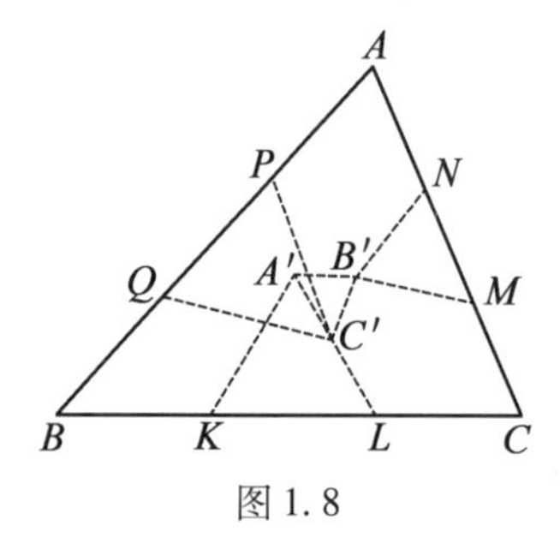


图 1.8

**证法 24** 如图 1.9 所示,在平面直角坐标系中,设$\triangle ABC$三顶点的坐标分别为 $A(p,q)$,$B(0,0)$,$C(a,0)$,其中 $q>0$. 因为

$$b^2 = (a-p)^2 + q^2, c^2 = p^2 + q^2, T = \frac{1}{2}aq$$

所以

$$a^2+b^2+c^2-4\sqrt{3}T=2a^2+2p^2+2q^2-2ap-2\sqrt{3}aq$$

$$=2\left(\left(p-\frac{a}{2}\right)^2+\left(q-\frac{\sqrt{3}}{2}a\right)^2\right)\geqslant 0$$

于是 $$a^2+b^2+c^2\geqslant 4\sqrt{3}T$$

图 1.9

**证法25**　如图 1.10 所示,在复平面上,令$\triangle ABC$的边$BC$在正实轴上,$B$重合于坐标原点,设$A,C$所对应的复数为

$$z_1=\xi+\mathrm{i}\eta\quad(\eta>0),z_2=a+\mathrm{i}0=a$$

因为

$$T=\frac{1}{2}a|z_1|\sin\angle CBA=\frac{1}{2}a\eta$$

而 $$a^2+b^2+c^2=2(a^2+\xi^2+\eta^2-a\xi)$$

所以

$$a^2+b^2+c^2-4\sqrt{3}T=2(a^2+\xi^2+\eta^2-a\xi-\sqrt{3}a\eta)$$

$$=2\left(\left(\xi-\frac{a}{2}\right)^2+\left(\eta-\frac{\sqrt{3}}{2}a\right)^2\right)$$

$$\geqslant 0$$

从而有

$$a^2+b^2+c^2\geqslant 4\sqrt{3}T$$

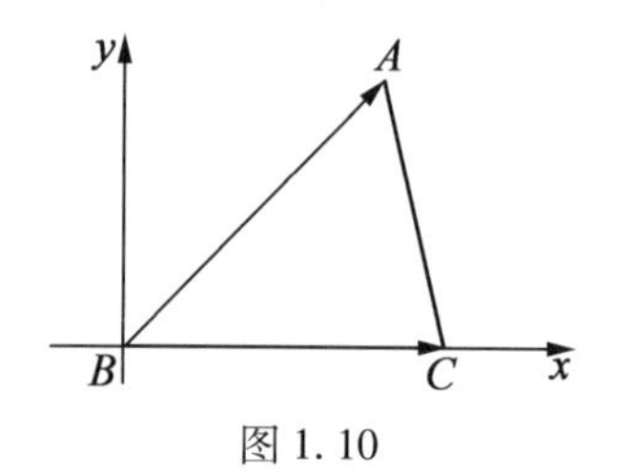


图 1.10

**证法 26**　如图 1.11 所示，分别以$\triangle ABC$三边为一边向外侧作正$\triangle BCD$，$\triangle CAE$，$\triangle ABF$，设它们的中心分别为$O_1$，$O_2$，$O_3$，若$\triangle ABF$的外接圆和$\triangle BCD$的外接圆交于$O$，则$\angle AOB=\angle BOC=120°$，从而$\angle AOC=120°$，于是$\triangle CAE$的外接圆也过点$O$. 联结$BO_1$，$CO_1$，则$\angle BO_1C=120°$，$\triangle BO_1C$和$\triangle BOC$有公共的底边$BC$，且$\angle BO_1C=\angle BOC$，根据三角形的一边及该边所对的顶角一定时，以此三角形的另两边为腰的等腰三角形具有最大面积(证明过程这里略去)，故$\triangle BO_1C$的面积大于或等于$\triangle BOC$的面积. 若$\triangle BOC$，$\triangle COA$，$\triangle AOB$的面积分别记为$T_1$，$T_2$，$T_3$，又$\triangle BO_1C$的面积等于$\frac{1}{3}\triangle BCD$的面积，即等于$\frac{1}{3}\cdot\frac{\sqrt{3}}{4}a^2$. 于是

$$\frac{1}{3}\cdot\frac{\sqrt{3}}{4}a^2\geqslant T_1$$

同理
$$\frac{1}{3}\cdot\frac{\sqrt{3}}{4}b^2\geqslant T_2,\frac{1}{3}\cdot\frac{\sqrt{3}}{4}c^2\geqslant T_3$$

以上三式相加，得

$$\frac{\sqrt{3}}{12}(a^2+b^2+c^2)\geqslant T_1+T_2+T_3=T$$

因此
$$a^2+b^2+c^2\geqslant 4\sqrt{3}T$$

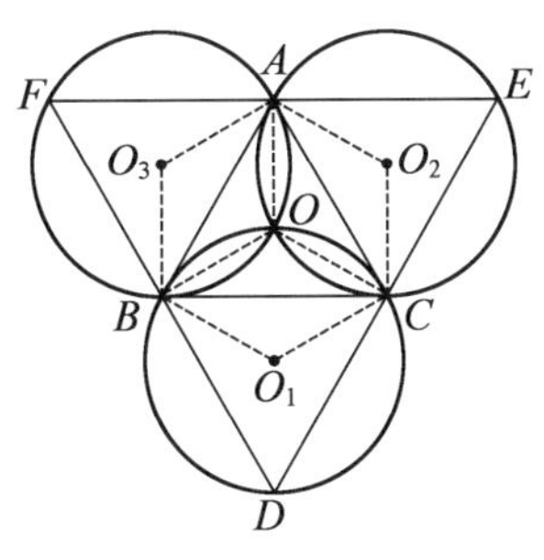


图 1.11

**证法 27** 利用高等代数知识进行证明.

利用余弦定理及面积公式,先把要证的结论化成二次型

$$f(a,b)=a^2+b^2+a^2+b^2-2ab\cos C-2\sqrt{3}ab\sin C$$
$$=2a^2+2b^2-2ab(\cos C+\sqrt{3}\sin C)$$
$$=2a^2+2b^2-4ab\sin(30^\circ+C)$$

根据实二次型半正定的判定定理:

定理:实二次型 $f(x_1,x_2,\cdots,x_n)=\boldsymbol{X}'\boldsymbol{A}\boldsymbol{X}$ 为半正定的充要条件是 $\boldsymbol{A}$ 的各阶主子式均为非负数.

$f(a,b)$ 的矩阵为

$$\boldsymbol{A}=\begin{pmatrix} 2 & -2\sin(30^\circ+C) \\ -2\sin(30^\circ+C) & 2 \end{pmatrix}$$

因为 $z>0$,所以

$$|\boldsymbol{A}|=4[1-\sin^2(30^\circ+C)]$$
$$=4\cos^2(30^\circ+C)$$
$$\geqslant 0$$

所以 $f$ 半正定,从而结论成立.

**褚小光对 Weisenböck(外森比克)不等式的一个**

**加强的证明**

Weisenböck **不等式** 设 $\Delta$ 表示 $\triangle ABC$ 的面积,记 $BC=a, CA=b, AB=c$. 则

$$a^2+b^2+c^2\geqslant 4\sqrt{3}\Delta \tag{1.2.7}$$

不等式(1.2.7)的证明与加强有许多,下面介绍一个加强式.

**命题1** 设 $\Delta$ 表示 $\triangle ABC$ 的面积,记 $BC=a, CA=b, AB=c$. 则

$$a^2+\frac{4b^2c^2}{b^2+c^2}\geqslant 4\sqrt{3}\Delta \tag{1.2.8}$$

**证明** 式(1.2.8)等价于

$$a^2(b^2+c^2)+4b^2c^2\geqslant 4\sqrt{3}(b^2+c^2)\Delta$$

由面积公式 $16\Delta^2=4b^2c^2-(b^2+c^2-a^2)^2$,作差得

$$\begin{aligned}&[a^2(b^2+c^2)+4b^2c^2]^2-3(b^2+c^2)^2[4b^2c^2-\\&(b^2+c^2-a^2)^2]\\=&4(b^2+c^2)^2a^4-2(b^2+c^2)(3b^4+2b^2c^2+3c^4)a^2+\\&(3b^4+c^4)(b^4+3c^4)\\=&\frac{1}{4}[4(b^2+c^2)a^2-(3b^4+2b^2c^2+3c^4)]^2+\\&\frac{3}{4}(b^2-c^2)^4\geqslant 0\end{aligned}$$

故不等式(1.2.8)得证. 当 $\triangle ABC$ 为正三角形时取等号.

**文家金的一个猜想**

**题目** 在 $\triangle ABC$ 中,若 $abc>1$,证明

$$a^A+b^B+c^C>3\sqrt[3]{abc}$$

**证明**　不妨设 $0<a\leqslant b\leqslant c$，则有

$$\log a\leqslant \log b\leqslant \log c, A\leqslant B\leqslant C$$

于是，由均值不等式，Tschebycheff 不等式及 $A+B+C=\pi>3$ 得

$$\begin{aligned}
a^A+b^B+c^C &\geqslant 3\sqrt[3]{a^Ab^Bc^C}\\
&=3\exp\left[\frac{1}{3}(A\log a+B\log b+C\log c)\right]\\
&\geqslant 3\exp\left[\frac{1}{3}(A+B+C)\cdot\frac{1}{3}(\log a+\log b+\log c)\right]\\
&=3(\sqrt[3]{abc})^{\frac{\pi}{3}}\\
&>3\sqrt[3]{abc}
\end{aligned}$$

**猜想**　在 $\triangle ABC$ 中，若 $abc>1$，则有

$$a^A+b^B+c^C>a+b+c$$

**注**　只需证明 $a^A+b^B+c^C\geqslant 3\left(\frac{a+b+c}{3}\right)^{\frac{\pi}{3}}$，或证 $a^A+b^B+c^C$ 是关于 $a,b,c$ 的 Schur（舒尔）凸函数.

## 1.3　Weisenböck 不等式

其实，不论是科索沃的试题还是 IMO 的试题，它都是源自于一个著名的不等式，这就是著名的 Weisenböck 不等式. 吉林前郭五中的陈炆老师证明了它与三角形内的一个重要不等式 $\cot A+\cot B+\cot C\geqslant\sqrt{3}$（当且仅当 $\angle A=\angle B=\angle C$ 时等号成立）是等价的.

设$\angle A, \angle B, \angle C$以及$AD, BE, CF$分别为$\triangle ABC$的三个内角和三边$BC=a, AC=b, AB=c$上的高(图1.12),其面积为$\Delta$,则对于锐角$\triangle ABC$,有

$$\cot A=\frac{AE}{BE}=\frac{AF}{CF}, \cot B=\frac{BD}{AD}=\frac{BF}{CF}, \cot C=\frac{CD}{AD}=\frac{CE}{BE}$$

所以

$$2(\cot A+\cot B+\cot C)=\frac{AC}{BE}+\frac{BC}{AD}+\frac{AB}{CF}=\frac{a}{AD}+\frac{b}{BE}+\frac{c}{CF}$$

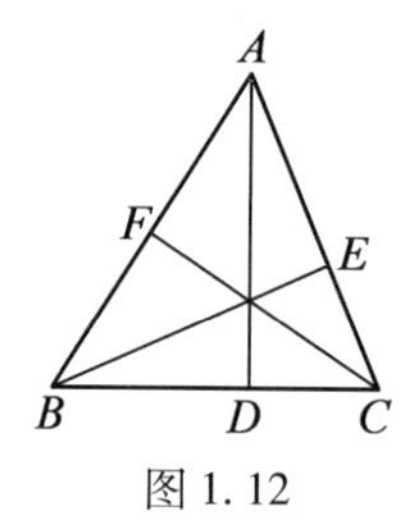


图 1.12

又因为

$$AD=\frac{2S}{a}, BE=\frac{2S}{b}, CF=\frac{2S}{c}$$

所以

$$\cot A+\cot B+\cot C=\frac{a^2+b^2+c^2}{4\Delta}>0 \quad (1.3.1)$$

当$\triangle ABC$为钝角三角形时,仍有上式.

因为

$$\cot A+\cot B+\cot C$$

$$=\sqrt{(\cot A+\cot B+\cot C)^2}$$

$$=\sqrt{\frac{1}{2}(2\cot^2 A+2\cot^2 B+2\cot^2 C)+2(\cot A\cot B+\cot B\cot C+\cot C\cot A)}$$

易知

$$\cot A \cdot \cot B + \cot B \cdot \cot C + \cot C \cdot \cot A = 1$$

而

$$\begin{aligned}&2\cot^2 A + 2\cot^2 B + 2\cot^2 C\\ \geqslant &2(\cot A \cdot \cot B + \cot B \cdot \cot C + \cot C \cdot \cot A)\\ = &2\end{aligned}$$

所以

$$\cot A + \cot B + \cot C \geqslant \sqrt{3}$$

由式(1.3.1)立刻推得 Weisenböck 不等式成立,即

$$a^2 + b^2 + c^2 \geqslant 4\sqrt{3}\Delta$$

反之,在$\triangle ABC$中,因为

$$a^2 + b^2 + c^2 \geqslant 4\sqrt{3}\Delta$$

所以

$$\frac{a^2 + b^2 + c^2}{4\Delta} \geqslant \sqrt{3} \tag{1.3.2}$$

同样,由余弦定理可推得式(1.3.1)成立

$$a^2 + b^2 + c^2 = 2ab\cos C + 2ca\cos B + 2bc\cos A$$

所以

$$\begin{aligned}&\frac{a^2 + b^2 + c^2}{4\Delta}\\ = &\frac{2bc\cos A + 2ca\cos B + 2ab\cos C}{4\Delta}\\ = &\frac{bc\cos A}{2\Delta} + \frac{ac\cos B}{2\Delta} + \frac{ab\cos C}{2\Delta}\\ = &\frac{bc\cos A}{2 \times \frac{1}{2}bc\sin A} + \frac{ac\cos B}{2 \times \frac{1}{2}ac\sin B} + \frac{ab\cos C}{2 \times \frac{1}{2}ab\sin C}\end{aligned}$$

$$=\cot A+\cot B+\cot C$$

所以

$$\cot A+\cot B+\cot C\geqslant\sqrt{3} \tag{1.3.3}$$

由式(1.3.1)知

$$a^2+b^2+c^2\geqslant 4\sqrt{3}\Delta$$

与

$$\cot A+\cot B+\cot C\geqslant\sqrt{3}$$

的等价性是显然的.

从而有

$$a^2+b^2+c^2\geqslant 4\sqrt{3}\Delta\Leftrightarrow\cot A+\cot B+\cot C\geqslant\sqrt{3}$$

上面陈炆老师证明了 Weisenböck 不等式

$$a^2+b^2+c^2\geqslant 4\sqrt{3}\Delta \tag{1.3.4}$$

与△$ABC$ 内的一个重要不等式

$$\cot A+\cot B+\cot C\geqslant\sqrt{3} \tag{1.3.5}$$

(当且仅当$\angle A=\angle B=\angle C$ 时等号成立)是等价的. 上海铁道学院的李鸿祥教授和上海市宜川中学的赵林林老师指出,当导出等式

$$\cot A+\cot B+\cot C=\frac{1}{4\Delta}(a^2+b^2+c^2) \tag{1.3.6}$$

时,证明已经完成. 后面证明式(1.3.5),从而推出式(1.3.4),及由式(1.3.4)从式(1.3.6)的右端再导出左端继而推出式(1.3.5),都是多余的.

如果陈炆老师在导出式(1.3.6)后,说明已证毕,顺便介绍不等式(1.3.5)的一种证法及所提命题的另

一证法(即从式(1.3.6)右端导出左端),则他证明的后半部分就更有意义了.

我们顺便指出,利用式(1.3.6),还可以直接推知 Finsler-Hadwiger(费恩斯列尔—哈德维格尔)不等式

$$a^2+b^2+c^2\geqslant 4\sqrt{3}\Delta+Q \qquad (1.3.7)$$

(式中 $Q=(a-b)^2+(b-c)^2+(c-a)^2$),与不等式

$$\cot A+\cot B+\cot C\geqslant\sqrt{3}+\frac{Q}{4\Delta} \qquad (1.3.8)$$

是等价的;而 Hadwiger 不等式

$$4\sqrt{3}\Delta+Q\leqslant a^2+b^2+c^2\leqslant 4\sqrt{3}\Delta+3Q \quad (1.3.9)$$

与不等式

$$\sqrt{3}+\frac{Q}{4\Delta}\leqslant\cot A+\cot B+\cot C\leqslant\sqrt{3}+\frac{3Q}{4\Delta} \qquad (1.3.10)$$

(当且仅当$\angle A=\angle B=\angle C$ 时式中的等号成立)是等价的. 式(1.3.8)和式(1.3.10)都是新的不等式. 特别值得注意的是,式(1.3.10)中给出了三内角的余切之和的上界.

**例1** (1992 年捷克斯洛伐克奥林匹克试题)设 $a,b,c,d,e,f$ 是一个给定的四面体的六条棱长,$S$ 是它的表面积,求证:$S\leqslant\frac{\sqrt{3}}{6}(a^2+b^2+c^2+d^2+e^2+f^2)$.

**证明** 在$\triangle ABC$ 中,由 Weisenböck 不等式有

$$a^2+b^2+e^2\geqslant 4\sqrt{3}S_{\triangle ABC}$$

于是对图 1.13 所示的四面体 $ABCD$,有

Pedoe 定理

$$e^2+c^2+d^2\geqslant 4\sqrt{3}S_{\triangle ACD}$$

$$a^2+d^2+f^2\geqslant 4\sqrt{3}S_{\triangle ABD}$$

$$b^2+c^2+f^2\geqslant 4\sqrt{3}S_{\triangle DBC}$$

将上面四个不等式相加得

$$2(a^2+b^2+c^2+d^2+e^2+f^2)\geqslant 4\sqrt{3}S$$

即

$$S\leqslant\frac{\sqrt{3}}{6}(a^2+b^2+c^2+d^2+e^2+f^2)$$

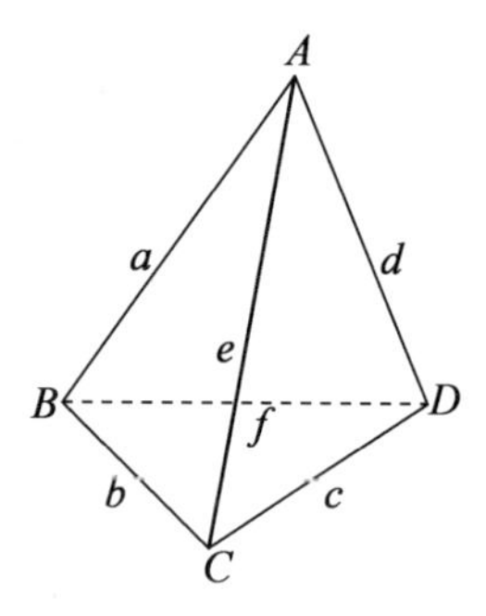


图 1.13

作为类比,有人命制了下列问题:

**问题 1** (1)试证明:对于任意$\triangle ABC$,$a,b,c$为三边长,面积为$\Delta$有:

①$a^2+b^2+c^2\geqslant 4\sqrt{3}\Delta$;

②$a^2+b^2+c^2-(a-b)^2-(b-c)^2-(c-a)^2\geqslant 4\sqrt{3}\Delta$.

(2)试证明:对于每一个四面体 $A\text{-}BCD$,有:

①$\Pi^2\geqslant 3\sqrt{3}\Delta$;

②$\Pi^2\geqslant 3\sqrt{3}\Delta+\frac{1}{2}[(a+a_1-b-b_1)^2+(a+$

$a_1-c-c_1)^2+(b+b_1-c-c_1)^2]+\frac{3}{4}[(a-a_1)^2+$

$(b-b_1)^2+(c-c_1)^2]$

其中 $\Pi$ 是所有棱长度和的一半,$\Delta$ 是表面积.

## 1.4 杨学枝论 Weisenböck 不等式的加权推广

在单墫的《几何不等式》(上海教育出版社,1980年版)一书的第 64 页已给出了著名的 Weisenböck 不等式的推广式

$$a_1^2+a_2^2+\cdots+a_n^2\geqslant 4A\tan\frac{\pi}{n} \qquad (*)$$

这里 $a_i(i=1,2,\cdots,n,n\geqslant 3)$ 为平面凸 $n$ 边形的边长,$A$ 为其面积,当且仅当这个 $n$ 边形为正 $n$ 边形时等号成立.

不等式专家杨学枝先生于 1986 年 3 月 30 日对上述推广式再给予加权推广,得到以下定理.

**定理1** 设 $A_1,A_2,\cdots,A_n$ 是平面凸 $n$ 边形,面积为 $\Delta$,各边长为 $A_iA_{i+1}=a_i(i=1,2,\cdots,n,n\geqslant 3$,并约定 $A_{n+1}=A_1$,下同),又 $\theta_i\in(0,\pi)(i=1,2,\cdots,n,n\geqslant 3)$,且 $\sum\limits_{i=1}^{n}\theta_i=\pi,n\geqslant 3$,则

$$\sum_{i=1}^{n}\cot\theta_i a_i^2\geqslant 4\Delta \qquad (1.4.1)$$

当且仅当此凸 $n$ 边形内接于圆,且

$$\frac{a_1}{\sin\theta_1}=\frac{a_2}{\sin\theta_2}=\cdots=\frac{a_n}{\sin\theta_n}=2R$$

($R$ 为圆半径)时,式(1.4.1)取等号.

为以下证明定理时方便,首先,给出并证明以下两个重要引理.

**引理 1** 设 $\alpha_i,\theta_i(i=1,2,\cdots,n-1,n\geqslant 3)$ 以及 $\sum_{i=1}^{n-1}\alpha_i,\ \sum_{i=1}^{n-1}\theta_i\in(0,\pi)$,则

$$\sum_{i=1}^{n-1}\cot\theta_i\sin^2\alpha_i-\cot(\theta_1+\theta_2+\cdots+\theta_{n-1})\cdot$$
$$\sin^2(\alpha_1+\alpha_2+\cdots+\alpha_{n-1})$$
$$\geqslant\frac{1}{2}\left[\sum_{i=1}^{n-1}\sin 2\alpha_i-\sin(2\alpha_1+2\alpha_2+\cdots+2\alpha_{n-1})\right]\tag{1.4.2}$$

当且仅当 $\alpha_i=\beta_i(i=1,2,\cdots,n-1,n\geqslant 3)$时,式(1.4.2)取等号.

**证明** 应用数学归纳法.

当 $n=3$ 时,即要证明

$$\cot\theta_1\sin^2\alpha_1+\cot\theta_2\sin^2\alpha_2-\cot(\theta_1+\theta_2)\cdot\sin^2(\alpha_1+\alpha_2)$$
$$\geqslant\frac{1}{2}[\sin 2\alpha_1+\sin 2\alpha_2-\sin(2\alpha_1+2\alpha_2)]\tag{1.4.3}$$

由于

$$\sin 2\alpha_1+\sin 2\alpha_2-\sin(2\alpha_1+2\alpha_2)$$
$$=2\sin(\alpha_1+\alpha_2)\cos(\alpha_1-\alpha_2)-2\sin(\alpha_1+\alpha_2)\cos(\alpha_1+\alpha_2)$$
$$=2\sin(\alpha_1+\alpha_2)[\cos(\alpha_1-\alpha_2)-\cos(\alpha_1+\alpha_2)]$$
$$=4\sin\alpha_1\sin\alpha_2\sin(\alpha_1+\alpha_2)>0$$

因此式(1.4.3)又可变换为

$$\frac{\cot\theta_1\sin^2\alpha_1+\cot\theta_2\sin^2\alpha_2-\cot(\theta_1+\theta_2)\cdot\sin^2(\alpha_1+\alpha_2)}{\sin\alpha_1\sin\alpha_2\sin(\alpha_1+\alpha_2)}\geqslant 2$$

将上式左边拆项,并应用三角形有关公式,可以得到

$$\cot\theta_1[\cot\alpha_2-\cot(\alpha_1+\alpha_2)]+\cot\theta_2[-\cot(\alpha_1+\alpha_2)+\cot\alpha_1]-\cot(\theta_1+\theta_2)(\cot\alpha_1+\cot\alpha_2)\geqslant 2 \quad (1.4.4)$$

于是,要证明式(1.4.3)成立,只需证明式(1.4.4)成立.

由公式

$$\cot(\theta_1+\theta_2)=\frac{\cot\theta_1\cot\theta_2-1}{\cot\theta_1+\cot\theta_2}$$

去分母、移项,得到

$$-\cot\theta_2\cot(\theta_1+\theta_2)-\cot(\theta_1+\theta_2)\cot\theta_1+\cot\theta_1\cot\theta_2=1$$

同理有

$$-\cot\alpha_2\cot(\alpha_1+\alpha_2)-\cot(\alpha_1+\alpha_2)\cot\alpha_1+\cot\alpha_1\cot\alpha_2=1$$

又由于

$$\begin{aligned}&\cot\theta_1+\cot\theta_2-\cot(\theta_1+\theta_2)\\=&\frac{\sin\theta_1+\sin\theta_2+\sin(\theta_1+\theta_2)}{2\sin\theta_1\sin\theta_2\sin(\theta_1+\theta_2)}>0\end{aligned}$$

同理有

$$\cot\alpha_1+\cot\alpha_2-\cot(\alpha_1+\alpha_2)>0$$

因此

$$\begin{aligned}&\cot\theta_1+\cot\theta_2-\cot(\theta_1+\theta_2)\\=&\sqrt{\cot^2\theta_1+\cot^2\theta_2-\cot^2(\theta_1+\theta_2)+2}\\&\cot\alpha_1+\cot\alpha_2-\cot(\alpha_1+\alpha_2)\\=&\sqrt{\cot^2\alpha_1+\cot^2\alpha_2-\cot^2(\alpha_1+\alpha_2)+2}\end{aligned}$$

再根据 Cauchy(柯西)不等式,有

$$[\cot\theta_1+\cot\theta_2-\cot(\theta_1+\theta_2)]\cdot$$
$$[\cot\alpha_1+\cot\alpha_2-\cot(\alpha_1+\alpha_2)]$$
$$=\sqrt{\cot^2\theta_1+\cot^2\theta_2+\cot^2(\theta_1+\theta_2)+2}\cdot$$
$$\sqrt{\cot^2\alpha_1+\cot^2\alpha_2+\cot^2(\alpha_1+\alpha_2)+2}$$
$$\geqslant\cot\theta_1\cot\alpha_1+\cot\theta_2\cot\alpha_2+\cot(\theta_1+\theta_2)\cdot$$
$$\cot(\alpha_1+\alpha_2)+2$$

将上式加以整理,便得到式(1.4.4),故式(1.4.3)成立.由上面应用 Cauchy 不等式时取等号条件便知,当且仅当$\cot\theta_1=\cot\alpha_1$,$\cot\theta_2=\cot\alpha_2$,即$\theta_1=\alpha_1$,$\theta_2=\alpha_2$(因$\theta_1$,$\theta_2$,$\alpha_1$,$\alpha_2\in(0,\pi)$)时,式(1.4.4)中的等号成立,即式(1.4.3)中的等号成立.这就证明了当$n=3$时,式(1.4.2)成立.

假设当$n=k$时,式(1.4.2)成立,即对于$\alpha_i$,$\theta_i$($i=1,2,\cdots,k-1,k\geqslant3$)以及$\sum\limits_{i=1}^{k-1}\alpha_i$,$\sum\limits_{i=1}^{k-1}\theta_i\in(0,\pi)$,有

$$\sum_{i=1}^{k-1}\cot\theta_i\sin^2\alpha_i-\cot(\theta_1+\theta_2+\cdots+\theta_{k-1})\cdot$$
$$\sin^2(\alpha_1+\alpha_2+\cdots+\alpha_{k-1})$$
$$\geqslant\frac{1}{2}\left[\sum_{i=1}^{k-1}\sin 2\alpha_i-\sin(2\alpha_1+2\alpha_2+\cdots+2\alpha_{k-1})\right]\tag{1.4.5}$$

当$n=k+1$时,由于$\alpha_i$,$\theta_i$($i=1,2,\cdots,k$)以及$\sum\limits_{i=1}^{k}\alpha_i$,$\sum\limits_{i=1}^{k}\theta_i\in(0,\pi)$,当然有$\sum\limits_{i=1}^{k-1}\alpha_i$,$\sum\limits_{i=1}^{k-1}\theta_i\in(0,\pi)$,因此,据$n=3$的情况,即有

$$\cot(\theta_1+\theta_2+\cdots+\theta_{k-1})\sin^2(\alpha_1+\alpha_2+\cdots+\alpha_{k-1})+$$

$$\cot\theta_k\sin^2\alpha_k-\cot(\theta_1+\theta_2+\cdots+\theta_k)\cdot$$
$$\sin^2(\alpha_1+\alpha_2+\cdots+\alpha_k)$$
$$\geqslant\frac{1}{2}[\sin(2\alpha_1+2\alpha_2+\cdots+2\alpha_{k-1})+\sin 2\alpha_k-$$
$$\sin(2\alpha_1+2\alpha_2+\cdots+2\alpha_k)]\qquad(1.4.6)$$

将不等式(1.4.5)(1.4.6)两边分别相加,便得到

$$\sum_{i=1}^{k}\cot\theta_i\sin^2\alpha_i-\cot(\theta_1+\theta_2+\cdots+\theta_k)\cdot$$
$$\sin^2(\alpha_1+\alpha_2+\cdots+\alpha_k)$$
$$\geqslant\frac{1}{2}\left[\sum_{i=1}^{k}\sin 2\alpha_i-\sin(2\alpha_1+2\alpha_2+\cdots+2\alpha_k)\right]$$

这表明当 $n=k+1$ 时,式(1.4.2)也成立,这时,由不等式(1.4.5)(1.4.6)取等号的条件知,当且仅当 $\theta_i=\alpha_i(i=1,2,\cdots,k)$ 时上式等号成立.综上可知,当 $n\in\mathbf{N},n\geqslant3$ 时,式(1.4.2)总成立,并且当且仅当 $\theta_i=\alpha_i$ $(i=1,2,\cdots,n-1,n\geqslant3)$ 时,式(1.4.2)中等号成立,引理1得证.

由引理1,立即得到下面的引理.

**引理2** 设 $\alpha_i,\theta_i(i=1,2,\cdots,n,n\geqslant3)\in(0,\pi)$,且 $\sum\limits_{i=1}^{n}\theta_i=\sum\limits_{i=1}^{n}\alpha_i=\pi$,则

$$\sum_{i=1}^{n}\cot\theta_i\sin^2\alpha_i\geqslant\sum_{i=1}^{n}\sin 2\alpha_i\qquad(1.4.7)$$

当且仅当 $\theta_i=\alpha_i=\frac{\pi}{n}(i=1,2,\cdots,n,n\geqslant3)$ 时,不等式(1.4.7)取等号.

下面我们就来证明本节开头提出的定理1.

由于在边长给定的平面凸 $n$ 边形中,以其内接于圆时的面积为最大,因此,我们只要证明凸 $n$ 边形 $A_1A_2\cdots A_n$ 内接于圆时,式(1.4.1)成立即可.

设边 $A_iA_{i+1}$ $(i=1,2,\cdots,n)$ 所对应的圆周角为 $\alpha_i(i=1,2,\cdots,n)$,圆半径为 $R$,则

$$\alpha_i=2R\sin\alpha_i \quad (i=1,2,\cdots,n)$$

且

$$2\Delta=R^2\sum_{i=1}^{n}\sin 2\alpha_i$$

代入不等式(1.4.1),便得到不等式(1.4.7),由此可知不等式(1.4.1)成立. 由不等式(1.4.7)取等号的条件知道,当且仅当 $\theta_i=\alpha_i=\frac{\pi}{n}(i=1,2,\cdots,n,n\geqslant 3)$ 时,即当此凸 $n$ 边形内接于圆,且

$$\frac{a_1}{\sin\theta_1}=\frac{a_2}{\sin\theta_2}=\cdots=\frac{a_n}{\sin\theta_n}=2R$$

时,不等式(1.4.1)中的等号成立.

在定理1中,分别取 $n=3,n=4$,便得到以下两个推论.

**推论1** 设 $\triangle A_1A_2A_3$ 边长为 $A_2A_3=a_1,A_3A_1=a_2,A_1A_2=a_3$,面积为 $\Delta,x_1,x_2,x_3$ 为任意实数且 $x_2x_3+x_3x_1+x_1x_2>0$,则

$$x_1a_1^2+x_2a_2^2+x_3a_3^2\geqslant 4\sqrt{x_2x_3+x_3x_1+x_1x_2}\cdot\Delta \tag{1.4.8}$$

当且仅当 $\frac{x_2+x_3}{a_1^2}=\frac{x_3+x_1}{a_2^2}=\frac{x_1+x_2}{a_3^2}$ 时,不等式(1.4.8)取等号.

这只要在不等式(1.4.1)中,$n=3$ 时,令

$$\cot\theta_i=\frac{x_i}{\sqrt{x_2x_3+x_3x_1+x_1x_2}}\quad(i=1,2,3)$$

代入便可得到.

**推论2** 设凸四边形 $A_1A_2A_3A_4$ 边长为 $A_1A_2=a_1$, $A_2A_3=a_2$, $A_3A_4=a_3$, $A_4A_1=a_4$,其面积为 $\Delta$, $x_1$, $x_2$, $x_3$, $x_4$ 为任意实数,而且满足

$$\frac{x_2x_3x_4+x_1x_3x_4+x_1x_2x_4+x_1x_2x_3}{x_1+x_2+x_3+x_4}>0$$

则

$$x_1a_1^2+x_2a_2^2+x_3a_3^2+x_4a_4^2$$
$$\geqslant 4\sqrt{\frac{x_2x_3x_4+x_1x_3x_4+x_1x_2x_4+x_1x_2x_3}{x_1+x_2+x_3+x_4}}\cdot\Delta \tag{1.4.9}$$

当且仅当此凸四边形内接于圆,而且

$$\frac{(x_2+x_3)(x_2+x_4)(x_3+x_4)}{a_1^2}$$
$$=\frac{(x_1+x_3)(x_1+x_4)(x_3+x_4)}{a_2^2}$$
$$=\frac{(x_1+x_2)(x_1+x_4)(x_2+x_4)}{a_3^2}$$
$$=\frac{(x_1+x_2)(x_1+x_3)(x_2+x_3)}{a_4^2}$$

时,不等式(1.4.9)取等号.

这只要在不等式(1.4.1)中,$n=4$ 时,令

$$\cot\theta_i=x_i\cdot\sqrt{\frac{x_1+x_2+x_3+x_4}{x_2x_3x_4+x_1x_3x_4+x_1x_2x_4+x_1x_2x_3}}$$
$$(i=1,2,3,4)$$

代入便可得到.

特别地,若在不等式(1.4.9)中取 $x_i=\frac{1}{a_i}(i=1,2,3,4)$,便得到

$$(a_1+a_2+a_3+a_4)(a_2a_3a_4+a_1a_3a_4+a_1a_2a_4+a_1a_2a_3)\geqslant 16\Delta^2 \tag{1.4.10}$$

当且仅当四边形为正四边形时,式(1.4.10)取等号.

这说明《关于平面四边形的一个不等式》(杨学枝,《数学教师》,1987 年第 6 期)一文中提出的不等式只不过是不等式(1.4.9)的特例.

若在不等式(1.4.9)中取 $x_i=\frac{1}{a_i^2}(i=1,2,3,4)$,便得到

$$a_2^2a_3^2a_4^2+a_1^2a_3^2a_4^2+a_1^2a_2^2a_4^2+a_1^2a_2^2a_3^2\geqslant(a_1^2+a_2^2+a_3^2+a_4^2)\Delta^2 \tag{1.4.11}$$

当且仅当四边形为正方形时,不等式(1.4.11)取等号.

石家庄学院的王玉怀教授曾编译国外资料介绍了 Finsler-Hadwiger 不等式. 即在 1938 年数学家 Finsler 和 Hadwiger 加强了不等式 $a^2+b^2+c^2\geqslant 4\sqrt{3}\Delta$,他们证明了

$$a^2+b^2+c^2\geqslant 4\sqrt{3}\Delta+Q \tag{1.4.12}$$

其中 $Q=(a-b)^2+(b-c^2)+(c-a)^2$.

下面我们来介绍不等式(1.4.12)的证法.

设 $a,b,c$ 是 $\triangle ABC$ 的三边长,$r$ 和 $R$ 是内切圆和外接圆的半径,$I_a,I_b,I_c$ 是旁切圆的圆心,$r_a,r_b,r_c$ 是旁

切圆的半径,$S'$是$\triangle I_aI_bI_c$ 的面积.

不等式(1.4.12)的证明方法,是对$\triangle I_aI_bI_c$ 以应用不等式 $a^2+b^2+c^2\geqslant 4\sqrt{3}\Delta$ 为基础的.

首先,如图1.14,由点 $I_a$ 作直线 $AB$ 的垂线,垂足为 $D$,则 $AD=p$,有

$$AI_a=\frac{p}{\cos\frac{A}{2}}$$

其中 $p=\frac{a+b+c}{2}$.

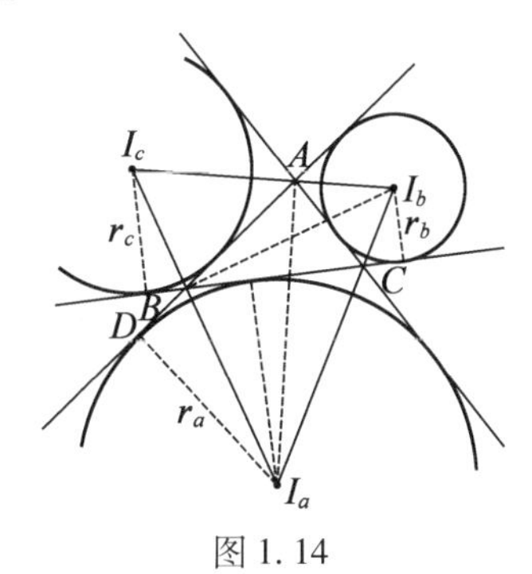


图1.14

其次

$$I_aI_c=I_bA+AI_c$$

$$I_bA=AI_a\cot AI_bC=AI_a\cot\left(90^\circ-\frac{B}{2}\right)=\frac{p\tan\frac{B}{2}}{\cos\frac{A}{2}}$$

类似地,有

$$I_cA=\frac{p\tan\frac{C}{2}}{\cos\frac{A}{2}}$$

$$I_bI_c=\frac{p\sin\frac{B+C}{2}}{\cos\frac{A}{2}\cos\frac{B}{2}\cos\frac{C}{2}}=\frac{p\cos\frac{A}{2}}{\cos\frac{A}{2}\cos\frac{B}{2}\cos\frac{C}{2}}$$

注意到

$$\sin A+\sin B+\sin C=4\cos\frac{A}{2}\cos\frac{B}{2}\cos\frac{C}{2}$$

得

$$I_bI_c=\frac{4p\cos\frac{A}{2}}{\sin A+\sin B+\sin C}=\frac{8pR\cos\frac{A}{2}}{a+b+c}=4R\cos\frac{A}{2}\tag{1.4.13}$$

如果注意到$\triangle ABC$的外接圆是$\triangle I_aI_bI_c$的九点圆，并且它们的半径都等于$2R$，这时等式(1.4.13)得到的更简捷，设$\triangle I_aI_bI_c$外接圆的半径为$R'$，则$R'=2R$. 于是

$$I_bI_c=2(2R\sin\angle I_cI_aI_b)=4R\sin\left(90°-\frac{A}{2}\right)=4R\cos\frac{A}{2}$$

再次得到

$$S'=4R\cos\frac{A}{2}\cdot\frac{p}{2\cos\frac{A}{2}}=2pR=\frac{2\Delta R}{r}$$

又因为

$$r_b+r_c=p\left(\tan\frac{B}{2}+\tan\frac{C}{2}\right)$$

$$=\frac{p\sin\frac{B+C}{2}}{\cos\frac{B}{2}\cos\frac{C}{2}}$$

$$=\frac{4p\cos^2\frac{A}{2}}{4\cos\frac{A}{2}\cos\frac{B}{2}\cos\frac{C}{2}}$$

$$=\frac{4p\cos^2\frac{A}{2}}{\sin A+\sin B+\sin C}$$

$$=4R\cos^2\frac{A}{2}$$

同理,有

$$r_c+r_a=4R\cos^2\frac{B}{2}$$

$$r_a+r_b=4R\cos^2\frac{C}{2}$$

根据等式(1.4.13),有

$$I_bI_c^2=16R^2\cos^2\frac{A}{2}=4R(r_b+r_c)$$

$$I_cI_a^2=16R^2\cos^2\frac{B}{2}=4R(r_c+r_a)$$

$$I_aI_b^2=16R^2\cos^2\frac{C}{2}=4R(r_a+r_b)$$

$$I_aI_b^2+I_bI_c^2+I_cI_a^2=8R(r_a+r_b+r_c)$$

根据不等式 $a^2+b^2+c^2\geqslant 4\sqrt{3}\Delta$,得

$$8R(r_a+r_b+r_c)\geqslant 4S'\sqrt{3}=\frac{8\Delta R\sqrt{3}}{r}$$

$$r(r_a+r_b+r_c)\geqslant S\sqrt{3} \qquad (1.4.14)$$

由式(1.4.14)将得到 Finsler-Hadwiger 公式.

$4r(r_a+r_b+r_c)$

$$=4\left[\frac{\Delta^2}{p(p-a)}+\frac{\Delta^2}{p(p-b)}+\frac{\Delta^2}{p(p-c)}\right]$$
$$=4[(p-b)(p-c)+(p-c)(p-a)+(p-a)(p-b)]$$
$$=4[p^2-p(b+c)+bc+p^2-p(c+a)+ca+p^2-p(a+b)+ab]$$
$$=4(3p^2-4p^2+ab+bc+ca)$$
$$=-4p^2+4ab+4bc+4ca$$
$$=4ab+4bc+4ca-a^2-b^2-c^2-2ab-2bc-2ca$$
$$=2ab+2bc+2ca-a^2-b^2-c^2$$
$$=(a^2+b^2+c^2)-[(a-b)^2+(b-c)^2+(c-a)^2]$$

于是

$$a^2+b^2+c^2-[(a-b)^2+(b-c)^2+(c-a)^2]\geqslant 4\sqrt{3}\Delta$$

即

$$a^2+b^2+c^2\geqslant 4\sqrt{3}\Delta+(a-b)^2+(b-c)^2+(c-a)^2$$

当且只当 $a=b=c$ 时等号成立.

天津水运高级技工学校的黄兆麟老师在 2017 年从一个含正弦函数的"三角母不等式"出发,先给出 Weisenböck 不等式与 Euler(欧拉)不等式统一加强的证明,然后再利用该三角母不等式给出一些有趣的三角子不等式.

**定理 2** 在任意 $\triangle ABC$ 中,若 $\angle A\geqslant\angle B\geqslant\angle C$,且实数 $x,y,z$ 满足 $x\leqslant y\leqslant z$ 及 $y>0$,则有

$$x+y+z\geqslant\frac{2}{\sqrt{3}}(x\sin A+y\sin B+z\sin C)$$

**证明** 以下证明分两部分进行:

(1)当 $\frac{\pi}{3}\leqslant\angle A\leqslant\frac{2\pi}{3}$ 时,此时就有 $\frac{\sqrt{3}}{2}-\sin A\leqslant 0$,

同时$\frac{\sqrt{3}}{2}-\sin C\geqslant 0$.

又设待证不等式左右之差为$M$,那么

$$M=\frac{2}{\sqrt{3}}x(\frac{\sqrt{3}}{2}-\sin A)+\frac{2}{\sqrt{3}}y(\frac{\sqrt{3}}{2}-\sin B)+\frac{2}{\sqrt{3}}z(\frac{\sqrt{3}}{2}-\sin C)$$

$$\geqslant\frac{2}{\sqrt{3}}y(\frac{\sqrt{3}}{2}-\sin A)+\frac{2}{\sqrt{3}}y(\frac{\sqrt{3}}{2}-\sin B)+\frac{2}{\sqrt{3}}y(\frac{\sqrt{3}}{2}-\sin C)$$

$$=\frac{2}{\sqrt{3}}y(\frac{3\sqrt{3}}{2}-\sin A-\sin B-\sin C)\geqslant 0$$

故此时定理成立. 当且仅当$\angle A=\angle B=\angle C=\frac{\pi}{3}$时不等式取等号.

以上证明过程用到了一个熟知的不等式$\sin A+\sin B+\sin C\leqslant\frac{3\sqrt{3}}{2}$.

(2)当$\frac{2\pi}{3}<\angle A<\pi$时,注意到此时一定同时有$\frac{\sqrt{3}}{2}-\sin A>0,\frac{\sqrt{3}}{2}-\sin B>0,\frac{\sqrt{3}}{2}-\sin C>0$,那么直接就有

$$M=\frac{2}{\sqrt{3}}x(\frac{\sqrt{3}}{2}-\sin A)+\frac{2}{\sqrt{3}}y(\frac{\sqrt{3}}{2}-\sin B)+\frac{2}{\sqrt{3}}z(\frac{\sqrt{3}}{2}-\sin C)>0$$

故此时定理也成立.

综合(1)和(2)知定理成立.

下面利用定理2首先证明Weisenböck不等式的加强与Euler不等式的加强.

**推论 1** （Weisenböck 不等式的加强）在 $\triangle ABC$ 中，若三角形的面积为 $\Delta$，则有

$$bc+ca+ab\geqslant 4\sqrt{3}\Delta \tag{1.4.15}$$

**证明** 在定理 2 中，注意到 $\angle A\geqslant\angle B\geqslant\angle C$ 时，我们可取 $x=bc, y=ca, z=ab$.

又注意到 $\Delta=\frac{1}{2}bc\sin A$，则

$$bc+ca+ab\geqslant\frac{2}{\sqrt{3}}(bc\sin A+ca\sin B+ab\sin C)=4\sqrt{3}\Delta$$

即有 $bc+ca+ab\geqslant 4\sqrt{3}\Delta$.

即当 $\angle A\geqslant\angle B\geqslant\angle C$ 时，不等式(1.4.15)成立，又由不等式(1.4.15)的完全对称性，知不等式(1.4.15)对任意 $\triangle ABC$ 均成立.

值得指出，有的文献称不等式(1.4.15)为 Tsintsifas 不等式.

再由熟知的代数不等式 $a^2+b^2+c^2\geqslant ab+bc+ca$ 便知 Tsintsifas 不等式是著名的 Weisenböck 不等式 $a^2+b^2+c^2\geqslant 4\sqrt{3}\Delta$ 的一种加强.

**推论 2** （Euler 不等式的加强）在 $\triangle ABC$ 中，若外接圆半径和内切圆半径分别为 $R, r$，则有

$$\frac{R}{2r}\geqslant\frac{a+b+c}{\sqrt{bc}+\sqrt{ca}+\sqrt{ab}} \tag{1.4.16}$$

**证明** 在定理 2 中，注意到 $\angle A\geqslant\angle B\geqslant\angle C$ 时，我们可取 $x=\sqrt{bc}, y=\sqrt{ca}, z=\sqrt{ab}$.

又注意到 $2\Delta=bc\sin A=(a+b+c)r$ 及正弦定理，所以

$$\sqrt{bc}+\sqrt{ca}+\sqrt{ab}$$
$$\geqslant\frac{2}{\sqrt{3}}\sqrt{2\Delta}(\sqrt{\sin A}+\sqrt{\sin B}+\sqrt{\sin C})$$
$$=\frac{2}{\sqrt{3}}\sqrt{(a+b+c)r}\cdot\frac{1}{\sqrt{2R}}(\sqrt{a}+\sqrt{b}+\sqrt{c})$$

整理即得

$$\frac{R}{2r}\geqslant\frac{(a+b+c)(\sqrt{a}+\sqrt{b}+\sqrt{c})^2}{3(\sqrt{bc}+\sqrt{ca}+\sqrt{ab})^2}$$
$$\geqslant\frac{a+b+c}{\sqrt{bc}+\sqrt{ca}+\sqrt{ab}}$$

(以上证明最后一次放缩用到了公式$(\sqrt{a}+\sqrt{b}+\sqrt{c})^2\geqslant3(\sqrt{bc}+\sqrt{ca}+\sqrt{ab})$.)

即当$\angle A\geqslant\angle B\geqslant\angle C$时不等式(1.4.16)成立,又由不等式(1.4.16)的完全对称性,知不等式(1.4.16)对任意$\triangle ABC$均成立.

又由公式$a+b+c\geqslant\sqrt{bc}+\sqrt{ca}+\sqrt{ab}$,知不等式(1.4.16)是著名的Euler不等式$R\geqslant2r$的一种加强.

下面再利用定理2(三角母不等式)给出一些有趣的三角子不等式.

**推论3** 在任意$\triangle ABC$中,有

$$\cos A+\cos B+\cos C\geqslant\frac{1}{\sqrt{3}}(\sin 2A+\sin 2B+\sin 2C) \tag{1.4.17}$$

**证明** 在定理2中,注意到$\angle A\geqslant\angle B\geqslant\angle C$时,我们可取(利用放宽条件的定理2)

$$x=\cos A,y=\cos B,z=\cos C$$

则

$$\cos A+\cos B+\cos C\geqslant\frac{1}{\sqrt{3}}(\sin 2A+\sin 2B+\sin 2C)$$

即当$\angle A\geqslant\angle B\geqslant\angle C$时，不等式(1.4.17)成立，又由不等式(1.4.17)的完全对称性，知不等式(1.4.17)对任意$\triangle ABC$均成立. 同理容易推出如下：

**推论4** 在任意$\triangle ABC$中，有

$$\cos^2 A+\cos^2 B+\cos^2 C$$
$$\geqslant\frac{1}{\sqrt{3}}(\sin 2A\cos A+\sin 2B\cos B+\sin 2C\cos C)$$

**推论5** 在任意$\triangle ABC$中，若$k$为正数，则有

$$\frac{1}{\sin^k A}+\frac{1}{\sin^k B}+\frac{1}{\sin^k C}\geqslant\frac{2}{\sqrt{3}}\left(\frac{1}{\sin^{k-1}A}+\frac{1}{\sin^{k-1}B}+\frac{1}{\sin^{k-1}C}\right)\tag{1.4.18}$$

**证明** 在定理2中，注意到$\angle A\geqslant\angle B\geqslant\angle C$时，我们可取

$$x=\frac{1}{\sin^k A},y=\frac{1}{\sin^k B},z=\frac{1}{\sin^k C}$$

则

$$\frac{1}{\sin^k A}+\frac{1}{\sin^k B}+\frac{1}{\sin^k C}\geqslant\frac{2}{\sqrt{3}}\left(\frac{1}{\sin^{k-1}A}+\frac{1}{\sin^{k-1}B}+\frac{1}{\sin^{k-1}C}\right)$$

即当$\angle A\geqslant\angle B\geqslant\angle C$时不等式(1.4.18)成立，又由不等式(1.4.18)的完全对称性，知不等式(1.4.18)对任意$\triangle ABC$均成立.

《美国数学月刊》2017年第6期刊登了罗马尼亚人Nicusor Minculete提供的问题11990如下：

**问题11990** 设$a,b,c,\Delta$分别是$\triangle ABC$的边长与

面积,则

$$a^2+b^2+c^2\geqslant\sqrt{3}[4\Delta+(c-a)^2] \quad (1.4.19)$$

显然,不等式(1.4.19)是 Weisenböck 不等式$a^2+b^2+c^2\geqslant 4\sqrt{3}\Delta$ 的加强.

2018 年,安徽师范大学数学与统计学院的王洪燕、郭要红两位老师给出不等式(1.4.19)的一个加强,如下:

**定理**3 设 $a,b,c,\Delta$ 分别是$\triangle ABC$ 的边长与面积,则

$$a^2+b^2+c^2\geqslant 4\sqrt{3}\Delta+2(c-a)^2 \quad (1.4.20)$$

**证明** 由余弦定理 $a^2+c^2-b^2=2ac\cos B$ 及三角形面积公式$\Delta=\frac{1}{2}ac\sin B$,有

$$\begin{aligned}&a^2+b^2+c^2-2(c-a)^2-4\sqrt{3}\Delta\\=&4ac+b^2-a^2-c^2-4\sqrt{3}\Delta\\=&4ac-2ac\cos B-2\sqrt{3}ac\sin B\\=&2ac(2-\cos B-\sqrt{3}\sin B)\\=&2ac\left[2-2\sin\left(B+\frac{\pi}{6}\right)\right]\\=&4ac\left[1-\sin\left(B+\frac{\pi}{6}\right)\right]\geqslant 0\end{aligned}$$

定理3得证.

显然,不等式(1.4.20)是不等式(1.4.19)的加强.

Weisenböck **不等式的一个加强的证明**

闫伟峰老师在微信中和蔡玉书老师讨论了一个

不等式：

在$\triangle ABC$中，证明：$a^2\cos^2\frac{B-C}{2}+b^2\cos^2\frac{C-A}{2}+c^2\cos^2\frac{A-B}{2}\geqslant 4\sqrt{3}\Delta$.

考虑到不等式的加强 Finsler-Hadwiger 不等式

$$a^2+b^2+c^2\geqslant 4\sqrt{3}\Delta+(a-b)^2+(b-c)^2+(c-a)^2$$

等价于

$$\tan\frac{A}{2}+\tan\frac{B}{2}+\tan\frac{C}{2}\geqslant\sqrt{3}$$

只要证明$a^2\cos^2\frac{B-C}{2}\geqslant 4\Delta\tan\frac{A}{2}$.

**证法** 1　因为

$$\begin{aligned}\tan\frac{A}{2}&=\frac{1-\cos A}{\sin A}\\&=\frac{a^2-(b-c)^2}{2bc\sin A}\\&=\frac{a^2-(b-c)^2}{4\Delta}\end{aligned}$$

所以

$$\begin{aligned}&a^2\cos^2\frac{B-C}{2}\geqslant 4\Delta\tan\frac{A}{2}\\\Leftrightarrow&a^2\cos^2\frac{B-C}{2}\geqslant a^2-(b-c)^2\\\Leftrightarrow&(b-c)^2\geqslant a^2\left(1-\cos^2\frac{B-C}{2}\right)\\&=a^2\sin^2\frac{B-C}{2}\end{aligned}$$

$$\Leftrightarrow\frac{(b-c)^2}{a^2}\geqslant\sin^2\frac{B-C}{2}$$

由正弦定理得到

$$\begin{aligned}\frac{(b-c)^2}{a^2}&=\frac{(\sin B-\sin C)^2}{\sin^2 A}\\&=\frac{\left(2\sin\frac{B-C}{2}\cos\frac{B+C}{2}\right)^2}{4\sin^2\frac{A}{2}\cos^2\frac{A}{2}}\\&=\frac{\sin^2\frac{B-C}{2}}{\cos^2\frac{A}{2}}\geqslant\sin^2\frac{B-C}{2}\end{aligned}$$

于是 $a^2\cos^2\frac{B-C}{2}\geqslant 4\Delta\tan\frac{A}{2}$,同理

$$b^2\cos^2\frac{C-A}{2}\geqslant 4\Delta\tan\frac{B}{2},c^2\cos^2\frac{A-B}{2}\geqslant 4\Delta\tan\frac{C}{2}$$

相加得

$$a^2\cos^2\frac{B-C}{2}+b^2\cos^2\frac{C-A}{2}+c^2\cos^2\frac{A-B}{2}$$

$$\geqslant 4\Delta\left(\tan\frac{A}{2}+\tan\frac{B}{2}+\tan\frac{C}{2}\right)$$

由对任意正数 $x,y,z$ 有

$$(x+y+z)^2\geqslant 3(xy+yz+zx)$$

即

$$x+y+z\geqslant\sqrt{3(xy+yz+zx)}$$

而在 $\triangle ABC$ 中,有

$$\tan\frac{A}{2}\tan\frac{B}{2}+\tan\frac{B}{2}\tan\frac{C}{2}+\tan\frac{C}{2}\tan\frac{A}{2}=1$$

所以

$$\tan\frac{A}{2}+\tan\frac{B}{2}+\tan\frac{C}{2}\geqslant 3$$

成立. 于是

$$a^2\cos^2\frac{B-C}{2}+b^2\cos^2\frac{C-A}{2}+c^2\cos^2\frac{A-B}{2}\geqslant 4\sqrt{3}\Delta$$

**证法 2** 由正弦定理可得

$$\Delta=\frac{ab\sin C}{2}=\frac{abc}{4R}$$

$$a^2\cos^2\frac{B-C}{2}\geqslant 4\Delta\tan\frac{A}{2}\Leftrightarrow a\cos^2\frac{B-C}{2}\geqslant\frac{bc}{R}\tan\frac{A}{2}$$

$$\Leftrightarrow\quad \sin A\cos^2\frac{B-C}{2}$$

$$\geqslant 2\sin B\sin C\tan\frac{A}{2}$$

$$=2\sin B\sin C\frac{\sin A}{1+\cos A}$$

$$\Leftrightarrow\quad (1+\cos A)\cos^2\frac{B-C}{2}$$

$$\geqslant 2\sin B\sin C$$

$$\Leftrightarrow\quad (1+\cos A)\cos^2\frac{B-C}{2}$$

$$\geqslant\cos(B-C)-\cos(B+C)$$

$$\Leftrightarrow\quad 2\cos^2\frac{A}{2}\cos^2\frac{B-C}{2}$$

$$\geqslant 2\cos^2\frac{B-C}{2}-2\cos^2\frac{B+C}{2}$$

$$\Leftrightarrow\quad \cos^2\frac{A}{2}\cos^2\frac{B-C}{2}$$

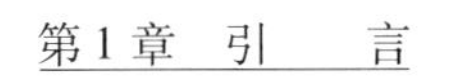

$$\geqslant \cos^2\frac{B-C}{2}-\sin^2\frac{A}{2}$$

$$=\cos^2\frac{B-C}{2}-(1-\cos^2\frac{A}{2})$$

$$\Leftrightarrow\ 1-(\cos^2\frac{B-C}{2}+\cos^2\frac{A}{2})+$$

$$\cos^2\frac{B-C}{2}\cos^2\frac{A}{2}$$

$$=(1-\cos^2\frac{B-C}{2})(1-\cos^2\frac{A}{2})$$

$$=\sin^2\frac{B-C}{2}\sin^2\frac{A}{2}\geqslant 0$$

当且仅当$\angle B=\angle C$时等号成立.

于是$a^2\cos^2\frac{B-C}{2}\geqslant 4\Delta\tan\frac{A}{2}$.

同理

$$b^2\cos^2\frac{C-A}{2}\geqslant 4\Delta\tan\frac{B}{2},c^2\cos^2\frac{A-B}{2}\geqslant 4\Delta\tan\frac{C}{2}$$

以上三式相加得

$$a^2\cos^2\frac{B-C}{2}+b^2\cos^2\frac{C-A}{2}+c^2\cos^2\frac{A-B}{2}$$

$$\geqslant 4\Delta\left(\tan\frac{A}{2}+\tan\frac{B}{2}+\tan\frac{C}{2}\right)$$

由对任意正数$x,y,z$有

$$(x+y+z)^2\geqslant 3(xy+yz+zx)$$

即$x+y+z\geqslant\sqrt{3(xy+yz+zx)}$,而在$\triangle ABC$中,有

$$\tan\frac{A}{2}\tan\frac{B}{2}+\tan\frac{B}{2}\tan\frac{C}{2}+\tan\frac{C}{2}\tan\frac{A}{2}=1$$

所以 $$\tan\frac{A}{2}+\tan\frac{B}{2}+\tan\frac{C}{2}\geqslant\sqrt{3}$$

成立.

于是, $a^2\cos^2\frac{B-C}{2}+b^2\cos^2\frac{C-A}{2}+c^2\cos^2\frac{A-B}{2}\geqslant 4\sqrt{3}\Delta$.

下面两种证法是刘保乾老师给出的.

**证法 1**

$$\sum a^2\cos^2\frac{B-C}{2}\geqslant 4\sqrt{3}\Delta$$

$$\Leftrightarrow\frac{a^2}{\Delta}\cos^2\frac{B-C}{2}\geqslant\frac{4(a+b-c)(a+c-b)\sqrt{3}}{a^2-2bc+c^2+b^2-2ac-2ab}$$

$$\Leftrightarrow\frac{1}{48}\frac{(z+2x+y)^4(xy+xz+yz)^2}{xzy(x+y)^2(z+x)^2(x+y+z)}\geqslant 1$$

$$\Leftrightarrow\frac{1}{48}\frac{(z+2x+y)^4(xy+xz+yz)^2}{xzy(x+y)^2(z+x)^2(x+y+z)}\overset{(a)}{\geqslant}$$

$$\frac{1}{16}\frac{(z+2x+y)^4}{(xz+x^2+yz+xy)^2}\overset{(b)}{\geqslant}1$$

$$(b)\Rightarrow\frac{1}{16}\frac{(y-z)^2(y^2+8xy+6yz+8xz+z^2+8x^2)}{(z+x)^2(x+y)^2}\geqslant 0$$

$$(a)\Rightarrow(xy+xz+yz)^2(xz+x^2+yz+xy)^2$$

$$\geqslant 3xzy(x+y)^2(z+x)^2(x+y+z)$$

$$\Leftrightarrow(z+x)^2(x+y)^2(x^2y^2-zx^2y+z^2x^2-xy^2z-xyz^2+y^2z^2)\geqslant 0$$

$$\Leftrightarrow x^2y^2-zx^2y+z^2x^2-xy^2z-xyz^2+y^2z^2\geqslant 0$$

$$\Leftrightarrow z^2(x-y)^2+(x-z)^2y^2+x^2(y-z)^2\geqslant 0$$

从而获证.

**证法 2** 因为

$$\sum a^2\cos^2\frac{B-C}{2}-4\sqrt{3}\Delta$$

$$=\frac{1}{2}\frac{(r+2R)s^2-8\sqrt{3}Rrs+r^2(4R+r)}{R}$$

而

$$(r+2R)s^2-8\sqrt{3}Rrs+r^2(4R+r)\geqslant 0$$

$$\Leftrightarrow (r+2R)s^2-8\sqrt{3}Rrs+r^2\cdot\sqrt{3}s\geqslant 0$$

$$\Leftrightarrow \sqrt{3}(r+2R)s-3r(8R-r)\geqslant 0$$

$$\Leftrightarrow \sqrt{3}(r+2R)\sqrt{16Rr-5r^2}\geqslant 3r(8R-r)$$

$$\Leftrightarrow 12r(R-2r)(r^2-5Rr+16R^2)\geqslant 0$$

显然成立.

其实,刘保乾曾提出不等式

$$\sum a^2\cos^2\frac{B-C}{2}>4\sqrt{3}\Delta$$

林新群给出了巧证(本节最后给出).

在$\triangle ABC$中有不等式问题(LBQ1(a),《不等式研究》第1辑,P. 390)

$$\sum a^2\geqslant 4\sqrt{3}\Delta+\frac{b+c}{a}(b-c)^2 \quad (1.4.21)$$

这个不等式化为仅含三角形三边长$a,b,c$的不等式,然后作代换(代数化)$a=y+z,b=z+x,c=x+y$,整理得

$$\begin{aligned}bds=&4(y+z)^2x^4+32yz(y+z)x^3+\\&4(y^2+z^2)(z^2-6yz+y^2)x^2-\\&32yz(y+z)(y^2+z^2+yz)x+\\&(y+z)^2(z^2+4yz+y^2)^2\geqslant 0\end{aligned}$$

但有配方式

$$bds=(y-z)^4(3x^2+3xy+3xz)+$$
$$(2x-y-z)^2(y^4+z^4+xy^3+xz^3+x^2y^2+8yz^3+18y^2z^2+$$
$$8y^3z+x^2z^2+11xyz^2+11xy^2z+2x^2yz)\geqslant 0$$

从而不等式(1.4.21)获证.

刘保乾先生曾证明不等式

$$\sum\frac{(a+b)(a-b)^2}{c}+4\sqrt{3}\Delta\geqslant a^2+b^2+c^2 \tag{1.4.22}$$

不等式(1.4.22)强于 Finsler-Hadwiger 不等式

$$3\sum(b-c)^2+4\sqrt{3}\Delta\geqslant a^2+b^2+c^2 \tag{1.4.23}$$

用 Bottema 软件验证,有不等式

$$\left(\frac{3}{2}+\frac{\sqrt{3}}{2}\right)\left(\frac{(c+a)(a-c)^2}{b}+\frac{(a+b)(b-a)^2}{c}\right)+4\sqrt{3}\Delta\geqslant\sum a^2 \tag{1.4.24}$$

试证明不等式(1.4.24)成立. 不等式(1.4.24)与不等式(1.4.21)比较得

$$\left(\frac{3}{2}+\frac{\sqrt{3}}{2}\right)\left(\frac{(c+a)(a-c)^2}{b}+\frac{(a+b)(b-a)^2}{c}\right)\geqslant\frac{b+c}{a}(b-c)^2$$

这个不等式的最佳式是

$$\frac{(c+a)(a-c)^2}{b}+\frac{(a+b)(b-a)^2}{c}\geqslant\frac{1}{2}\ \frac{b+c}{a}(b-c)^2 \tag{1.4.27}$$

不等式(1.4.27)代数化后的配方式是

$$(2x-y-z)^2(xy^2+x^2y+x^2z+yz^2+y^2z+z^2x+4xyz)+$$

$$2(xy+xz-2yz)^2(x+y+z)\geqslant 0 \tag{1.4.28}$$

用同样的方法还可以证明不等式 LBQ1(c)

$$s\geqslant 3\sqrt{3}r+\frac{3}{4}\frac{(b+c)^2}{a} \tag{1.4.29}$$

不等式(1.4.29)的配方形式是

$$5(y-z)^4x+(xy+xz-2yz)^2(36y+36z)+$$
$$(2x-y-z)^2(y^3+z^3+27yz^2+27y^2z+16xyz)+$$
$$8(y-z)^2(x-y)^2x+8(y-z)^2(x-z)^2x\geqslant 0$$

另外,用 $s-R-r$ 非负分拆方法可证

$$\sum\left(a\cos\frac{B-C}{2}\right)^6\geqslant 3(abc)^2 \tag{1.4.30}$$

2012 年,褚小光和何灯在《三元对称形式的一种分拆模型及其程序实现》一文中指出,有零点(1,1,1)的三元对称式 $f(x,y,z)$ 总可以分拆为

$$f(x,y,z)=f_1(x,y,z)(2x-y-z)^2+f_2(x,y,z)(y-z)^2 \tag{1.4.31}$$

上述配方形式提示我们,对非完全对称的三元对称形式,这个结论可能仍然保持成立,即,如果 $f(x,y,z)$ 是关于 $y,z$ 对称的三元多项式,则 $f(x,y,z)$ 总可表示为

$$f(x,y,z)=f_1(x,y,z)(2x-y-z)^2+f_2(x,y,z)(y-z)^2 \tag{1.4.32}$$

其中 $f_i(x,y,z)(i=1,2)$ 也关于 $y,z$ 对称. 试对这个结论进行证明,如果成立,则对于简化配方式很有意义.

**刘保乾谈 Weisenböck 不等式的加强**

2019 年 4 月 15 日,刘保乾先生给出了 Weisenböck 不等式的两个加强式

$$a^2+b^2+c^2\geqslant 4\Delta\sqrt[4]{\sum a^2\sum\frac{1}{a^2}}\qquad(1.4.33)$$

$$a^2+b^2+c^2\geqslant 4\Delta\sqrt{\frac{1}{2}(a^2+b^2+c^2)\left(\frac{1}{a^2}+\frac{1}{b^2}+\frac{1}{c^2}\right)-\frac{3}{2}}\qquad(1.4.34)$$

考虑到刘保乾 1996 年提出，张小明首先证明的式(1.4.21)的加强式

$$a^2+b^2+c^2\geqslant 4\Delta\sqrt{\frac{a^2}{b^2}+\frac{b^2}{c^2}+\frac{c^2}{a^2}}\qquad(1.4.35)$$

比较以上这些加强式的强弱就很有必要. 记

$$y=4\Delta\sqrt{\frac{1}{2}(a^2+b^2+c^2)\left(\frac{1}{a^2}+\frac{1}{b^2}+\frac{1}{c^2}\right)-\frac{3}{2}}-4\Delta\sqrt{\frac{a^2}{b^2}+\frac{b^2}{c^2}+\frac{c^2}{a^2}}$$

用 agl2012 程序，计算 otf($y>=0$)，输出反例

$$\left[a=\frac{20}{19},b=\frac{40}{29},c=\frac{238}{551}\right]$$

计算 otf($y<=0$)，输出反例

$$\left[a=\frac{32\ 669}{32\ 668},b=\frac{23}{11},c=\frac{392\ 027}{359\ 348}\right]$$

这说明不等式(1.4.34)和式(1.4.35)不分强弱，现证明不等式(1.4.35)强于不等式(1.4.33)，即证

$$\left(\frac{a^2}{b^2}+\frac{b^2}{c^2}+\frac{c^2}{a^2}\right)^2\geqslant(a^2+b^2+c^2)\left(\frac{1}{a^2}+\frac{1}{b^2}+\frac{1}{c^2}\right)$$

$$\Leftrightarrow\frac{a^4}{b^4}+\frac{a^2}{b^2}+\frac{c^2}{b^2}+\frac{b^4}{c^4}+\frac{b^2}{a^2}+\frac{c^4}{a^4}-3-\frac{a^2}{b^2}-\frac{b^2}{c^2}-\frac{c^2}{a^2}\geqslant 0\qquad(1.4.36)$$

$$\Leftrightarrow a^8c^4+a^6b^4c^2+c^6b^2a^4+b^8a^4+b^6c^4a^2+c^8b^4-3b^4c^4a^4-a^6b^2c^4-b^6c^2a^4-c^6b^4a^2\geqslant 0$$

$$\Leftrightarrow (y+z)^8(x+y)^4+(y+z)^6(z+x)^4(x+y)^2+(x+y)^6(z+x)^2(y+z)^4+(z+x)^8(y+z)^4+(z+x)^6(x+y)^4(y+z)^2+(x+y)^8(z+x)^4-3(z+x)^4(x+y)^4(y+z)^4-(y+z)^6(z+x)^2(x+y)^4-(z+x)^6(x+y)^2(y+z)^4-(x+y)^6(z+x)^4(y+z)^2\geqslant 0$$

$$\Leftrightarrow \frac{1}{288}(x-y)^2g_{xy}+\frac{1}{288}(y-z)^2yzg_{yz}+\frac{1}{96}(x-z)^2g_{zx}\geqslant 0 \tag{1.4.37}$$

其中

$$\begin{aligned} g_{xy}={}&212\,988x^3y^5z^2+14\,400x^7yz^2+293\,163x^4y^4z^2+\\ &40\,032x^4yz^5+135\,936x^6y^3z+97\,920x^6y^2z^2+\\ &217\,572xy^5z^4+50\,112x^7y^2z+41\,118x^2y^5z^3+\\ &9\,216x^8yz+98\,496x^3y^6z+54\,588x^3y^4z^3+\\ &113\,805x^2y^6z^2+53\,568x^2y^7z+1\,440x^2y^8+\\ &1\,728xy^9+150\,336x^4y^5z+18\,432x^5z^5+\\ &2\,880x^3z^7+7\,488x^2z^8+2\,880x^9y+6\,912x^5yz^4+\\ &20\,736xy^8z+13\,536x^8y^2+39\,744x^7y^3+\\ &35\,358xy^7z^2+13\,344x^2yz^7+21\,600x^6y^4+\\ &12\,672x^5y^5+207\,936x^5y^4z+6\,624x^4y^6+\\ &18\,288x^5y^2z^3+248\,544x^5y^3z^2+2\,880x^3y^7+\\ &31\,680xz^9+2\,304y^9z+1\,839y^8z^2+21\,090y^7z^3+\\ &30\,868y^5z^5+59y^2z^8+576yz^9+288y^{10}+\\ &288x^{10}+4\,032z^{10} \end{aligned}$$

$$\begin{aligned}g_{yz} = {} & 2\,448x^7y + 14\,223y^5z^3 + 2\,769y^7z + 6\,794z^4y^4 + \\ & 2\,245z^5y^3 + 2\,592z^2x^6 + 21\,888z^3x^5 + 94\,464z^6x^2 + \\ & 45\,408z^4x^4 + 17\,280z^7x + 72\,000z^5x^3 + \\ & 230\,016z^4yx^3 + 31\,798z^5y^2x + 112\,128z^3yx^4 + \\ & 33\,828z^3y^4x + 52\,076z^4y^3x + 360\,384z^3y^2x^3 + \\ & 77\,760z^2yx^5 + 18\,432z^6yx + 456\,456z^3y^3x^2 + \\ & 99\,204z^2y^5x + 365\,546z^4y^2x^2 + 226\,309z^5yx^2 + \\ & 1\,152z^8 + 12\,096x^8\end{aligned}$$

$$\begin{aligned}g_{zx} = {} & 50\,496x^4y^5z + 62\,352x^5y^4z + 14\,762xy^5z^4 + \\ & 192\,474x^2y^5z^3 + 9\,773x^2y^4z^4 + 2\,112x^4y^3z^3 + \\ & 133\,374x^3y^5z^2 + 136\,666x^3y^4z^3 + 1\,152y^{10} + \\ & 20\,448x^6y^4 + 2\,112x^5z^5 + 3\,168x^2z^8 + 960xz^9 + \\ & 384x^9z + 1\,344x^8z^2 + 2\,880x^7z^3 + 5\,184x^6z^4 + \\ & 96z^{10} + 146\,695x^4y^4z^2\end{aligned}$$

故不等式成立，即不等式(1.4.35)强于不等式(1.4.33).

由于不等式(1.4.37)是轮换对称不等式，另一种方法是约定正数 $x,y,z$ 中最小的一个. 取 $z=\min\{x,y,z\}$，即令

$$x=z+m, y=z+n \quad (m,n\geqslant 0)$$

此时不等式(1.4.37)可整理为

$$\begin{aligned}&(16\,384n^2 + 16\,384m^2 - 16\,384nm)z^{10} + \\ &(-16\,384n^2m + 8\,192nm^2 + 57\,344m^3 + 57\,344n^3)z^9 + \\ &(112\,640nm^3 + 38\,912n^3m - 21\,504n^2m^2 + 91\,136n^4 + \\ &91\,136m^4)z^8 + (87\,040n^5 + 87\,040m^5 + \\ &96\,000n^4m - 7\,680n^3m^2 + 83\,456n^2m^3 +\end{aligned}$$

$197\ 888nm^4)z^7+f_1z^6+f_2z^5+f_3z^4+f_4z^3+$

$f_5z^2+f_6z+f_7\geqslant 0$

其中多项式$f_i$每一项前面的系数为正数,故只需证$z^i$ $(i=7,8,9,10)$前面的系数为正即可,而这由均值或者配方都容易实现.

可能没有多少人能够喜欢上述两种证法,尤其是第一种证法.一个问题是:如何给出不等式(1.4.36)较简单的证明?于士良老师的证明如下:

令$x=\frac{a}{b},y=\frac{b}{c},z=\frac{c}{a}$,则$xyz=1$,且不等式(1.4.36)化为

$$x^4+y^4+z^4+x^2y^2+y^2z^2+z^2x^2-x^2-y^2-z^2-3\geqslant 0$$

$$\Leftrightarrow\sum(x^2-1)^2+\sum x^2+\sum x^2y^2-6\geqslant 0$$

由$\sum x^2\geqslant 3\sqrt[3]{\prod x^2}=3,\sum x^2y^2\geqslant 3\sqrt[3]{\prod x^2y^2}=3$,知不等式成立.

不等式(1.4.33)不仅可由不等式(1.4.35)推出,而且还可以由Weisenböck不等式本身推出.请看:不等式(1.4.21)

$$\Leftrightarrow(a^2+b^2+c^2)^2\geqslant 48\Delta^2$$

$$\Leftrightarrow(a^2+b^2+c^2)^3\geqslant 64\Delta^2(m_a^2+m_b^2+m_c^2)$$

$$\Rightarrow(a^2+b^2+c^2)^3\geqslant 64\Delta^2(h_a^2+h_b^2+h_c^2)$$

$$\Leftrightarrow\frac{a^2}{\Delta\sqrt[4]{\sum a^2\sum\frac{1}{a^2}}}\geqslant 4\frac{a^2}{a^2+b^2+c^2}\qquad(1.4.38)$$

将不等式(1.4.38)两边取循环和即得不等式(1.4.33).总而言之,不等式(1.4.33)较弱.

那么不等式(1.4.34)的强度如何?为此我们看一下不等式(1.4.34)的 $s-R-r$ 非负分拆式(目的是看其中含有的“泥巴”多不多,从而判定不等式强弱).将不等式(1.4.34)化为用 $s-R-r$ 表示,得

$$-s^6+(12Rr+4R^2-r^2)s^4-r(8Rr^2+32R^3-r^3+32rR^2)s^2+r^2(r+2R)^2(4R+r)^2\geqslant 0$$

$$\Leftrightarrow 120(R-2r)^2r^4+(s^2-16Rr+5r^2)^2(4R^2+4Rr+3r^2-s^2)+8(R-2r)(s^2-16Rr+5r^2)r^3+(R-2r)(4R^2+4Rr+3r^2-s^2)(255r^3+96Rr^2+3rs^2)+21(s^2-16Rr+5r^2)(4R^2+4Rr+3r^2-s^2)Rr+192(R-2r)r^5+480(4R^2+4Rr+3r^2-s^2)r^4\geqslant 0$$

可以看出,其中所含的“泥巴”特别多!

为了方便分拆,我们把不等式的强度进行分类,分类的依据是根据 $s-R-r$ 非负分拆所需表达式的强度:如果三角形中一个不等式

$$f(s,R,r)\geqslant 0 \tag{1.4.39}$$

是非负分拆式,只需要 Gerretsen 不等式

$$4R^2+4Rr+3r^2-s^2\geqslant 0$$
$$s^2-16Rr+5r^2\geqslant 0$$

和 Euler 不等式 $R\geqslant 2r$ 参与即可拆出,则称不等式(1.4.39)的强度属于 G 类;如果非负分拆必须杨学枝不等式

$$(s^2-16Rr+5r^2)(R-r)-r^2(R-2r)\geqslant 0$$
$$(4R^2+4Rr+3r^2-s^2)(R-r)-r^2(R-2r)\geqslant 0$$

参与,则称不等式(1.4.39)的强度属于 Y 类;如果非

负分拆必须基本不等式

$$-s^4+(-2r^2+4R^2+20Rr)s^2-r(4R+r)^3\geqslant 0$$

参与,则称不等式(1.4.39)的强度属于B类;其余情况下不等式的强度属于L类.这几个分类在实际探讨中有很强的指导作用.

可以看出,不等式(1.4.34)的强度仅仅属于G类,故应该有很大的加强空间。

一般加强不等式需要找到合适大小的量级,这样才可能加强成功(一般以量级$E(1)$为界,需要掌握几个常用量级,以便使用起来得心应手).不等式(1.4.34)无疑是一个最佳式,它对较大的量级

$$E\left((a^2+b^2+c^2)\left(\frac{1}{a^2}+\frac{1}{b^2}+\frac{1}{c^2}\right)\right)$$

来说是最佳的.由于

$$E\left((a^2+b^2+c^2)\left(\frac{1}{a^2}+\frac{1}{b^2}+\frac{1}{c^2}\right)\right)>E\left(\sum\frac{a^2}{b^2+c^2}\right)$$

如此“大尺度”的量级,应该隐藏着很大的加强空间.

$$a^2+b^2+c^2\geqslant 2\Delta\sqrt{2\left(\sum a^2\right)\left(\sum a^{-2}\right)-6+k\left(\sum\frac{a^2}{b^2+c^2}-\frac{3}{2}\right)}$$

$$(\max(k)=2)$$

$$\Leftrightarrow a^2+b^2+c^2\geqslant 2\Delta\sqrt{2\left(\sum a^2\right)\left(\sum a^{-2}\right)+2\sum\frac{a^2}{b^2+c^2}-9}\tag{1.4.40}$$

这个加强式仍然很优美,请证明式(1.4.40).

顺便指出,与不等式(1.4.36)类似的三角形中关于边的一个较深刻的结果是

$$2\left(\sum \frac{b^2}{a^2}-3\right) \geqslant \sum \frac{a^2}{b^2}-3 \geqslant \frac{1}{2}\left(\sum \frac{b^2}{a^2}-3\right) \tag{1.4.41}$$

不等式(1.4.41)由刘保乾早期提出,褚小光证明.另外刘保乾提出并证明的 Weisenböck 不等式的加强式

$$3\sum (b-c)^2 \geqslant \sum \left(\frac{b+c}{a}\right)(b-c)^2 \geqslant \sum a^2-4\sqrt{3}\Delta$$

$$\geqslant \frac{1}{2}\sum \left(\frac{a}{b+c}+\frac{b+c}{a}\right)(b-c)^2$$

也值得一提,它比较贴切地呼应了本节的主题。

**对一个 Weisenböck 不等式加强的证明**

设 $\triangle ABC$ 的内角 $A,B,C$ 所对的边长分别为 $a,b,c,s,R,r,\Delta$ 分别表示 $\triangle ABC$ 的半周长、外接圆半径、内切圆半径、面积,$\sum$ 表示循环和. 1919 年,著名几何学家 Weisenböck 提出并证明了不等式

$$\sum a^2 \geqslant 4\sqrt{3}\Delta \tag{1.4.42}$$

后来人们给出了式(1.4.42)的多种加强式. 2000 年,刘保乾先生提出了以下优美的不等式(猜测)

$$\sum a^2\cos^3\frac{B-C}{2} \geqslant 4\sqrt{3}\Delta \tag{1.4.43}$$

式(1.4.43)显然加强了式(1.4.42). 2003 年林新群先生在《不等式研究通讯》(总第 39 期)上证明了式(1.4.43).由于许多读者未见到该证明,现重新整理如下:

为了证明式(1.4.43),先给出一个引理

$$\sum a^2\cos(B-C)=\frac{r}{R}(s^2+8R^2+6Rr+r^2)\tag{1.4.44}$$

证明:注意到 $a\cos(B-C)=b\cos B+c\cos C$,得

$$\begin{aligned}&\sum a^2\cos(B-C)\\=&\sum a(b\cos B+c\cos C)\\=&\sum bc(\cos B+\cos C)\\=&\sum bc\sum\cos A-\frac{1}{2}\sum(b^2+c^2-a^2)\\=&\sum bc\sum\cos A-\frac{1}{2}\sum a^2\end{aligned}\tag{1.4.45}$$

将恒等式 $\sum\cos A=1+\frac{r}{R}$, $\sum bc=s^2+4Rr+r^2$, $\sum a^2=2(s^2-4Rr-r^2)$ 代入式(1.4.45)中,整理即得式(1.4.44).式(1.4.43)的证明:由于

$$\cos^3\frac{B-C}{2}\geqslant\frac{1+3\cos(B-C)}{4}\tag{1.4.46}$$

$$\Leftrightarrow 4\cos^3\frac{B-C}{2}\geqslant1+3\left(2\cos^2\frac{B-C}{2}-1\right)$$

$$\Leftrightarrow\left(2\cos\frac{B-C}{2}+1\right)\left(\cos\frac{B-C}{2}-1\right)^2\geqslant0$$

上式显然成立,式(1.4.46)获证.

由式(1.4.46),得

$$\sum a^2\cos^3\frac{B-C}{2}\geqslant\frac{1}{4}\sum a^2+\frac{3}{4}\sum a^2\cos(B-C)$$

把式(1.4.44)及恒等式 $\sum a^2=2(s^2-4Rr-r^2)$ 代入上式并整理得

$$\sum a^2\cos^2\frac{B-C}{2}\geqslant\frac{1}{4R}((2R+3r)s^2+16R^2r+16Rr^2+3r^3)$$

显然,为了证明式(1.4.43),注意到$\Delta=sr$,只需证明

$$\frac{1}{4R}((2R+3r)s^2+16R^2r+16Rr^2+3r^3)\geqslant 4\sqrt{3}sr$$

$$\Leftrightarrow H(s)=(2R+3r)s+(16R^2r+16Rr^2+3r^3)\frac{1}{s}\geqslant 16\sqrt{3}Rr \tag{1.4.47}$$

由 Euler 不等式$R\geqslant 2r$,可知

$$16Rr-5r^2>\frac{16R^2r+16Rr^2+3r^3}{2R+3r}$$

又由 Gerretsen 不等式

$$s^2\geqslant 16Rr-5r^2$$

可知$H(s)$单调递增,故

$$H(s)\geqslant H(\sqrt{16Rr-5r^2})$$

于是,要证式(1.4.47)成立,只需证明

$$(2R+3r)(16Rr-5r^2)+16R^2r+16Rr^2+3r^3$$

$$\geqslant 16\sqrt{3}Rr\sqrt{16Rr-5r^2}$$

$$\Leftrightarrow 48R^2+54Rr-12r^2\geqslant 16\sqrt{3}R\sqrt{16Rr-5r^2}$$

$$\Leftrightarrow 576R^4-1\,776R^3r+1\,401R^2r^2-324Rr^3+36r^4\geqslant 0$$

$$\Leftrightarrow (R-2r)(576R^3-624R^2r+153Rr^2-18r^3)\geqslant 0$$

由$R\geqslant 2r$,上式显然成立,式(1.4.43)获证.

## 1.5 六个类似于 Weisenböck 不等式的统一证明

苏州的蔡玉书、李居之两位老师在 2019 年对几个

类似于 Weisenböck 不等式的问题统一起来进行了证明.

**例1** 在$\triangle ABC$中,$\angle A$,$\angle B$,$\angle C$所对的边分别为$a$,$b$,$c$,$S$是$\triangle ABC$的面积,证明

$$a^2\sin\frac{A}{2}+b^2\sin\frac{B}{2}+c^2\sin\frac{C}{2}\geqslant 2\sqrt{3}S$$

(这是2013年第9期《数学通报》问题,由杨先义提供,也是2019年第10期《数学通讯》问题征解题,由李居之提供.)

**证法1** 由三角形面积公式

$$S=\frac{1}{2}bc\sin A=bc\sin\frac{A}{2}\cos\frac{A}{2}$$

所以

$$\frac{a^2\sin\frac{A}{2}}{S}=\frac{a^2\sin\frac{A}{2}}{bc\sin\frac{A}{2}\cos\frac{A}{2}}=\frac{a^2}{bc\cos\frac{A}{2}}$$

同理可得

$$\frac{b^2\sin\frac{B}{2}}{S}=\frac{b^2}{ca\cos\frac{B}{2}},\frac{c^2\sin\frac{C}{2}}{S}=\frac{c^2}{ab\cos\frac{C}{2}}$$

原不等式等价于证明

$$\frac{a^2}{bc\cos\frac{A}{2}}+\frac{b^2}{ca\cos\frac{B}{2}}+\frac{c^2}{ab\cos\frac{C}{2}}\geqslant 2\sqrt{3}$$

由三元均值不等式得

Pedoe 定理

$$\frac{a^2}{bc\cos\frac{A}{2}}+\frac{b^2}{ca\cos\frac{B}{2}}+\frac{c^2}{ab\cos\frac{C}{2}}\geqslant\frac{3}{\sqrt[3]{\cos\frac{A}{2}\cos\frac{B}{2}\cos\frac{C}{2}}}$$

于是只要证明

$$\cos\frac{A}{2}\cos\frac{B}{2}\cos\frac{C}{2}\leqslant\frac{3\sqrt{3}}{8}$$

这个不等式是大家比较熟悉的不等式，下面给出一种证明方法

$$\begin{aligned}\cos\frac{A}{2}\cos\frac{B}{2}\cos\frac{C}{2}&=\frac{1}{2}\left(\cos\frac{A-B}{2}+\cos\frac{A+B}{2}\right)\cos\frac{C}{2}\\&\leqslant\frac{1}{2}\left(1+\cos\frac{A+B}{2}\right)\cos\frac{C}{2}\\&=\frac{1}{2}\left(1+\sin\frac{C}{2}\right)\cos\frac{C}{2}\\&=\frac{1}{2}\sqrt{\left(1+\sin\frac{C}{2}\right)^3\left(1-\sin\frac{C}{2}\right)}\\&=\frac{1}{2\sqrt{3}}\sqrt{\left(1+\sin\frac{C}{2}\right)^3\left(3-3\sin\frac{C}{2}\right)}\\&\leqslant\frac{1}{2\sqrt{3}}\sqrt{\left[\frac{3\left(1+\sin\frac{C}{2}\right)+\left(3-3\sin\frac{C}{2}\right)}{4}\right]^4}\\&=\frac{3\sqrt{3}}{8}\end{aligned}$$

当然用导数求$\left(1+\sin\frac{C}{2}\right)\cos\frac{C}{2}$的最大值也比较方便，避免上面的技巧.

**证法 2** 利用熟悉的不等式$\cos\frac{A}{2}\cos\frac{B}{2}\cos\frac{C}{2}\leqslant\frac{3\sqrt{3}}{8}$.

因为原不等式左边是一个关于 $a,b,c$ 的对称式，所以可设 $a\leqslant b\leqslant c$，则有 $a^3\leqslant b^3\leqslant c^3$，两边同时除以 $abc$ 得到$\frac{a^2}{bc}\leqslant\frac{b^2}{ca}\leqslant\frac{c^2}{ab}$，由 $\angle A\leqslant\angle B\leqslant\angle C$ 推出

$$\cos\frac{A}{2}\geqslant\cos\frac{B}{2}\geqslant\cos\frac{C}{2}>0,0<\frac{1}{\cos\frac{A}{2}}\leqslant\frac{1}{\cos\frac{B}{2}}\leqslant\frac{1}{\cos\frac{C}{2}}$$

由均值不等式$\frac{a^2}{bc}+\frac{b^2}{ca}+\frac{c^2}{ab}\geqslant 3$，于是由面积公式及 Tschebyscheff 不等式、均值不等式，有

$$\frac{a^2\sin\frac{A}{2}}{S}+\frac{b^2\sin\frac{B}{2}}{S}+\frac{c^2\sin\frac{C}{2}}{S}$$

$$=\frac{a^2}{bc\cos\frac{A}{2}}+\frac{b^2}{ca\cos\frac{B}{2}}+\frac{c^2}{ab\cos\frac{C}{2}}$$

$$\geqslant\frac{1}{3}\left(\frac{a^2}{bc}+\frac{b^2}{ca}+\frac{c^2}{ab}\right)\left(\frac{1}{\cos\frac{A}{2}}+\frac{1}{\cos\frac{B}{2}}+\frac{1}{\cos\frac{C}{2}}\right)$$

$$\geqslant\frac{1}{\cos\frac{A}{2}}+\frac{1}{\cos\frac{B}{2}}+\frac{1}{\cos\frac{C}{2}}$$

$$\geqslant\frac{3}{\sqrt[3]{\cos\frac{A}{2}\cos\frac{B}{2}\cos\frac{C}{2}}}\geqslant 2\sqrt{3}$$

证法 2 由李居之提供，由杨先义解答.

**例 2**　在$\triangle ABC$ 中，$\angle A,\angle B,\angle C$ 所对的边长分别为 $a,b,c,S$ 是$\triangle ABC$ 的面积，证明

$$a^2\cos\frac{A}{2}+b^2\cos\frac{B}{2}+c^2\cos\frac{C}{2}\geqslant 6S \quad (1.5.1)$$

（这是2012年第2期《数学通报》问题征解题，由安振平提供.）

**证明** 我们知道，对边 $BC$ 上的高线长 $h_a$ 和内角 $A$ 的平分线长 $t_a$ 显然有关系式 $t_a \geqslant h_a$. 注意到

$$t_a = \frac{2bc\cos\frac{A}{2}}{b+c}$$

则有

$$\frac{2bc\cos\frac{A}{2}}{b+c} \geqslant h_a$$

两边同时乘以 $a^2$，并利用 $S=\frac{1}{2}ah_a$，得到

$$a^2\cos\frac{A}{2} \geqslant \left(\frac{a}{b}+\frac{a}{c}\right)S$$

同理可得

$$b^2\cos\frac{B}{2} \geqslant \left(\frac{b}{c}+\frac{b}{a}\right)S, c^2\cos\frac{C}{2} \geqslant \left(\frac{c}{a}+\frac{c}{b}\right)S$$

将上面三个不等式相加并重新排列后利用均值不等式得到

$$a^2\cos\frac{A}{2}+b^2\cos\frac{B}{2}+c^2\cos\frac{C}{2}$$

$$\geqslant \left(\frac{a}{b}+\frac{b}{a}\right)S+\left(\frac{b}{c}+\frac{c}{b}\right)S+\left(\frac{c}{a}+\frac{a}{c}\right)S \geqslant 6S$$

**例3** 在 $\triangle ABC$ 中，$\angle A, \angle B, \angle C$ 所对的边长分别为 $a,b,c,S$ 是 $\triangle ABC$ 的面积，证明

$$a^2\tan\frac{A}{2}+b^2\tan\frac{B}{2}+c^2\tan\frac{C}{2} \geqslant 4S \quad (1.5.2)$$

（这是2019年第9期《中学数学》问题461，由李

居之提供.)

**证明** 由半角公式和余弦定理得

$$\cos^2\frac{A}{2}=\frac{1+\cos A}{2}=\frac{1+\frac{b^2+c^2-a^2}{2bc}}{2}$$

$$=\frac{(b+c)^2-a^2}{4bc}=\frac{(a+b+c)(b+c-a)}{4bc}$$

$$\frac{a^2\tan\frac{A}{2}}{S}=\frac{a^2\tan\frac{A}{2}}{\frac{1}{2}bc\sin A}=\frac{a^2\frac{\sin\frac{A}{2}}{\cos\frac{A}{2}}}{bc\sin\frac{A}{2}\cos\frac{A}{2}}$$

$$=\frac{a^2}{bc\cos^2\frac{A}{2}}=\frac{4a^2}{(a+b+c)(b+c-a)}$$

同理

$$\frac{b^2\tan\frac{B}{2}}{S}=\frac{4b^2}{(a+b+c)(c+a-b)}$$

$$\frac{c^2\tan\frac{C}{2}}{S}=\frac{4c^2}{(a+b+c)(a+b-c)}$$

由 Cauchy 不等式得

$$\left(\frac{a^2}{b+c-a}+\frac{b^2}{c+a-b}+\frac{c^2}{a+b-c}\right)[(b+c-a)+(c+a-b)+(a+b-c)]\geqslant(a+b+c)^2$$

即

$$\frac{a^2}{b+c-a}+\frac{b^2}{c+a-b}+\frac{c^2}{a+b-c}\geqslant a+b+c$$

所以

$$\frac{a^2\tan\frac{A}{2}}{S}+\frac{b^2\tan\frac{B}{2}}{S}+\frac{c^2\tan\frac{C}{2}}{S}$$

$$=\frac{4}{a+b+c}\left(\frac{a^2}{b+c-a}+\frac{b^2}{c+a-b}+\frac{c^2}{a+b-c}\right)$$

$$\geqslant 4$$

从而 $a^2\tan\frac{A}{2}+b^2\tan\frac{B}{2}+c^2\tan\frac{C}{2}\geqslant 4S$.

**例 4** 在 $\triangle ABC$ 中, $\angle A$, $\angle B$, $\angle C$ 所对的边长分别为 $a,b,c,S$ 是 $\triangle ABC$ 的面积,证明:$a^2\cot\frac{A}{2}+b^2\cot\frac{B}{2}+c^2\cot\frac{C}{2}\geqslant 12S$.

(这是 2019 年第 10 期《数学教学》问题征解题 1072,由李居之提供.)

**证法 1** 由半角公式和余弦定理得

$$\sin^2\frac{A}{2}=\frac{1-\cos A}{2}=\frac{1-\frac{b^2+c^2-a^2}{2bc}}{2}$$

$$=\frac{a^2-(b-c)^2}{4bc}=\frac{(c+a-b)(a+b-c)}{4bc}$$

$$\frac{a^2\cot\frac{A}{2}}{S}=\frac{a^2\cot\frac{A}{2}}{\frac{1}{2}bc\sin A}=\frac{a^2\frac{\cos\frac{A}{2}}{\sin\frac{A}{2}}}{bc\sin\frac{A}{2}\cos\frac{A}{2}}=\frac{a^2}{bc\sin^2\frac{A}{2}}$$

$$=\frac{4a^2}{(c+a-b)(a+b-c)}=\frac{4a^2}{a^2-(b-c)^2}$$

$$\geqslant 4$$

同理

$$\frac{b^2\cot\frac{B}{2}}{S}=\frac{4b^2}{(a+b-c)(b+c-a)}\geqslant 4$$

$$\frac{c^2\cot\frac{C}{2}}{S}=\frac{4c^2}{(b+c-a)(c+a-b)}\geqslant 4$$

以上三式相加得

$$\frac{a^2\cot\frac{A}{2}}{S}+\frac{b^2\cot\frac{B}{2}}{S}+\frac{c^2\cot\frac{C}{2}}{S}\geqslant 12$$

即

$$a^2\cot\frac{A}{2}+b^2\cot\frac{B}{2}+c^2\cot\frac{C}{2}\geqslant 12S$$

**证法2**　(由李居之提供)记

$$2p=a+b+c$$

$$\sin^2\frac{A}{2}=\frac{1-\cos A}{2}=\frac{(c+a-b)(a+b-c)}{4bc}$$

$$=\frac{(p-b)(p-c)}{bc}$$

$$\frac{a^2\cot\frac{A}{2}}{S}=\frac{a^2}{bc\sin^2\frac{A}{2}}=\frac{a^2}{(p-b)(p-c)}$$

同理

$$\frac{b^2\cot\frac{B}{2}}{S}=\frac{b^2}{(p-c)(p-a)},\frac{c^2\cot\frac{C}{2}}{S}=\frac{c^2}{(p-a)(p-b)}$$

由 Cauchy 不等式得

$$\left(\frac{a^2}{(p-b)(p-c)}+\frac{b^2}{(p-c)(p-a)}+\frac{c^2}{(p-a)(p-b)}\right)\cdot$$
$$[(p-b)(p-c)+(p-c)(p-a)+(p-a)(p-b)]$$
$$\geqslant(a+b+c)^2$$

由均值不等式得

$$[(p-a)+(p-b)+(p-c)]^2\geqslant3[(p-b)(p-c)+(p-c)(p-a)+(p-a)(p-b)]$$

所以

$$\frac{a^2\cot\frac{A}{2}}{S}+\frac{b^2\cot\frac{B}{2}}{S}+\frac{c^2\cot\frac{C}{2}}{S}$$
$$\geqslant\frac{(a+b+c)^2}{(p-a)(p-b)+(p-b)(p-c)+(p-c)(p-a)}$$
$$\geqslant\frac{3(a+b+c)^2}{[(p-a)+(p-b)+(p-c)]^2}=12$$

所以，$a^2\cot\frac{A}{2}+b^2\cot\frac{B}{2}+c^2\cot\frac{C}{2}\geqslant12S.$

**例 5** 在$\triangle ABC$中，$\angle A,\angle B,\angle C$所对的边长分别为$a,b,c,S$是$\triangle ABC$的面积，证明

$$a^2\csc\frac{A}{2}+b^2\csc\frac{B}{2}+c^2\csc\frac{C}{2}\geqslant8\sqrt{3}S$$

**证法 1** 由面积公式和正弦定理得到

$$\frac{a^2\csc\frac{A}{2}}{S}=\frac{a^2\csc\frac{A}{2}}{\frac{1}{2}bc\sin A}=\frac{2a^2}{bc\sin A\sin\frac{A}{2}}=\frac{2\sin^2A}{\sin B\sin C\sin A\sin\frac{A}{2}}$$
$$=\frac{4\cos\frac{A}{2}}{\sin B\sin C}=\frac{8\cos\frac{A}{2}}{\cos(B-C)-\cos(B+C)}$$

$$=\frac{8\cos\frac{A}{2}}{\cos(B-C)+\cos A}$$

$$\geqslant\frac{8\cos\frac{A}{2}}{1+\cos A}-\frac{4}{\cos\frac{A}{2}}$$

同理

$$\frac{b^2\csc\frac{B}{2}}{S}\geqslant\frac{4}{\cos\frac{B}{2}},\frac{c^2\csc\frac{C}{2}}{S}\geqslant\frac{4}{\cos\frac{C}{2}}$$

以上三式相加得

$$\frac{a^2\csc\frac{A}{2}}{S}+\frac{b^2\csc\frac{B}{2}}{S}+\frac{c^2\csc\frac{C}{2}}{S}$$

$$\geqslant4\left(\frac{1}{\cos\frac{A}{2}}+\frac{1}{\cos\frac{B}{2}}+\frac{1}{\cos\frac{C}{2}}\right)$$

$$\geqslant\frac{12}{\sqrt[3]{\cos\frac{A}{2}\cos\frac{B}{2}\cos\frac{C}{2}}}$$

于是只要证明

$$\cos\frac{A}{2}\cos\frac{B}{2}\cos\frac{C}{2}\leqslant\frac{3\sqrt{3}}{8}$$

这在例1中已经证明.

所以,$a^2\csc\frac{A}{2}+b^2\csc\frac{B}{2}+c^2\csc\frac{C}{2}\geqslant8\sqrt{3}S$.

**证法2**　因为

$$\csc\frac{A}{2}=\sqrt{1+\cot^2\frac{A}{2}}$$

由 Cauchy 不等式得

$$\left(1+\cot^2\frac{A}{2}\right)(1+3)\geqslant\left(1+\sqrt{3}\cot\frac{A}{2}\right)^2$$

所以

$$\csc\frac{A}{2}\geqslant\frac{\sqrt{3}}{2}\cot\frac{A}{2}+\frac{1}{2}$$

当且仅当$\angle A=\frac{\pi}{3}$时等号成立.

同理

$$\csc\frac{B}{2}\geqslant\frac{\sqrt{3}}{2}\cot\frac{B}{2}+\frac{1}{2},\csc\frac{C}{2}\geqslant\frac{\sqrt{3}}{2}\cot\frac{C}{2}+\frac{1}{2}$$

当且仅当$\angle B=\angle C=\frac{\pi}{3}$时等号成立.

于是,由例 4 和 Weisenböck 不等式得

$$\begin{aligned}&a^2\csc\frac{A}{2}+b^2\csc\frac{B}{2}+c^2\csc\frac{C}{2}\\ \geqslant&a^2\left(\frac{\sqrt{3}}{2}\cot\frac{A}{2}+\frac{1}{2}\right)+b^2\left(\frac{\sqrt{3}}{2}\cot\frac{B}{2}+\frac{1}{2}\right)+c^2\left(\frac{\sqrt{3}}{2}\cot\frac{C}{2}+\frac{1}{2}\right)\\ =&\frac{\sqrt{3}}{2}\left(a^2\cot\frac{A}{2}+b^2\cot\frac{B}{2}+c^2\cot\frac{C}{2}\right)+\frac{1}{2}(a^2+b^2+c^2)\\ \geqslant&\frac{\sqrt{3}}{2}\times 12S+\frac{1}{2}\times 4\sqrt{3}S=8\sqrt{3}S\end{aligned}$$

**例 6** 在$\triangle ABC$中,$\angle A,\angle B,\angle C$所对的边长分别为$a,b,c,S$是$\triangle ABC$的面积,证明

$$a^2\sec\frac{A}{2}+b^2\sec\frac{B}{2}+c^2\sec\frac{C}{2}\geqslant 8S$$

**证法 1** 由面积公式和正弦定理得到

$$\frac{a^2\sec\frac{A}{2}}{S}=\frac{a^2\sec\frac{A}{2}}{\frac{1}{2}bc\sin A}=\frac{2a^2}{bc\sin A\cos\frac{A}{2}}$$

$$=\frac{2\sin^2 A}{\sin B\sin C\sin A\cos\frac{A}{2}}$$

$$=\frac{4\sin\frac{A}{2}}{\sin B\sin C}$$

同理

$$\frac{b^2\sec\frac{B}{2}}{S}\geqslant\frac{4\sin\frac{B}{2}}{\sin C\sin A},\frac{c^2\sec\frac{C}{2}}{S}\geqslant\frac{4\sin\frac{C}{2}}{\sin A\sin B}$$

以上三式相加得

$$\frac{a^2\sec\frac{A}{2}}{S}+\frac{b^2\sec\frac{B}{2}}{S}+\frac{c^2\sec\frac{C}{2}}{S}$$

$$\geqslant 4\left(\frac{\sin\frac{A}{2}}{\sin B\sin C}+\frac{\sin\frac{B}{2}}{\sin C\sin A}+\frac{\sin\frac{C}{2}}{\sin A\sin B}\right)$$

$$\geqslant 12\sqrt[3]{\frac{\sin\frac{A}{2}}{\sin B\sin C}\frac{\sin\frac{B}{2}}{\sin C\sin A}\frac{\sin\frac{C}{2}}{\sin A\sin B}}$$

$$=12\sqrt[3]{\frac{1}{8\sin A\sin B\sin C\cos\frac{A}{2}\cos\frac{B}{2}\cos\frac{C}{2}}}\geqslant 8$$

这是因为

$$\cos\frac{A}{2}\cos\frac{B}{2}\cos\frac{C}{2}\leqslant\frac{3\sqrt{3}}{8}$$

和

$$\sin A\sin B\sin C\leqslant\frac{3\sqrt{3}}{8}$$

$\sin A\sin B\sin C\leqslant\frac{3\sqrt{3}}{8}$的证明与

$$\cos\frac{A}{2}\cos\frac{B}{2}\cos\frac{C}{2}\leqslant\frac{3\sqrt{3}}{8}$$

几乎一样,这里不再赘述.

**证法2** 因为

$$\sec\frac{A}{2}=\sqrt{1+\tan^2\frac{A}{2}}$$

由 Cauchy 不等式得

$$\left(1+\tan^2\frac{A}{2}\right)\left(1+\frac{1}{3}\right)\geqslant\left(1+\frac{\sqrt{3}}{3}\tan\frac{A}{2}\right)^2$$

所以
$$\sec\frac{A}{2}\geqslant\frac{1}{2}\tan\frac{A}{2}+\frac{\sqrt{3}}{2}$$

当且仅当$\angle A=\frac{\pi}{3}$时等号成立.

同理

$$\sec\frac{B}{2}\geqslant\frac{1}{2}\tan\frac{B}{2}+\frac{\sqrt{3}}{2},\sec\frac{C}{2}\geqslant\frac{1}{2}\tan\frac{C}{2}+\frac{\sqrt{3}}{2}$$

当且仅当$\angle B=\angle C=\frac{\pi}{3}$时等号成立.

于是,由例3和 Weisenböck 不等式得

$$a^2\sec\frac{A}{2}+b^2\sec\frac{B}{2}+c^2\sec\frac{C}{2}$$

$$\geqslant a^2\left(\frac{1}{2}\tan\frac{A}{2}+\frac{\sqrt{3}}{2}\right)+b^2\left(\frac{1}{2}\tan\frac{B}{2}+\frac{\sqrt{3}}{2}\right)+$$

$$c^2\left(\frac{1}{2}\tan\frac{C}{2}+\frac{\sqrt{3}}{2}\right)$$

$$=\frac{1}{2}\left(a^2\tan\frac{A}{2}+b^2\tan\frac{B}{2}+c^2\tan\frac{C}{2}\right)+\frac{\sqrt{3}}{2}(a^2+b^2+c^2)$$

$$\geqslant\frac{1}{2}\times 4S+\frac{\sqrt{3}}{2}\times 4\sqrt{3}S=8S$$

## 1.6 高观点下的初等数学及高等数学的初等稚化——Weisenböck 不等式的微分学视角证明解析

从中学数学知识体系的整体架构来看,函数应是高中数学的主线与基石,是整个数学的“灵魂”. 而代数、几何、算术之间有着非常密切的联系. 因此,应该把这三方面的内容,通过几何的形式,用以函数为中心的观念一线串通综合起来,用现代数学的观点来改造传统的中学数学内容,不断加强函数和微积分的教学,进而改革和充实代数的内容,倡导“高观点下的初等数学”意识. 作为高中数学教师应该站在更高的视角(高等数学)来重新理解、审视整个中学数学的内容及一些传统初等数学问题,只有观点提高了,对一些事物的观察才能显得简单明了,有许多初等数学的现象只有放置于非初等的理论结构的内部才能更深刻的理解,之所谓既见树木,又见森林. 陕西西北工业大学附中的曹程锦老师 2019 年利用微分学涉及的一些重要观点给出了传统名题 Weisenböck 不等式的一个证明解析(起点低,观点高).

**题目** 设$\triangle K_1K_2K_3$外接圆的半径为$R$,$K_{3+i}=K_i(i=1,2,3)$,其面积为$S_{\triangle K_1K_2K_3}$,证明

$$0\leqslant(K_1K_2)^2+(K_2K_3)^2+(K_3K_1)^2-4\sqrt{3}S_{\triangle K_1K_2K_3}\leqslant 8R^2$$

证明解析:作为铺垫,先给出十一个预备定理.

**预备定理之一** (Rolle(罗尔)定理)设$f:[a,b]\to R$在$[a,b]$上是连续函数,在$(a,b)$上可微,且$f(a)=f(b)$.那么存在一个点$c$,使得$f'(c)=0$.

**证明** 过程略.

**预备定理之二** (微分中值定理)如果函数$f$的闭区间$[a,b]$上连续并在$(a,b)$上可导,那么在区间$(a,b)$内至少存在一点$c$,使得

$$f'(c)=\frac{f(b)-f(a)}{b-a}$$

**证明** 我们的证明是建立在对函数$S(x)=f(x)-g(x)$认真研究的基础上,构建平面直角坐标系$xOy$. 其中$y=g(x)$是经过点$(a,f(a))$和$(b,f(b))$的直线. 由于这条斜率为$\frac{f(b)-f(a)}{b-a}$的直线经过点

$$(a,f(a))=(a,g(a)),(b,f(b))=(b,g(b))$$

所以它的点斜式方程为

$$g(x)-f(a)=\frac{f(b)-f(a)}{b-a}(x-a)$$

于是,为了尝试去使用 Rolle 定理,十分自然地想到构造差函数

$$S(x)=f(x)-g(x)=f(x)-f(a)-\frac{f(b)-f(a)}{b-a}(x-a)$$

此时,显然已经有 $S(b)=S(a)=0$,并且对于$(a,b)$上的所以 $x$ 必有

$$S'(x)=f'(x)-\frac{f(b)-f(a)}{b-a}$$

由预备定理之一,易知在区间$(a,b)$上一定存在一个值 $c$ 满足 $S'(c)=0$,即此时上式就可以写为

$$0=f'(c)-\frac{f(b)-f(a)}{b-a}$$

结论证毕.

**说明**　微分中值定理的出现构建了整体与局部之间的联系,对整体与局部之间的关系做出了辩证的诠释,它被视为微分学的核心定理(重要知识生长点及应用工具).

**预备定理之三**　(一元函数 Taylor(泰勒)定理)若函数$f$及其前 $n$ 阶导数$f',f'',\cdots,f^{(n)}$都在$[a,b]$或$[b,a]$上连续,且$f^{(n)}$在$(a,b)$或$(b,a)$上可微,则在 $a$ 与 $b$ 之间存在一个数 $c$,使得

$$f(b)=f(a)+f'(a)(b-a)+\frac{f''(a)}{2!}(b-a)^2+\cdots+\frac{f^{(n)}(a)}{n!}(b-a)^n+\frac{f^{n+1}(c)}{(n+1)!}(b-a)^{n+1}$$

**证明**　以下在 $a<b$ 的假设下证明 Taylor 定理,$a>b$的证明几乎一样. 对于区间$[a,b]$内的任意一个 $x$,构造如下的 $n$ 次多项式

$$F(x)=\sum_{i=0}^{n}a_i(x-a)^i$$

$$= a_0 + a_1(x-a) + a_2(x-a)^2 + \cdots + a_n(x-a)^n$$

对 $F(x)$ 进行 $n$ 次求导,可得

$$F'(x) = a_1 + 2a_2(x-a) + 3a_3(x-a)^2 + 4a_4(x-a)^3 + 5a_5(x-a)^4 + \cdots + na_n(x-a)^{n-1}$$

$$F''(x) = 2!\ a_2 + 2\cdot 3a_3(x-a) + 3\cdot 4a_4(x-a)^2 + 5\cdot 4a_5(x-a)^3 + \cdots$$

$$F'''(x) = 3!\ a_3 + 2\cdot 3\cdot 4a_4(x-a) + 3\cdot 4\cdot 5a_5\cdot(x-a)^2 + \cdots$$

……

$$F^{(n)}(x) = n!\ a_n$$

即

$$F^{(k)}(x) = k!\ a_k + (\text{含带因子}(x-a)\text{的项的和})$$

$$(k = 1, 2, \cdots, n)$$

因为这些等式在 $x = a$ 时成立,我们有

$$F(a) = a_0$$

$$F'(a) = a_1$$

$$F''(a) = 2!\ a_2$$

$$F'''(a) = 3!\ a_3$$

而一般有

$$F^{(n)}(a) = n!\ a_n$$

我们分别令

$$a_0 = f(a), a_1 = f'(a), a_2 = \frac{f''(a)}{2!}, \cdots, a_n = \frac{f^{(n)}(a)}{n!}$$

在此基础上引入 Taylor 多项式 $P_n(x)$,即

$$P_n(x) = f(a) + f'(a)(x-a) + \frac{f''(a)}{2!}(x-a)^2 + \cdots +$$

$$\frac{f^{(n)}(a)}{n!}(x-a)^n$$

则 $P_n(x)$ 和它的前 $n$ 阶导数在点 $x=a$ 的值均与函数 $f$ 及其前 $n$ 阶导数在点 $x=a$ 的值分别对应相等. 下面再构造一个新函数

$$\phi_n(x)=P_n(x)+k(x-a)^{n+1}$$

则 $\phi_n(x)$ 及其前 $n$ 阶导数在点 $x=a$ 的值仍与函数 $f$ 及其前 $n$ 阶导数在点 $x=a$ 的值分别对应相等.

再引入新函数 $T(x)=f(x)-\phi_n(x)$，易知有 $T(a)=T'(a)=T''(a)=\cdots=T^{(n)}(a)=0$，进一步为了使 $T(a)=T(b)=0$，从而为使用 Rolle 定理创造条件，我们可以选取

$$k=\frac{f(b)-P_n(b)}{(b-a)^{n+1}}$$

应用 Rolle 定理，因为 $T(a)=T(b)=0$，且 $T$ 与 $T'$ 均在 $[a,b]$ 上连续，可知存在某个 $c_1\in(a,b)$，使得

$$T'(c_1)=0$$

接下来，因 $T'(a)=T'(c_1)=0$，且 $T'$ 与 $T''$ 均在 $[a,b]$ 上连续，可知存在某个 $c_2\in(a,c_1)$，使得

$$T''(c_2)=0$$

依此不断地循环应用 Rolle 定理于 $T''$，$T'''$，$\cdots$，$T^{(n-1)}$ 可得：

存在 $c_3\in(a,c_2)$，使得 $T'''(c_3)=0$；

存在 $c_4\in(a,c_3)$，使得 $T^{(4)}(c_4)=0$；

……

存在 $c_n\in(a,c_{n-1})$，使得 $T^{(n)}(c_n)=0$.

最后，因 $T^{(n)}(x)$ 在 $[a,c_n]$ 上连续，在 $(a,c_n)$ 内可微分，且 $T^{(n)}(a)=T^{(n)}(c_n)=0$，再用 Rolle 定理知存在 $c_{n+1}\in(a,c_n)$，使得

$$T^{(n+1)}(c_{n+1})=0$$

最后再将 $T(x)=f(x)-P_n(x)-\frac{f(b)-P_n(b)}{(b-a)^{n+1}}\cdot(x-a)^{n+1}$ 一共求导数 $n+1$ 次可得

$$T^{(n+1)}(x)=f^{(n+1)}(x)-0-(n+1)!\ \frac{f(b)-P_n(b)}{(b-a)^{n+1}}$$

从而易推出

$$\frac{f^{(n+1)}(c)}{(n+1)!}=\frac{f(b)-P_n(b)}{(b-a)^{n+1}}$$

其中 $c=c_{n+1}$ 为 $(a,b)$ 之中的某个数.

这样即完成了证明.

**说明** 一元函数 Taylor 定理被誉为微分学的“皇冠”，本定理证明的实质就是从 Rolle 定理的视角揭示 Taylor 定理的生成背景，从而间接架起了联系微分学核心定理微分中值定理和 Taylor 定理的“桥梁”.

**预备定理之四** 函数 $z=f(x,y)$ 在点 $(x_0,y_0)$ 可微的充分必要条件是 $\Delta z$ 能表示为

$$\Delta z=A\Delta x+B\Delta y+\alpha\Delta x+\beta\Delta y$$

其中 $A,B$ 与 $\Delta x,\Delta y$ 无关，而当 $\sqrt{\Delta x^2+\Delta y^2}\to 0$ 时，$\alpha\to 0,\beta\to 0$.

**证明** （必要性）设 $f(x,y)$ 在 $(x_0,y_0)$ 可微，由可微的定义可得

$$\Delta z=A\Delta x+B\Delta y+\alpha\Delta x+\beta\Delta y+h(\Delta x,\Delta y)\rho$$

其中$\rho=\sqrt{\Delta x^2+\Delta y^2}$,且当$\rho\to 0$时,$h(\Delta x,\Delta y)\to 0$.

将$\Delta z$变形为

$$\Delta z=A\Delta x+B\Delta y+\alpha\Delta x+\beta\Delta y+h(\Delta x,\Delta y)\left(\frac{\Delta x}{\rho}\Delta x+\frac{\Delta y}{\rho}\Delta y\right)$$

在这个等式中记

$$\frac{\Delta x}{\rho}h(\Delta x,\Delta y)=\alpha,\frac{\Delta y}{\rho}h(\Delta x,\Delta y)=\beta$$

则得式(1.6.1),并且由于$\left|\frac{\Delta x}{\rho}\right|\leqslant 1$,$\left|\frac{\Delta y}{\rho}\right|\leqslant 1$得

$$|\alpha|\leqslant|h(\Delta x,\Delta y)|,|\beta|\leqslant|h(\Delta x,\Delta y)|$$

从而当$\rho\to 0$时,$\alpha\to 0$,$\beta\to 0$.

(充分性)如果(1.6.1)成立,则由于

$$\left|\frac{\alpha\Delta x+\beta\Delta y}{\rho}\right|\leqslant|\alpha|+|\beta|$$

以及当$\rho\to 0$时,$\alpha\to 0$,$\beta\to 0$知

$$\alpha\Delta x+\beta\Delta y=o(\rho)$$

于是,由可微的定义知$f(x,y)$在点$(x_0,y_0)$可微.

**说明**　设$D\subset R^2$为开集,则

$$z=f(x,y)\quad((x,y)\in D)$$

是定义在$D$上的二元函数,$(x_0,y_0)\in D$为一定点.若存在只与点$(x_0,y_0)$有关而与$\Delta x$,$\Delta y$无关的常数$A$和$B$,使得

$$\Delta z=A\Delta x+B\Delta y+o(\sqrt{\Delta x^2+\Delta y^2})$$

这里$o(\sqrt{\Delta x^2+\Delta y^2})$表示在$\sqrt{\Delta x^2+\Delta y^2}\to 0$时比$\sqrt{\Delta x^2+\Delta y^2}$高阶的无穷小量.则称函数$f$在点$(x_0,y_0)$处是可微的.

**预备定理之五**　设函数 $u=f(x,y)$ 在 $D$ 内可微，而 $x=\phi(t)$，$y=\varphi(t)$ 在 $I$ 上有有限导数，则函数 $u(t)=f(\phi(t),\varphi(t))$ 对 $t$ 的导数是存在的，并且成立锁链法则

$$\frac{\mathrm{d}u}{\mathrm{d}t}=\frac{\partial f}{\partial x}\frac{\mathrm{d}x}{\mathrm{d}t}+\frac{\partial f}{\partial y}\frac{\mathrm{d}y}{\mathrm{d}t}$$

**证明**　为了证明，注意相应自变量的改变量 $\Delta t$，中间变量 $x$ 及 $y$ 将产生改变量 $\Delta x$ 及 $\Delta y$，从而 $u$ 亦获得改变量 $\Delta u$. 按 $f(x,y)$ 的可微性，由预备定理之一得

$$\Delta u=f'_x(x,y)\Delta x+f'_y(x,y)\Delta y+\alpha\Delta x+B\Delta y$$

当 $\Delta x\to 0$，$\Delta y\to 0$ 时，$\alpha\to 0$，$\beta\to 0$.

于是

$$\frac{\Delta u}{\Delta t}=f'_x(x,y)\frac{\Delta x}{\Delta t}+f'_y(x,y)\frac{\Delta y}{\Delta t}+\alpha\frac{\Delta x}{\Delta t}+\beta\frac{\Delta y}{\Delta t}$$

注意一元函数 $\phi(t)$ 及 $\varphi(t)$ 存在有限导数时必定是连续的，令 $\Delta t\to 0$ 即知 $\Delta x\to 0$，$\Delta y\to 0$，从而 $\alpha\to 0$，$\beta\to 0$. 又由于 $\frac{\Delta x}{\Delta t}\to\frac{\mathrm{d}x}{\mathrm{d}t}$，$\frac{\Delta y}{\Delta t}\to\frac{\mathrm{d}y}{\mathrm{d}t}$，于是

$$\lim_{\Delta t\to 0}\frac{\Delta u}{\Delta t}=f'_x(x,y)\frac{\mathrm{d}x}{\mathrm{d}t}+f'_y(x,y)\frac{\mathrm{d}y}{\mathrm{d}t}\quad(1.6.1)$$

这就证明了 $u(t)$ 有导数并且

$$\frac{\mathrm{d}u}{\mathrm{d}t}=\frac{\partial f}{\partial x}\frac{\mathrm{d}x}{\mathrm{d}t}+\frac{\partial f}{\partial y}\frac{\mathrm{d}y}{\mathrm{d}t}$$

**预备定理之六**　（混合导数定理）若 $f(x,y)$ 及其偏导数 $f'_x$，$f'_y$，$f''_{xy}$ 及其均包含点 $(a,b)$ 的整个开区域有定义，并且都在点 $(a,b)$ 连续，则 $f''_{xy}(a,b)=f''_{yx}(a,b)$.

**证明** $f''_{xy}(a,b)$与$f''_{yx}(a,b)$的相等关系可以通过四次应用预备定理之二来建立.

根据假设,可设在 $xOy$ 平面,点$(a,b)$位于一个矩形 $R$ 的内部,在 $R$ 上,$f,f'_x,f'_y,f''_{xy},f''_{yx}$均有定义,令 $h$ 和 $k$ 为充分小的量,使$(a+h,b+k)$仍然位于 $R$ 内,我们来考虑差

$$\Delta = F(a+h) - F(a) \tag{1.6.2}$$

$$F(x) = f(x,b+k) - f(x,b) \tag{1.6.3}$$

于是应用预备定理之二,$F$ 显然连续(因为它可微),于是等式(1.6.2)变成

$$\Delta = hF'(c_1) \tag{1.6.4}$$

其中 $c_1$ 位于 $a$ 与 $a+h$ 之间. 从等式(1.6.3)可得

$$F'(x) = f'_x(x,b+k) - f'_x(x,b)$$

所以式(1.6.4)又变成

$$\Delta = h[f'_x(c_1,b+k) - f'_x(c_1,b)] \tag{1.6.5}$$

进而再对 $g(y) = f'_x(c_1,y)$ $(g'(y) = f''_{xy}(c_1,y))$应用预备定理之二,得

$$g(b+k) - g(b) = kg'(d_1)$$

或

$$f'_x(c_1,b+k) - f'_x(c_1,b) = kf''_{xy}(c_1,d_1)$$

$d_1$ 是某个位于 $b$ 与 $b+k$ 之间的值. 把这个结果代入式(1.6.5),又得

$$\Delta = hkf''_{xy}(c_1,d_1) \tag{1.6.6}$$

点$(c_1,d_1)$为矩形 $R'$内的某个点,$R'$的四个顶点分别为$(a,b)$,$(a+h,b)$,$(a+h,b+k)$和$(a,b+k)$. 通过把式(1.6.3)代入等式(1.6.2),进而可以写出

$$\begin{aligned}\Delta &= f(a+h,b+k)-f(a+h,b)-f(a,b+k)+f(a,b)\\ &=[f(a+h,b+k)-f(a,b+k)]-[f(a+h,b)-f(a,b)]\\ &=\phi(b+k)-\phi(b) \qquad (1.6.7)\end{aligned}$$

其中

$$\phi(y)=f(a+h,y)-f(a,y) \qquad (1.6.8)$$

现在对式(1.6.7)应用预备定理之二,得

$$\Delta = k\phi'(d_2) \qquad (1.6.9)$$

其中 $d_2$ 位于 $b$ 与 $b+k$ 之间. 对式(1.6.8)求导可得

$$\phi'(y)=f'_y(a+h,y)-f'_y(a,y) \quad (1.6.10)$$

再对 $T(x)=f'_y(x,d_2)$ ($T'(x)=f'_{yx}(x,d_2)$) 使用预备定理之二,可得

$$\begin{aligned}\Delta &= [T(a+h)-T(a)]k\\ &=T'(c_2)hk\\ &=hkf''_{yx}(c_2,d_2) \qquad (1.6.11)\end{aligned}$$

其中 $c_2$ 在 $a$ 与 $a+h$ 之间.

将式(1.6.6)与式(1.6.11)放在一起,可见

$$f''_{xy}(c_1,d_2)=f''_{yx}(c_2,d_2)$$

又

$$f''_{xy}(c_1,d_1)=f''_{xy}(a,b)+\varepsilon_1$$

$$f''_{yx}(c_2,d_2)=f''_{yx}(a,b)+\varepsilon_2$$

其中当 $h,k\to 0$ 时,$\varepsilon_1,\varepsilon_2\to 0$. 因此,若令 $h\to 0,k\to 0$,就可得到

$$f''_{xy}(a,b)=f''_{yx}(a,b)$$

**预备定理之七** 若二元函数 $f(x,y)$ 在点 $P(a,b)$ 存在两个偏导数,且 $P(a,b)$ 是函数 $f(x,y)$ 的极值点,则

$$f'_x(a,b)=f'_y(a,b)=0$$

**证明**　已知点 $P(a,b)$ 是函数 $f(x,y)$ 的极值点，即 $x=a$ 是一元函数 $f(x,b)$ 的极值点. 根据一元函数极值的必要条件，$a$ 是一元函数 $f(x,b)$ 的稳定点，即

$$f'_x(a,b)=0$$

同样方法可以证明，$f'_y(a,b)=0$.

**说明**　方程组

$$\begin{cases} f'_x(x,y)=0 \\ f'_y(x,y)=0 \end{cases}$$

的解称为函数 $f(x,y)$ 的稳定点.

**预备定理之八**　（二元函数 Taylor 定理）若函数 $f$ 在点 $P_0(x_0,y_0)$ 的某邻域 $U(P_0)$ 内有直到 $n+1$ 阶的连续偏导函数，对 $U(P_0)$ 内任意一点 $(x_0+\Delta x,y_0+\Delta y)=P$，存在相应的 $\theta\in(0,1)$，使得

$$\begin{aligned} &f(x_0+\Delta x,y_0+\Delta y) \\ =&f(x_0,y_0)+\left(\Delta x\frac{\partial}{\partial x}+\Delta y\frac{\partial}{\partial y}\right)\cdot \\ &f(x_0,y_0)+\frac{1}{2!}\left(\Delta x\frac{\partial}{\partial x}+\Delta y\frac{\partial}{\partial y}\right)^2 f(x_0,y_0)+\cdots+ \\ &\frac{1}{n!}\left(\Delta x\frac{\partial}{\partial x}+\Delta y\frac{\partial}{\partial y}\right)^n f(x_0,y_0)+ \\ &\frac{1}{(n+1)!}\left(\Delta x\frac{\partial}{\partial x}+\Delta y\frac{\partial}{\partial y}\right)^{n+1} f(x_0+\theta\Delta x,y_0+\theta\Delta y) \end{aligned} \tag{1.6.12}$$

式(1.6.12)称为二元函数 $f$ 在点 $P_0(x_0,y_0)$ 的 $n$ 阶 Taylor 公式，其中

$$\left(\Delta x\frac{\partial}{\partial x}+\Delta y\frac{\partial}{\partial y}\right)^m f(x_0,y_0)=\sum_{i=0}^{m}\mathrm{C}_m^i\frac{\partial^m f(x_0,y_0)}{\partial x^i\partial y^{m-i}}\Delta x^i\Delta y^{m-i}$$

**证明** 首先我们构作函数

$$\phi(t)=f(x_0+t\Delta x,y_0+t\Delta y)$$

由定理的假设,一元函数 $\phi(t)$ 在 $[0,1]$ 上满足一元函数 Taylor 定理的条件,于是由预备定理之三有

$$\phi(1)=\phi(0)+\frac{\phi'(0)}{1!}+\frac{\phi''(0)}{2!}+\cdots+\frac{\phi^{(n)}(0)}{n!}+\frac{\phi^{(n+1)}(\theta)}{(n+1)!}$$

$$(0<\theta<1) \tag{1.6.13}$$

下面使用数学归纳法证明一元函数 $\phi(t)$ 的各阶导数为

$$\phi^{(l)}(t)=\left(\Delta x\frac{\partial}{\partial x}+\Delta y\frac{\partial}{\partial y}\right)^l f(x_0+t\Delta x,y_0+t\Delta y)$$

$$(l=1,2,\cdots,n+1)$$

由预备定理之五可得如下一些结论

$$\phi'(t)=f'_x\frac{\mathrm{d}x}{\mathrm{d}t}+f'_y\frac{\mathrm{d}y}{\mathrm{d}t}=\Delta xf'_x+\Delta yf'_y$$

推出

$$\begin{aligned}\phi''(t)&=\left(\frac{\partial f}{\partial x}\frac{\mathrm{d}x}{\mathrm{d}t}+\frac{\partial f}{\partial y}\frac{\mathrm{d}y}{\mathrm{d}t}\right)'\\&=\frac{\partial(\Delta xf'_x+\Delta yf'_y)}{\partial x}\Delta x+\frac{\partial(\Delta xf'_x+\Delta yf'_y)}{\partial y}\Delta y\\&=\Delta x^2f''_{xx}+\Delta x\Delta yf''_{yx}+\Delta x\Delta yf''_{xy}+\Delta y^2f''_{yy}\\&=\Delta x^2f''_{xx}+2\Delta x\Delta yf''_{xy}+\Delta y^2f''_{yy}\end{aligned}$$

这里注意到由预备定理之六可得 $f''_{xy}=f''_{yx}$,所以,该结论在 $l=2$ 时成立.

假设该结论在 $l=m$ 时成立,即

$$\phi^{(m)}(t) = \sum_{i=0}^{m} C_m^i \Delta x^i \Delta y^{m-i} \frac{\partial^m f(x_0 + t\Delta x, y_0 + t\Delta y)}{\partial x^i \partial y^{m-i}}$$

成立,则此时由预备定理之五、六易推出

$$\begin{aligned}
[\phi^{(m)}(t)]' &= \sum_{i=0}^{m} C_m^i \Delta x^i \Delta y^{m-i} \Big[ \frac{\partial^{m+1} f(x_0 + t\Delta x, y_0 + t\Delta y)}{\partial x^i \partial y^{m+1-i}} \Delta y + \\
&\quad \frac{\partial^{m+1} f(x_0 + t\Delta x, y_0 + t\Delta y)}{\partial x^{i+1} \partial y^{m-i}} \Delta x \Big] \\
&= \sum_{i=0}^{m} C_m^i \Delta x^i \Delta y^{m+1-i} \frac{\partial^{m+1} f(x_0 + t\Delta x, y_0 + t\Delta y)}{\partial x^i \partial y^{m+1-i}} + \\
&\quad \sum_{i=0}^{m} C_m^i \Delta x^{i+1} \Delta y^{m-i} \frac{\partial^{m+1} f(x_0 + t\Delta x, y_0 + t\Delta y)}{\partial x^{i+1} \partial y^{m-i}} \\
&= \sum_{i=0}^{m} C_m^i \Delta x^i \Delta y^{m+1-i} \frac{\partial^{m+1} f(x_0 + t\Delta x, y_0 + t\Delta y)}{\partial x^i \partial y^{m+1-i}} + \\
&\quad \sum_{i=1}^{m+1} C_m^{i-1} \Delta x^i \Delta y^{m+1-i} \frac{\partial^{m+1} f(x_0 + t\Delta x, y_0 + t\Delta y)}{\partial x^i \partial y^{m+1-i}} \\
&= \Delta y^{m+1} \frac{\partial^{m+1} f(x_0 + t\Delta x, y_0 + t\Delta y)}{\partial y^{m+1}} + \\
&\quad \sum_{i=1}^{m} (C_m^i + C_m^{i-1}) \Delta x^i \Delta y^{m+1-i} \frac{\partial^{m+1} f(x_0 + t\Delta x, y_0 + t\Delta y)}{\partial x^i \partial y^{m+1-i}} + \\
&\quad \Delta x^{m+1} \frac{\partial^{m+1} f(x_0 + t\Delta x, y_0 + t\Delta y)}{\partial x^{m+1}} \\
&= \sum_{i=1}^{m+1} C_{m+1}^i \Delta x^i \Delta y^{m+1-i} \frac{\partial^{m+1} f(x_0 + t\Delta x, y_0 + t\Delta y)}{\partial x^i \partial y^{m+1-i}} \\
&= \left( \Delta x \frac{\partial}{\partial x} + \Delta y \frac{\partial}{\partial y} \right)^{m+1} f(x_0 + t\Delta x, y_0 + t\Delta y)
\end{aligned}$$

所以,当 $l = m + 1$ 时结论成立,从而该结论成立.

由上面所证结论立刻知有如下结论成立

$$\phi(0)=f(x_0,y_0)$$

$$\phi'(0)=\left(\Delta x\frac{\partial}{\partial x}+\Delta y\frac{\partial}{\partial y}\right)f(x_0,y_0)$$

$$\phi''(0)=\left(\Delta x\frac{\partial}{\partial x}+\Delta y\frac{\partial}{\partial y}\right)^2 f(x_0,y_0)$$

……

$$\phi^{(n)}(0)=\left(\Delta x\frac{\partial}{\partial x}+\Delta y\frac{\partial}{\partial y}\right)^n f(x_0,y_0)$$

$$\phi^{(n+1)}(\theta)=\left(\Delta x\frac{\partial}{\partial x}+\Delta y\frac{\partial}{\partial y}\right)^{n+1} f(x_0+\theta\Delta x,y_0+\theta\Delta y)$$

将这些结论都代入到式(1.6.13)之中,即可证明原命题成立.

**预备定理之九** 函数 $f(x,y)=Ax^2+2Bxy+Cy^2$ $(B^2-AC<0)$ 在区域 $D=\{(x,y)\mid x^2+y^2=1\}$ 上的最大值和最小值均存在,其中 $A\neq 0$.

**证明** 可以令 $x=\sin\theta, y=\cos\theta$,其中 $\theta\in[0,2\pi]$,则必有

$$\begin{aligned}f(x,y)&=Ax^2+2Bxy+Cy^2\\&=A\sin^2\theta+B\sin 2\theta+C\cos^2\theta\\&=A(1-\cos^2\theta)+B\sin 2\theta+C\cos^2\theta\\&=A+(C-A)\cdot\frac{1+\cos 2\theta}{2}+B\sin 2\theta\\&=\frac{C+A}{2}+\frac{C-A}{2}\cos 2\theta+B\sin 2\theta\end{aligned}$$

又因为

$$\left|\frac{C-A}{2}\cos 2\theta+B\sin 2\theta\right|\leqslant\sqrt{\frac{(A+C)^2-4(AC-B^2)}{4}}$$

所以连续函数 $f$ 在紧致集 $D=\{(x,y)\mid x^2+y^2=1\}$ 上

取得最大值与最小值.

$f$ 在 $D=\{(x,y)\mid x^2+y^2=1\}$上的最大值为

$$\lambda_1=\frac{1}{2}\left[A+C+\sqrt{(A+C)^2-4(AC-B^2)}\right]$$

$f$ 在 $D=\{(x,y)\mid x^2+y^2=1\}$上的最小值为

$$\lambda_2=\frac{1}{2}\left[A+C-\sqrt{(A+C)^2-4(AC-B^2)}\right]$$

**预备定理之十** 设 $(x_0,y_0)$ 为 $f$ 的稳定点,$f$ 在 $(x_0,y_0)$ 附近具有二阶连续偏导数. 记

$$A=f''_{xx}(x_0,y_0),B=f''_{xy}(x_0,y_0),C=f''_{yy}(x_0,y_0)$$

并记

$$H=\begin{vmatrix} A & B \\ B & C \end{vmatrix}=AC-B^2$$

那么:

(1)若 $H>0$:$A>0$ 时,$f(x_0,y_0)$ 为函数 $f(x,y)$ 的极小值;$A<0$ 时,$f(x_0,y_0)$ 为函数 $f(x,y)$ 的极大值.

(2)若 $H<0$:$f(x_0,y_0)$ 不是函数 $f(x,y)$ 的极值.

**证明** (1)设 $z=f(x,y)$ 在 $(x_0,y_0)$ 附近具有二阶连续偏导数,且 $(x_0,y_0)$ 为 $f$ 的稳定点,即

$$f'_x(x_0,y_0)=f'_y(x_0,y_0)=0$$

那么由预备定理之八得到

$$f(x_0+\Delta x,y_0+\Delta y)-f(x_0,y_0)$$

$$=\frac{1}{2}\left\{f''_{xx}(\overline{P})\Delta x^2+2f''_{xy}(\overline{P})\Delta x\Delta y+f''_{yy}(\overline{P})\Delta y^2\right\}$$

其中令 $\overline{P}=(u,v)=(x_0+\theta\Delta x,y_0+\theta\Delta y)\ (0<\theta<1)$. 由于 $f$ 的二阶连续偏导数在点 $(x_0,y_0)$ 连续,以下令

$$\zeta=\frac{\Delta x}{\rho},\eta=\frac{\Delta y}{\rho},\rho=\sqrt{\Delta x^2+\Delta y^2}$$

由于 $\zeta^2+\eta^2=1$，因此，判断 $f(x_0,y_0)$ 是否为极值的问题转化为判断二次型

$$g(\zeta,\eta)=f''_{xx}(x_0,y_0)\zeta^2+2f''_{xy}(x_0,y_0)\zeta\eta+f''_{yy}(x_0,y_0)\eta^2$$

在单位圆周

$$S=\{(\zeta,\eta)\in R^2\mid\zeta^2+\eta^2=1\}$$

上是否保号的问题，等价地，是二次型 $g(\zeta,\eta)$ 是否保号的问题.

因为，当 $A>0,H>0$ 时，必有

$$\begin{aligned}Ag(\zeta,\eta)&=A^2\zeta^2+2AB\zeta\eta+AC\eta^2\\&=(A\zeta+B\eta)^2+(AC-B^2)\eta^2>0\end{aligned}$$

所以，此时二次型 $g(\zeta,\eta)$ 是正定的，那么再根据预备定理之九知 $g(\zeta,\eta)$ 在 $S$ 上的最小值一定存在且满足

$$\min_{(\zeta,\eta)\in S}\{g(\zeta,\eta)\}=m>0$$

利用二阶偏导数的连续性，对于取定的正数 $\varepsilon=\frac{m}{4}$，存在 $\delta>0$，当 $\rho=\sqrt{(x-x_0)^2+(y-y_0)^2}<\delta$ 时，必有

$$|f''_{xx}(x,y)-f''_{xx}(x_0,y_0)|<\varepsilon$$
$$|f''_{xy}(x,y)-f''_{xy}(x_0,y_0)|<\varepsilon$$
$$|f''_{yy}(x,y)-f''_{yy}(x_0,y_0)|<\varepsilon$$

于是，当 $\rho<\delta$ 且 $\zeta^2+\eta^2=1$ 时，必有

$$\begin{aligned}&|f''_{xx}(x,y)\zeta^2+2f''_{xy}(x,y)\zeta\eta+f''_{yy}(x,y)\eta^2-\\&f''_{xx}(x_0,y_0)\zeta^2-2f''_{xy}(x_0,y_0)\zeta\eta-f''_{yy}(x_0,y_0)\eta^2|\\&\leqslant|f''_{xx}(x,y)-f''_{xx}(x_0,y_0)|\zeta^2+2|f''_{xy}(x,y)-f''_{xy}(x_0,y_0)|\cdot\end{aligned}$$

$$|\zeta\eta| + |f''_{yy}(x,y) - f''_{yy}(x_0,y_0)|\eta^2$$

$$\leqslant \varepsilon(\zeta^2 + 2|\zeta\eta| + \eta^2) \leqslant 2\varepsilon(\zeta^2 + \eta^2) = 2\varepsilon = \frac{m}{2}$$

因而,当 $\rho = \sqrt{(x-x_0)^2 + (y-y_0)^2} < \delta$ 时

$$f''_{xx}(x,y)\zeta^2 + 2f''_{xy}(x,y)\zeta\eta + f''_{yy}(x,y)\eta^2$$

$$\geqslant f''_{xx}(x_0,y_0)\zeta^2 + 2f''_{xy}(x_0,y_0)\zeta\eta + f''_{yy}(x_0,y_0)\eta^2 - \frac{m}{2}$$

$$\geqslant \frac{m}{2}$$

由于点 $\overline{P}$ 的坐标是

$$(u,v) = (x_0 + \theta\Delta x, y_0 + \theta\Delta y) \quad (0 < \theta < 1)$$

其中 $\Delta x = x - x_0, \Delta y = y - y_0$,若当

$$\rho = \sqrt{(x-x_0)^2 + (y-y_0)^2} < \delta$$

时,必有

$$\sqrt{(u-x_0)^2 + (v-y_0)^2} = |\theta|\sqrt{\Delta x^2 + \Delta y^2} < \delta$$

于是,此时易得如下结论成立

$$f(x_0 + \Delta x, y_0 + \Delta y) - f(x_0,y_0)$$

$$= \frac{1}{2}\{f''_{xx}(\overline{P})\Delta x^2 + 2f''_{xy}(\overline{P})\Delta x\Delta y + f''_{yy}(\overline{P})\Delta y^2\}$$

$$= \frac{\rho^2}{2}\{f''_{xx}(u,v)\zeta^2 + 2f''_{xy}(u,v)\zeta\eta + f''_{yy}(u,v)\eta^2\}$$

$$\geqslant \frac{\rho^2}{2} \times \frac{m}{2} > 0$$

所以,当 $H>0, A>0$ 时,$f(x_0,y_0)$ 为函数 $f(x,y)$ 的极小值;同理可证,$H>0, A<0$ 时,$f(x_0,y_0)$ 为函数 $f(x,y)$ 的极大值.

(2)若 $H<0$,易知关于 $t$ 的一元二次方程

$$f''_{xx}(x_0,y_0)t^2+2f''_{xy}(x_0,y_0)t+f''_{yy}(x_0,y_0)=0$$

存在两个不等根,故而必存在实数 $t_1$ 和 $t_2$ 使得

$$f''_{xx}(x_0,y_0)t_1^2+2f''_{xy}(x_0,y_0)t_1+f''_{yy}(x_0,y_0)<0$$

$$f''_{xx}(x_0,y_0)t_2^2+2f''_{xy}(x_0,y_0)t_2+f''_{yy}(x_0,y_0)>0$$

再分别令

$$t_1=\frac{u_1}{v_1},t_2=\frac{u_2}{v_2}$$

则容易推出分别存在点 $(u_1,v_1)$ 及 $(u_2,v_2)$ 使得

$$f''_{xx}(x_0,y_0)u_1^2+2f''_{xy}(x_0,y_0)u_1v_1+f''_{yy}(x_0,y_0)v_1^2<0$$

$$f''_{xx}(x_0,y_0)u_2^2+2f''_{xy}(x_0,y_0)u_2v_2+f''_{yy}(x_0,y_0)v_2^2>0$$

利用二阶偏导数的连续性,存在 $\delta>0$ 使得当

$$\rho=\sqrt{(x-x_0)^2+(y-y_0)^2}<\delta$$

时有

$$f''_{xx}(x,y)u_1^2+2f''_{xy}(x,y)u_1v_1+f''_{yy}(x,y)v_1^2<0$$

$$f''_{xx}(x,y)u_2^2+2f''_{xy}(x,y)u_2v_2+f''_{yy}(x,y)v_2^2>0$$

另外,由预备定理之八,可得

$$\begin{aligned}&f(x_0+\alpha u_1,y_0+\alpha v_1)-f(x_0,y_0)\\&=\frac{\alpha^2}{2}\{f''_{xx}(\zeta_1,\eta_1)u_1^2+2f''_{xy}(\zeta_1,\eta_1)u_1v_1+f''_{yy}(\zeta_1,\eta_1)v_1^2\}\end{aligned}$$

有

$$\begin{aligned}&f(x_0+\alpha u_2,y_0+\alpha v_2)-f(x_0,y_0)\\&=\frac{\alpha^2}{2}\{f''_{xx}(\zeta_2,\eta_2)u_2^2+2f''_{xy}(\zeta_2,\eta_2)u_2v_2+f''_{yy}(\zeta_2,\eta_2)v_2^2\}\end{aligned}$$

其中

$$(\zeta_1,\eta_1)=(x_0+\theta_1\alpha u_1,y_0+\theta_1\alpha v_1)\quad(0<\theta_1<1)$$

$$(\zeta_2,\eta_2)=(x_0+\theta_2\alpha u_2,y_0+\theta_2\alpha v_2)\quad(0<\theta_2<1)$$

易知此时应有

$$\sqrt{(\zeta_1-x_0)^2+(\eta_1-y_0)^2}=\sqrt{\theta_1^2\alpha^2(u_1^2+v_1^2)}<\sqrt{\alpha^2(u_1^2+v_1^2)}$$

$$\sqrt{(\zeta_2-x_0)^2+(\eta_2-y_0)^2}=\sqrt{\theta_2^2\alpha^2(u_2^2+v_2^2)}<\sqrt{\alpha^2(u_2^2+v_2^2)}$$

若在此基础上再限制

$$0<\alpha<\min\left(\frac{\delta}{\sqrt{u_1^2+v_1^2}},\frac{\delta}{\sqrt{u_2^2+v_2^2}}\right)$$

则必有

$$\sqrt{(\zeta_1-x_0)^2+(\eta_1-y_0)^2}=\sqrt{\theta_1^2\alpha^2(u_1^2+v_1^2)}<\sqrt{\alpha^2(u_1^2+v_1^2)}<\delta$$

$$\sqrt{(\zeta_2-x_0)^2+(\eta_2-y_0)^2}=\sqrt{\theta_2^2\alpha^2(u_2^2+v_2^2)}<\sqrt{\alpha^2(u_2^2+v_2^2)}<\delta$$

$$\Rightarrow f(x_0+\alpha u_1,y_0+\alpha v_1)-f(x_0,y_0)<0$$

$$\Rightarrow f(x_0+\alpha u_2,y_0+\alpha v_2)-f(x_0,y_0)>0$$

又注意到正数 $\alpha$ 可取得任意小，即知点$(x_0+\alpha u_1,y_0+\alpha v_1)$，$(x_0+\alpha u_2,y_0+\alpha v_2)$可以任意接近点$(x_0,y_0)$. 这样的话就表明 $f(x_0,y_0)$ 不是极值，于是命题得证.

**预备定理之十一**　若直角坐标平面上沿逆时针方向排列着三个不共线点 $P_1(x_1,y_1)$，$P_2(x_2,y_2)$，$P_3(x_3,y_3)$，则必有

$$S_{\Delta P_1P_2P_3}=\frac{1}{2}\begin{vmatrix}1 & x_1 & y_1\\ 1 & x_2 & y_2\\ 1 & x_3 & y_3\end{vmatrix}$$

**证明**　在直角坐标平面内过点 $P_1$ 作 $x$ 轴的平行线，设直线 $l$ 到直线 $P_1P_2$ 和直线 $P_1P_3$ 的角分别为 $\alpha$，$\beta$，此时则易推出

$$\overline{P_1P_2}\cos\alpha=x_2-x_1,\overline{P_1P_2}\sin\alpha=y_2-y_1$$

$$\overline{P_1P_3}\cos\beta=x_3-x_1,\overline{P_1P_3}\sin\beta=y_3-y_1$$

再者,$\triangle P_1P_2P_3$ 的定向面积为

$$\begin{aligned}S_{\triangle P_1P_2P_3}&=\frac{1}{2}\overline{P_1P_2}\cdot\overline{P_1P_3}\sin(\beta-\alpha)\\&=\frac{1}{2}\overline{P_1P_2}\cdot\overline{P_1P_3}(\sin\beta\cos\alpha-\cos\beta\sin\alpha)\\&=\frac{1}{2}\{(x_2-x_1)(y_3-y_1)-(x_3-x_1)(y_2-y_1)\}\\&=\frac{1}{2}\begin{vmatrix}x_2-x_1&y_2-y_1\\x_3-x_1&y_3-y_1\end{vmatrix}=\frac{1}{2}\begin{vmatrix}1&x_1&y_1\\1&x_2&y_2\\1&x_3&y_3\end{vmatrix}\end{aligned}$$

回到原题.

不妨设$\triangle K_1K_2K_3$ 的顶点坐标为

$K_i(R\cos\theta_i,R\sin\theta_i)\quad(i=1,2,3,0\leqslant\theta_1<\theta_2<\theta_3<2\pi)$

于是由预备定理之十一可得

$$\begin{aligned}S_{\triangle K_1K_2K_3}&=\frac{1}{2}[(\cos\theta_2-\cos\theta_1)(\sin\theta_3-\sin\theta_1)-\\&\quad(\cos\theta_3-\cos\theta_1)(\sin\theta_2-\sin\theta_1)]\\&=\frac{1}{2}\sum_{i=1}^{3}(\cos\theta_i\sin\theta_{i+1}-\cos\theta_{i+1}\sin\theta_i)\end{aligned}$$

推出

$$\begin{aligned}&(K_1K_2)^2+(K_2K_3)^2+(K_3K_1)^2-4\sqrt{3}S_{\triangle K_1K_2K_3}\\=&R^2\sum_{i=1}^{3}[(\cos\theta_{i+1}-\cos\theta_i)^2+(\sin\theta_{i+1}-\sin\theta_i)^2-\\&2\sqrt{3}(\cos\theta_i\sin\theta_{i+1}-\cos\theta_{i+1}\sin\theta_i)]\\=&R^2\sum_{i=1}^{3}[2-2\cos(\theta_{i+1}-\theta_i)-2\sqrt{3}\sin(\theta_{i+1}-\theta_i)]\end{aligned}$$

$$= 8R^2 \sum_{i=1}^{3} \left[ \frac{1}{2}\left( \sin \frac{\theta_{i+1} - \theta_i}{2} \right)^2 - \frac{\sqrt{3}}{2}\sin \frac{\theta_{i+1} - \theta_i}{2}\cos \frac{\theta_{i+1} - \theta_i}{2} \right]$$

$$= 8R^2 \sum_{i=1}^{3} \sin \frac{\theta_{i+1} - \theta_i}{2}\sin\left( \frac{\theta_{i+1} - \theta_i}{2} - \frac{\pi}{3} \right)$$

故而可以令

$$f(x,y,z) = \sin x\sin\left( x - \frac{\pi}{3} \right) + \sin y\sin\left( y - \frac{\pi}{3} \right) + \sin z\sin\left( z - \frac{\pi}{3} \right)$$

其中$0 \leqslant x,y,z \leqslant \pi$，$-\pi \leqslant z \leqslant 0$，$x + y + z = 0$. 则

$$f = \sin x\sin\left( x - \frac{\pi}{3} \right) + \sin y\sin\left( y - \frac{\pi}{3} \right) + \sin(x + y)\sin\left( x + y + \frac{\pi}{3} \right) \quad (0 \leqslant x,y \leqslant \pi)$$

$$= \sin^2\left( x - \frac{\pi}{6} \right) - \sin^2 \frac{\pi}{6} + \sin^2\left( y - \frac{\pi}{6} \right) - \sin^2 \frac{\pi}{6} + \sin^2\left( x + y + \frac{\pi}{6} \right) - \sin^2 \frac{\pi}{6}$$

$$= \frac{1}{4} - \frac{\cos\left( 2x + 2y + \frac{\pi}{3} \right) + \cos\left( 2x - \frac{\pi}{3} \right)}{2} + \sin^2\left( y - \frac{\pi}{6} \right)$$

$$= \frac{1}{4} - \cos(2x + y)\cos\left( y + \frac{\pi}{3} \right) + \sin^2\left( y - \frac{\pi}{6} \right)$$

$$= \frac{1}{4} - \frac{\cos\left( 2x + 2y + \frac{\pi}{3} \right) + \cos\left( 2y - \frac{\pi}{3} \right)}{2} + \sin^2\left( x - \frac{\pi}{6} \right)$$

$$= \frac{1}{4} - \cos(x + 2y)\cos\left( x + \frac{\pi}{3} \right) + \sin^2\left( x - \frac{\pi}{6} \right)$$

$$\Rightarrow\begin{cases} f'_x = 2\sin(2x+y)+\cos\left(y+\dfrac{\pi}{3}\right) \\ \quad = \sin\left(2x+2y+\dfrac{\pi}{3}\right)+\sin\left(2x-\dfrac{\pi}{3}\right)=0 \\ f'_y = 2\sin(x+2y)\cos\left(x+\dfrac{\pi}{3}\right) \\ \quad = \sin\left(2x+2y+\dfrac{\pi}{3}\right)+\sin\left(2y-\dfrac{\pi}{3}\right)=0 \end{cases}$$

$$\Rightarrow\sin\left(2x-\frac{\pi}{3}\right)-\sin\left(2y-\frac{\pi}{3}\right)=0$$

$$\Rightarrow\sin(x-y)\cos\left(x+y-\frac{\pi}{3}\right)=0$$

$$\Rightarrow x=y\text{ 或 }x+y=\frac{5\pi}{6}$$

此时易求得$f(x,y,z)$定义域中的内点为

$$\begin{cases} x=\dfrac{2\pi}{3} \\ y=\dfrac{\pi}{6} \\ z=-\dfrac{5\pi}{6} \end{cases},\begin{cases} x=\dfrac{\pi}{6} \\ y=\dfrac{2\pi}{3} \\ z=-\dfrac{5\pi}{6} \end{cases},\begin{cases} x=\dfrac{\pi}{3} \\ y=\dfrac{\pi}{3} \\ z=-\dfrac{2\pi}{3} \end{cases},\begin{cases} x=\dfrac{\pi}{6} \\ y=\dfrac{\pi}{6} \\ z=-\dfrac{\pi}{3} \end{cases}$$

又易知

$$f''_{xx}=4\cos(2x+y)\cos\left(y+\frac{\pi}{3}\right)$$

$$f''_{xy}=2\cos\left(2x+2y+\frac{\pi}{3}\right)$$

$$f''_{yy}=4\cos(x+2y)\cos\left(x+\frac{\pi}{3}\right)$$

(1)当$x=y=\dfrac{\pi}{6},z=-\dfrac{\pi}{3}$时,$A=f''_{xx}=0,B=f''_{xy}=$

$-2$，$C=f''_{yy}=0$. 于是 $B^2-AC=4>0$，故由预备定理之十，知函数 $f$ 在 $x=y=\frac{\pi}{6}$，$z=-\frac{\pi}{3}$ 处无极值；

(2) 当 $x=\frac{\pi}{6}$，$y=\frac{2\pi}{3}$，$z=-\frac{5\pi}{6}$ 时，$A=f''_{xx}=4$，$B=f''_{xy}=2$，$C=f''_{yy}=0$，$B^2-AC=4>0$，故由预备定理之十，知函数 $f$ 在 $x=\frac{\pi}{6}$，$y=\frac{2\pi}{3}$，$z=-\frac{5\pi}{6}$ 处无极值；

(3) 当 $x=\frac{2\pi}{3}$，$y=\frac{\pi}{6}$，$z=-\frac{5\pi}{6}$ 时，$A=f''_{xx}=0$，$B=f''_{xy}=2$，$C=f''_{yy}=4$，$B^2-AC=4>0$，故由预备定理之十，知函数 $f$ 在 $x=\frac{2\pi}{3}$，$y=\frac{\pi}{6}$，$z=-\frac{5\pi}{6}$ 处无极值；

(4) 当 $x=y=\frac{\pi}{3}$，$z=-\frac{2\pi}{3}$ 时，$A=C=2>0$，$B=1$，$B^2-AC=-3<0$，故由预备定理之十，知函数 $f$ 在 $x=y=\frac{\pi}{3}$，$z=-\frac{2\pi}{3}$ 处取到极小值，且极小值为 0；

(5) 当 $x=0\ (0\leqslant y\leqslant\pi)$ 时，$f(x,y,z)=\sin y\cdot\sin\left(y-\frac{\pi}{3}\right)+\sin y\sin\left(y+\frac{\pi}{3}\right)=\sin^2 y$，此时 $f$ 的最大值为 1，最小值为 0.

类似地，当 $x=\pi\ (0\leqslant y\leqslant\pi)$ 时，当 $y=0\ (0\leqslant x\leqslant\pi)$ 和 $y=\pi\ (0\leqslant x\leqslant\pi)$ 时，$f$ 的最大值为 1，最小值为 0，从而 $f$ 在闭区域 $0\leqslant x,y\leqslant\pi$ 上的最大值为 1，最小值为 0，且最小值可以在区域内取得，而最大值只能在边界上取得. 注意到 $0<\theta_{i+1}-\theta_i<\pi$，由上述结论可得

$$f(x,y,z)=\sin x\sin\left(x-\frac{\pi}{3}\right)+\sin y\sin\left(y-\frac{\pi}{3}\right)+$$

$$\sin z\sin\left(z-\frac{\pi}{3}\right)$$

的最大值为 1,最小值为 0,故而原命题成立.

综上所述,原命题成立.

## 1.7 Finsler-Hadwiger 不等式的一组等价命题及应用

设$\triangle ABC$ 的三边长为 $a,b,c$,面积为 $\Delta$,则

$$a^2+b^2+c^2\geqslant 4\sqrt{3}\Delta+(a-b)^2+(b-c)^2+(c-a)^2$$

当且仅当 $a=b=c$ 时取等号,这一不等式称为 Finsler-Hadwiger 不等式. 陕西汉中师范学校的宋世良教授 1991 年发现它有一组等价命题和很多重要应用.

**1. 一个重要的恒等式**

设$\triangle ABC$ 的内切圆、外接圆的半径分别为 $r,R$,$p=\frac{1}{2}(a+b+c)$,则

$$\tan\frac{A}{2}+\tan\frac{B}{2}+\tan\frac{C}{2}=\frac{4R+r}{p}=\frac{(p-a)(p-b)+(p-b)(p-c)+(p-c)(p-a)}{\Delta} \tag{1.7.1}$$

**证明** 如图 1.15 所示,设$\triangle ABC$ 的内切圆 $I$ 和三边相切于 $D,E,F$,由切线长定理,易知 $AE=AF=p-a,BF=BD=p-b,CD=CE=p-c$,于是

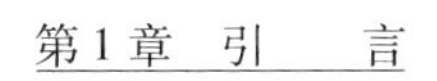


$$\begin{cases}\tan\dfrac{A}{2}=\dfrac{r}{p-a}\\ \tan\dfrac{B}{2}=\dfrac{r}{p-b}\\ \tan\dfrac{C}{2}=\dfrac{r}{p-c}\end{cases}\qquad(1.7.2)$$

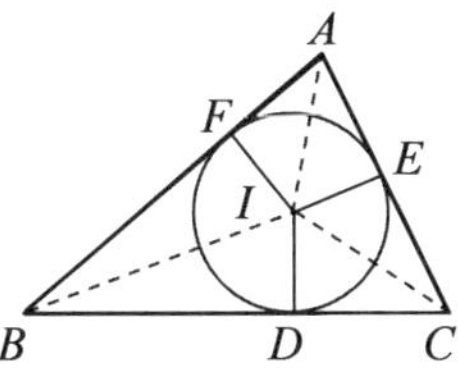


图 1.15

$$\tan\frac{A}{2}+\tan\frac{B}{2}+\tan\frac{C}{2}$$

$$=\frac{r}{p-a}+\frac{r}{p-b}+\frac{r}{p-c}$$

$$=\frac{r[(p-b)(p-c)+(p-c)(p-a)+(p-a)(p-b)]}{(p-a)(p-b)(p-c)}$$

$$=\frac{(p-a)(p-b)+(p-b)(p-c)+(p-c)(p-a)}{\Delta}$$

因为

$$\Delta=\frac{1}{2}bc\sin A=\frac{abc}{4R}\Rightarrow 4Rr=\frac{abc}{p}$$

又

$$bc=p(p-a)+(p-b)(p-c),a=(p-b)+(p-c)$$

$$r^2=\frac{(p-a)(p-b)(p-c)}{p}$$

所以

$$\frac{4R+r}{p}=\frac{4Rr+r^2}{\Delta}=\frac{abc+(p-a)(p-b)(p-c)}{p\Delta}$$

$$=\frac{a[p(p-a)+(p-b)(p-c)]+(p-a)(p-b)(p-c)}{p\Delta}$$

$$=\frac{ap(p-a)+(p-b)(p-c)[a+(p-a)]}{p\Delta}$$

$$=\frac{[(p-b)+(p-c)]p(p-a)+p(p-b)(p-c)}{p\Delta}$$

$$=\frac{(p-a)(p-b)+(p-b)(p-c)+(p-c)(p-a)}{\Delta}$$

所以式(1.7.1)成立.

由恒等式(1.7.1),顺便得到下面的等式

$$(p-a)(p-b)+(p-b)(p-c)+(p-c)(p-a)=4Rr+r^2 \tag{1.7.3}$$

因为

$$\begin{aligned}&(p-a)(p-b)+(p-b)(p-c)+(p-c)(p-a)\\&=3p^2-2p(a+b+c)+ab+bc+ca\\&=ab+bc+ca-p^2\end{aligned}$$

所以

$$ab+bc+ca=p^2+r^2+4Rr \tag{1.7.4}$$

$$\begin{aligned}a^2+b^2+c^2&=(a+b+c)^2-2(ab+bc+ca)\\&=2(p^2-4Rr-r^2)\end{aligned} \tag{1.7.5}$$

因为

$$\tan\frac{A}{2}\tan\frac{B}{2}\tan\frac{C}{2}=\frac{r^3}{(p-a)(p-b)(p-c)}=\frac{r\cdot\Delta^2}{p\cdot\Delta^2}=\frac{r}{p}$$

$$\sin A+\sin B+\sin C=\frac{a}{2R}+\frac{b}{2R}+\frac{c}{2R}=\frac{p}{R}$$

所以由式(1.7.1),得

$$\tan\frac{A}{2}+\tan\frac{B}{2}+\tan\frac{C}{2}$$

$$=\frac{4R+r}{p}$$

$$=\tan\frac{A}{2}\tan\frac{B}{2}\tan\frac{C}{2}+\frac{4}{\sin A+\sin B+\sin C}$$

(1.7.6)

2. Finsler-Hadwiger **不等式的一组等价命题**

由式(1.7.2),得

$$\tan\frac{A}{2}\tan\frac{B}{2}+\tan\frac{B}{2}\tan\frac{C}{2}+\tan\frac{C}{2}\tan\frac{A}{2}$$

$$=\frac{r^2}{(p-a)(p-b)}+\frac{r^2}{(p-b)(p-c)}+\frac{r^2}{(p-c)(p-a)}$$

$$=\frac{r^2(p-c+p-a+p-b)}{(p-a)(p-b)(p-c)}$$

$$=\frac{\Delta^2}{\Delta^2}=1 \tag{1.7.7}$$

因为

$$\left(\tan\frac{A}{2}+\tan\frac{B}{2}+\tan\frac{C}{2}\right)^2$$

$$\geqslant 3\left(\tan\frac{A}{2}\tan\frac{B}{2}+\tan\frac{B}{2}\tan\frac{C}{2}+\tan\frac{C}{2}\tan\frac{A}{2}\right)$$

又 $\tan\frac{A}{2},\tan\frac{B}{2},\tan\frac{C}{2}>0$,所以由式(1.7.7),得

$$\tan\frac{A}{2}+\tan\frac{B}{2}+\tan\frac{C}{2}\geqslant\sqrt{3}$$

(当且仅当$\angle A=\angle B=\angle C$时取等号) (1.7.8)

由式(1.7.8)和式(1.7.1),得

$$4R+r\geqslant\sqrt{3}p\Leftrightarrow p\leqslant\frac{\sqrt{3}(4R+r)}{3}\Leftrightarrow\Delta\leqslant\frac{\sqrt{3}r(4R+r)}{3}$$

(1.7.9)

$$(p-a)(p-b)+(p-b)(p-c)+(p-c)(p-a)\geqslant\sqrt{3}\Delta \tag{1.7.10}$$

因为

$$(p-a)(p-b)+(p-b)(p-c)+(p-c)(p-a)$$
$$=\frac{1}{4}[c^2-(a-b)^2+a^2-(b-c)^2+b^2-(c-a)^2]$$

所以由式(1.7.10),得

$$a^2+b^2+c^2\geqslant4\sqrt{3}\Delta+(a-b)^2+(b-c)^2+(c-a)^2 \tag{1.7.11}$$

由式(1.7.1)(1.7.8)(1.7.9)(1.7.10)(1.7.11)可得与 Finsler-Hadwiger 不等式等价的一组不等式

$$(p-a)(p-b)+(p-b)(p-c)+(p-c)(p-a)\geqslant\sqrt{3}\Delta$$
$$\Updownarrow$$
$$p\leqslant\frac{\sqrt{3}(4R+r)}{3}\Leftrightarrow\tan\frac{A}{2}+\tan\frac{B}{2}+\tan\frac{C}{2}\geqslant\sqrt{3}\Leftrightarrow\Delta\leqslant\frac{\sqrt{3}r(4R+r)}{3}$$
$$\Updownarrow$$
$$a^2+b^2+c^2\geqslant4\sqrt{3}\Delta+(a-b)^2+(b-c)^2+(c-a)^2$$

3. Finsler-Hadwiger **不等式的应用**

**例 1** 在 $\triangle ABC$ 中,求证:

(1) $a+b+c\geqslant6\sqrt{3}r$;(2) $R\geqslant2r$(Euler 不等式);

(3) $a+b+c\leqslant3\sqrt{3}R$;(4) $36r^2\leqslant ab+bc+ac\leqslant9R^2$.

**证明** (1)由 Finsler-Hadwiger 不等式的等价式(1.7.8),得

$$\cot\frac{A}{2}\cot\frac{B}{2}+\cot\frac{B}{2}\cot\frac{C}{2}+\cot\frac{C}{2}\cot\frac{A}{2}$$
$$\geqslant\sqrt{3}\cot\frac{A}{2}\cot\frac{B}{2}\cot\frac{C}{2} \tag{1.7.12}$$

由式(1.7.7),知

$$\cot\frac{A}{2}+\cot\frac{B}{2}+\cot\frac{C}{2}=\cot\frac{A}{2}\cot\frac{B}{2}\cot\frac{C}{2}$$

因为

$$\begin{aligned}&\left(\cot\frac{A}{2}+\cot\frac{B}{2}+\cot\frac{C}{2}\right)^2\\ \geqslant&3\left(\cot\frac{A}{2}\cot\frac{B}{2}+\cot\frac{B}{2}\cot\frac{C}{2}+\cot\frac{C}{2}\cot\frac{A}{2}\right)\\ \geqslant&3\sqrt{3}\cot\frac{A}{2}\cot\frac{B}{2}\cot\frac{C}{2}\\ =&3\sqrt{3}\left(\cot\frac{A}{2}+\cot\frac{B}{2}+\cot\frac{C}{2}\right)\end{aligned}$$

所以

$$\cot\frac{A}{2}+\cot\frac{B}{2}+\cot\frac{C}{2}\geqslant3\sqrt{3}\qquad(1.7.13)$$

由式(1.7.13),得

$$\frac{p-a}{r}+\frac{p-b}{r}+\frac{p-c}{r}\geqslant3\sqrt{3}$$

即

$$p\geqslant3\sqrt{3}r\Rightarrow a+b+c\geqslant6\sqrt{3}r\qquad(1.7.14)$$

由式(1.7.13)顺便得

$$\cot\frac{A}{2}\cot\frac{B}{2}\cot\frac{C}{2}\geqslant3\sqrt{3}\Rightarrow\tan\frac{A}{2}\tan\frac{B}{2}\tan\frac{C}{2}\leqslant\frac{\sqrt{3}}{9}\qquad(1.7.15)$$

(2)由 Finlser-Hadwiger 不等式的等价式(1.7.9)和式(1.7.14),得

$$4R+r\geqslant\sqrt{3}p\geqslant\sqrt{3}\cdot3\sqrt{3}r=9r$$

所以

$$R \geqslant 2r \tag{1.7.16}$$

(3)由式(1.7.9)(1.7.16),得

$$p \leqslant \frac{\sqrt{3}(4R+r)}{3} \leqslant \frac{\sqrt{3}\left(4R+\frac{R}{2}\right)}{3} = \frac{3\sqrt{3}R}{2}$$

所以

$$a+b+c \leqslant 3\sqrt{3}R \tag{1.7.17}$$

(1.7.14)(1.7.17)两式合并,得

$$6\sqrt{3}r \leqslant a+b+c \leqslant 3\sqrt{3}R \tag{1.7.18}$$

(4)由式(1.7.16)(1.7.4),得

$$36r^2 \leqslant ab+bc+ca \leqslant 9R^2 \tag{1.7.19}$$

**例 2** 在$\triangle ABC$中,求证:

(1)$a^2+b^2+c^2 \geqslant 4\sqrt{3}\Delta$(Weisenböck 不等式);

(2)$a(p-a)+b(p-b)+c(p-c) \geqslant 2\sqrt{3}\Delta$;

(3)$\Delta \leqslant \frac{\sqrt{3}}{9}p^2$(等周不等式);

(4)$\Delta \leqslant \frac{\sqrt{3}}{4}(abc)^{\frac{2}{3}}$;

(5)$3\sqrt{3}r^2 \leqslant \Delta \leqslant \frac{3\sqrt{3}R^2}{4}$.

**证明** (1)由 Finsler-Hadwiger 不等式立刻可得

$$a^2+b^2+c^2 \geqslant 4\sqrt{3}\Delta \tag{1.7.20}$$

值得提出的是

$$a^2+b^2+c^2 \geqslant \sqrt{3}\Delta \Leftrightarrow \cot A+\cot B+\cot C \geqslant \sqrt{3}$$

事实上,因为

$$\cot A = \frac{\cos A}{\sin A} = \frac{b^2+c^2-a^2}{2bc\sin A} = \frac{b^2+c^2-a^2}{4\Delta}$$

同理

$$\cot B=\frac{c^2+a^2-b^2}{4\Delta},\cot C=\frac{a^2+b^2-c^2}{4\Delta}$$

所以

$$\cot A+\cot B+\cot C=\frac{a^2+b^2+c^2}{4\Delta}$$

于是

$$a^2+b^2+c^2\geqslant 4\sqrt{3}\Delta$$

(2)因为 $a=(p-b)+(p-c),b=(p-a)+(p-c),c=(p-a)+(p-b)$,由 Finsler-Hadwiger 不等式的等价式(1.7.10),得

$$a(p-a)+b(p-b)+c(p-c)\geqslant 2\sqrt{3}\Delta \tag{1.7.21}$$

(3)由式(1.7.14),得

$$\Delta\leqslant\frac{\sqrt{3}}{9}p^2 \tag{1.7.22}$$

由式(1.7.22)取等号的条件可知:周长 $2p$ 一定的三角形中,正三角形的面积$\frac{\sqrt{3}}{9}p^2$最大.

(4)由式(1.7.22)(1.7.17),得

$$\Delta\leqslant\frac{\sqrt{3}}{9}p^2\leqslant\frac{3\sqrt{3}R^2}{4}=\frac{3\sqrt{3}}{4}\left(\frac{abc}{4\Delta}\right)^2=\frac{3\sqrt{3}(abc)^2}{4^3\Delta^2}$$

所以

$$\Delta\leqslant\frac{\sqrt{3}}{4}(abc)^{\frac{2}{3}} \tag{1.7.23}$$

(5)由式(1.7.14),得 $S\geqslant 3\sqrt{3}r^2$.

由 Finsler-Hadwiger 不等式的等价式(1.7.12)和

式(1.7.16),得

$$\Delta \leqslant \frac{\sqrt{3}r(4R+r)}{3} \leqslant \frac{3\sqrt{3}R^2}{4}$$

所以

$$3\sqrt{3}r^2 \leqslant S \leqslant \frac{3\sqrt{3}R^2}{4} \qquad (1.7.24)$$

从这一不等式等号成立的条件可知:半径为 $r$ 的圆的外切三角形中,正三角形的面积 $3\sqrt{3}r^2$ 最小;半径为 $R$ 的圆的内接三角形中,正三角形的面积 $\frac{3\sqrt{3}R^2}{4}$ 最大.

值得提出的是不等式 $\Delta \leqslant \frac{\sqrt{3}}{4}(abc)^{\frac{2}{3}}$ 与 $\Delta \leqslant \frac{3\sqrt{3}R^2}{4}$ 等价.

事实上,将 $\Delta = \frac{abc}{4R}$ 分别代入式(1.7.23)(1.7.24),得

$$\Delta \leqslant \frac{\sqrt{3}}{4}(abc)^{\frac{2}{3}} \Leftrightarrow \Delta \leqslant \frac{3\sqrt{3}R^2}{4} \qquad (1.7.25)$$

此外,由 Finsler-Hadwiger 不等式的等价式(1.7.10),得

$$ab+bc+ca \geqslant \sqrt{3}\Delta + p^2 \geqslant 4\sqrt{3}S \qquad (1.7.26)$$

因为

$$ab+bc+ca \geqslant 4\sqrt{3}\Delta = 4\sqrt{3} \cdot \frac{abc}{4R}$$

所以

$$\frac{1}{a}+\frac{1}{b}+\frac{1}{c} \geqslant \frac{\sqrt{3}}{R} \qquad (1.7.27)$$

(上述各不等式等号成立的条件是$\triangle ABC$为正三角形.)

以上我们通过恒等式(1.7.1)得到了 Finsler-Hadwiger 不等式的一个简捷证明和它的一组等价命题,从而沟通了 Finsler-Hadwiger 不等式和其他一些重要不等式的联系,扩大了它的应用范围,因此可以说 Finsler-Hadwiger 不等式是三角形中一个很重要的基本不等式.

## 1.8 $a^2+b^2+c^2\geqslant bc+ca+ab\geqslant 4\sqrt{3}\Delta$ 的一个类似

在$\triangle ABC$中,$\triangle ABC$的面积为$\Delta$,$\angle A$,$\angle B$,$\angle C$所对的边长分别为$a$,$b$,$c$,有一个很熟悉的不等式链

$$a^2+b^2+c^2\geqslant ba+ca+ab\geqslant 4\sqrt{3}\Delta \quad (1.8.1)$$

湖北省荆州中学的魏烈斌老师2009年又给出它的一个类似

$$\begin{aligned}&a^2\sin\frac{A}{2}+b^2\sin\frac{B}{2}+c^2\sin\frac{C}{2}\\ \geqslant\ &bc\sin\frac{A}{2}+ca\sin\frac{B}{2}+ab\sin\frac{C}{2}\\ \geqslant\ &2\sqrt{3}\Delta\end{aligned} \quad (1.8.2)$$

**引理1** 在$\triangle ABC$中,恒有

$$\cos\frac{A}{2}+\cos\frac{B}{2}+\cos\frac{C}{2}\leqslant\frac{3}{2}\sqrt{3} \quad (1.8.3)$$

$$\frac{1}{\cos\frac{A}{2}}+\frac{1}{\cos\frac{B}{2}}+\frac{1}{\cos\frac{C}{2}}\geqslant 2\sqrt{3} \qquad (1.8.4)$$

**证明** 因为

$$\begin{aligned}
&\cos\frac{A}{2}+\cos\frac{B}{2}+\cos\frac{C}{2}+\cos\frac{60^\circ}{2}\\
=&2\cos\frac{A+B}{4}\cos\frac{A-B}{4}+2\cos\frac{C+60^\circ}{4}\cos\frac{C-60^\circ}{4}\\
\leqslant&2\cos\frac{A+B}{4}+2\cos\frac{C+60^\circ}{4}\\
=&4\cos\frac{A+B+C+60^\circ}{8}\cos\frac{A+B-C-60^\circ}{8}\\
\leqslant&4\cos\frac{A+B+C+60^\circ}{8}=2\sqrt{3}
\end{aligned}$$

所以
$$\cos\frac{A}{2}+\cos\frac{B}{2}+\cos\frac{C}{2}\leqslant\frac{3}{2}\sqrt{3}$$

由 Cauchy 不等式知

$$\left(\cos\frac{A}{2}+\cos\frac{B}{2}+\cos\frac{C}{2}\right)\left(\frac{1}{\cos\frac{A}{2}}+\frac{1}{\cos\frac{B}{2}}+\frac{1}{\cos\frac{C}{2}}\right)\geqslant 9$$

故

$$\begin{aligned}
\frac{1}{\cos\frac{A}{2}}+\frac{1}{\cos\frac{B}{2}}+\frac{1}{\cos\frac{C}{2}}&\geqslant\frac{9}{\cos\frac{A}{2}+\cos\frac{B}{2}+\cos\frac{C}{2}}\\
&\geqslant\frac{9}{\frac{3\sqrt{3}}{2}}=2\sqrt{3}
\end{aligned}$$

所以
$$\frac{1}{\cos\frac{A}{2}}+\frac{1}{\cos\frac{B}{2}}+\frac{1}{\cos\frac{C}{2}}\geqslant 2\sqrt{3}$$

下面证明(1.8.2).

先证明

$$a^2\sin\frac{A}{2}+b^2\sin\frac{B}{2}+c^2\sin\frac{C}{2}$$

$$\geqslant bc\sin\frac{A}{2}+ca\sin\frac{B}{2}+ab\sin\frac{C}{2}$$

因为

$$\sin B\sin C=\frac{1}{2}[\cos(B-C)-\cos(B+C)]$$

$$\leqslant\frac{1}{2}(1+\cos A)$$

所以

$$a^2\sin\frac{A}{2}=\frac{bc\sin A\cdot a^2\sin\frac{A}{2}}{bc\sin A}$$

$$=\frac{2\Delta\sin A\sin\frac{A}{2}}{\sin B\sin C}\geqslant\frac{4\Delta\sin A\sin\frac{A}{2}}{1+\cos A}$$

$$=4\Delta\left(\frac{1}{\cos\frac{A}{2}}-\cos\frac{A}{2}\right)$$

同理 $$b^2\sin\frac{B}{2}\geqslant4\Delta\left(\frac{1}{\cos\frac{B}{2}}-\cos\frac{B}{2}\right)$$

$$c^2\sin\frac{C}{2}\geqslant4\Delta\left(\frac{1}{\cos\frac{C}{2}}-\cos\frac{C}{2}\right)$$

而 $$bc\sin\frac{A}{2}=2\Delta\cdot\frac{\sin\frac{A}{2}}{\sin A}=\frac{\Delta}{\cos\frac{A}{2}}$$

同理

$$ca\sin\frac{B}{2}=\frac{\Delta}{\cos\frac{B}{2}},ab\sin\frac{C}{2}=\frac{\Delta}{\cos\frac{C}{2}}$$

所以

$$a^2\sin\frac{A}{2}+b^2\sin\frac{B}{2}+c^2\sin\frac{C}{2}-$$

$$\left(bc\sin\frac{A}{2}+ca\sin\frac{B}{2}+ab\sin\frac{C}{2}\right)$$

$$\geqslant 3\Delta\left(\frac{1}{\cos\frac{A}{2}}+\frac{1}{\cos\frac{B}{2}}+\frac{1}{\cos\frac{C}{2}}\right)-$$

$$4\Delta\left(\cos\frac{A}{2}+\cos\frac{B}{2}+\cos\frac{C}{2}\right)$$

$$\geqslant 6\sqrt{3}\Delta-6\sqrt{3}\Delta=0$$

故

$$a^2\sin\frac{A}{2}+b^2\sin\frac{B}{2}+c^2\sin\frac{C}{2}$$

$$\geqslant bc\sin\frac{A}{2}+ca\sin\frac{B}{2}+ab\sin\frac{C}{2}$$

而

$$bc\sin\frac{A}{2}+ca\sin\frac{B}{2}+ab\sin\frac{C}{2}$$

$$=\left(\frac{1}{\cos\frac{A}{2}}+\frac{1}{\cos\frac{B}{2}}+\frac{1}{\cos\frac{C}{2}}\right)\Delta$$

$$\geqslant 2\sqrt{3}\Delta$$

由此证得不等式(1.8.2).

## 1.9 Weisenböck 及 Tsintsifas 不等式的加强

在$\triangle ABC$中,$\angle A$,$\angle B$,$\angle C$所对的边长分别为$a$,$b$,$c$,$\Delta$是它的面积.

文章《$a^2+b^2+c^2\geqslant bc+ca+ab\geqslant 4\sqrt{3}S$的一个类似》(魏烈斌)给出了不等式链

$$a^2+b^2+c^2\geqslant bc+ca+ab\geqslant 4\sqrt{3}S$$

的一个类似①.

其实$a^2+b^2+c^2\geqslant 4\sqrt{3}\Delta$是我们熟知的Weisenböck不等式,而$bc+ca+ab\geqslant 4\sqrt{3}\Delta$是Tsintsifas不等式,因为有$a^2+b^2+c^2\geqslant bc+ca+ab$,所以,Tsintsifas不等式强于Weisenböck不等式.

由于

$$\begin{aligned}&(a+b+c)\left(\frac{1}{a}+\frac{1}{b}+\frac{1}{c}\right)\\&=3+\left(\frac{a}{b}+\frac{b}{a}\right)+\left(\frac{c}{b}+\frac{b}{c}\right)+\left(\frac{c}{a}+\frac{a}{c}\right)\\&\geqslant 3+2+2+2=9\end{aligned}$$

所以
$$\frac{1}{a}+\frac{1}{b}+\frac{1}{c}\geqslant\frac{9}{a+b+c}$$

那么有

---

① 此处$S$表示面积,与$\Delta$等价.

$$bc+ca+ab=abc\left(\frac{1}{a}+\frac{1}{b}+\frac{1}{c}\right)$$
$$\geqslant\frac{9abc}{a+b+c}$$

即
$$bc+ca+ab\geqslant\frac{9abc}{a+b+c}$$

依据上述不等式,山东省沂源县第二中学的苗兴振和山东省高青县教研室的董林两位老师在2010年给出比Tsintsifas不等式更强的一个三角形边长与面积的不等式:

**命题1** 在$\triangle ABC$中,$\angle A$,$\angle B$,$\angle C$所对的边长分别为$a$,$b$,$c$,$\Delta$是它的面积,则有

$$\frac{9abc}{a+b+c}\geqslant 4\sqrt{3}\Delta \tag{1.9.1}$$

**证明** 设$R$是$\triangle ABC$的外接圆半径,根据正弦定理有

$$a=2R\sin A,b=2R\sin B,c=2R\sin C$$
$$\Delta=2R^2\sin A\sin B\sin C$$

故不等式(1.9.1)等价于

$$\frac{9\times 8R^3\sin A\sin B\sin C}{2R(\sin A+\sin B+\sin C)}$$
$$\geqslant 8\sqrt{3}R^2\sin A\sin B\sin C$$
$$\Leftrightarrow \sin A+\sin B+\sin C\leqslant\frac{3\sqrt{3}}{2} \tag{1.9.2}$$

下面证明不等式(1.9.2)成立.

由于

$$\sin A+\sin B+\sin C+\sin 60^\circ$$

$$=2\sin\frac{A+B}{2}\cos\frac{A-B}{2}+2\sin\frac{C+60^\circ}{2}\cos\frac{C-60^\circ}{2}$$

$$\leqslant 2\sin\frac{A+B}{2}+2\sin\left(\frac{C}{2}+30^\circ\right)$$

$$=2\cos\frac{C}{2}+2\left(\sin\frac{C}{2}\cos 30^\circ+\cos\frac{C}{2}\sin 30^\circ\right)$$

$$=2\sqrt{3}\left(\frac{\sqrt{3}}{2}\cos\frac{C}{2}+\frac{1}{2}\sin\frac{C}{2}\right)$$

$$=2\sqrt{3}\cos\left(\frac{C}{2}-30^\circ\right)\leqslant 2\sqrt{3}$$

所以

$$\sin A+\sin B+\sin C\leqslant 2\sqrt{3}-\sin 60^\circ=\frac{3\sqrt{3}}{2}$$

也就是不等式(1.9.2)成立,从而不等式(1.9.1)成立,证毕.

## 1.10 从著名的 Weisenböck 不等式引发的思考[①]

1919 年,数学家 Weisenböck 提出了如下三角形边长和面积的一个优美不等式:

**问题1** 设 $\triangle ABC$ 的三条边长为 $a,b,c$,面积为 $\Delta$,则有不等式

① 作者:咸阳师范学院基础教育课程研究中心的安振平老师.

$$a^2+b^2+c^2\geqslant 4\sqrt{3}\Delta \qquad (1.10.1)$$

此题曾经作为1961年国际数学竞赛题.围绕不等式(1.10.1)有许多有趣的加强和拓广.我们知道,早就有加强(1.10.1)的Tsintsifas不等式:

**问题2** 设$\triangle ABC$的三条边长为$a,b,c$,面积为$\Delta$,则有不等式

$$ab+bc+ca\geqslant 4\sqrt{3}\Delta$$

**问题3** 设$\triangle ABC$的三条边长为$a,b,c$,面积为$\Delta$,则有不等式

$$\frac{9abc}{a+b+c}\geqslant 4\sqrt{3}\Delta \qquad (1.10.2)$$

在文献①中,作者将不等式(1.10.2)变形为:

**问题4** 设$\triangle ABC$的三条边长为$a,b,c$,其半周长和面积分别为$p,\Delta$,则有不等式

$$abc\geqslant\left(\frac{2}{\sqrt{3}}\right)^3\Delta p \qquad (1.10.3)$$

值得一提的是:1937年,数学家Finsler和Hadwiger将不等式(1.10.1)加强为如下不等式:

**问题5** 设$\triangle ABC$的三条边长为$a,b,c$,面积为$\Delta$,则有不等式

$$a^2+b^2+c^2\geqslant 4\sqrt{3}\Delta+(a-b)^2+(b-c)^2+(c-a)^2$$

这个不等式还可以等价变形为

---

① 安振平. $abc\geqslant\left(\frac{2}{\sqrt{3}}\right)^3\Delta p$ 及其应用. 湖南数学通讯, 1990(1):28-29.

$$a(b+c-a)+b(c+a-b)+c(a+b-c)\geqslant 4\sqrt{3}\Delta \tag{1.10.4}$$

等价于

$$a(p-a)+b(p-b)+c(p-c)\geqslant 2\sqrt{3}\Delta \tag{1.10.5}$$

其中 $p=\frac{1}{2}(a+b+c)$.

事实上,用不等式(1.10.3)来证明不等式(1.10.5)是非常简单的,请看:

**证明**　由三元均值不等式和不等式(1.10.3),得

$$\begin{aligned}
&a(p-a)+b(p-b)+c(p-c)\\
&=3\sqrt[3]{a(p-a)\cdot b(p-b)\cdot c(p-c)}\\
&=3\sqrt[3]{abc(p-a)(p-b)(p-c)}\\
&\geqslant 3\sqrt[3]{\left(\frac{2}{\sqrt{3}}\right)^3\Delta p(p-a)(p-b)(p-c)}\\
&=3\sqrt[3]{\left(\frac{2}{\sqrt{3}}\Delta\right)^3}=2\sqrt{3}\Delta
\end{aligned}$$

获证.

早在1982年,重庆市第二十三中学的高灵老师将不等式(1.10.4)推广为两个三角形的情形:

**问题6**　设$\triangle ABC$和$\triangle A'B'C'$的三条边长分别为$a,b,c$和$a',b',c'$,其面积分别为$\Delta$和$\Delta'$,则有不等式

$$a'(b+c-a)+b'(c+a-b)+c'(a+b-c)\geqslant 4\sqrt{3\Delta'\Delta}$$

下面给出一个比较简单的证法.

**证明**　令

$$H=a'(b+c-a)+b'(c+a-b)+c'(a+b-c)$$

$$p=\frac{1}{2}(a+b+c),p'=\frac{1}{2}(a'+b'+c')$$

由三元均值不等式和不等式(1.10.3),得

$$\begin{aligned}H^2&=[a'(b+c-a)+b'(c+a-b)+c'(a+b-c)]\cdot\\&\quad[a(b'+c'-a')+b(c'+a'-b')+c(a'+b'-c')]\\&=4[a'(p-a)+b'(p-b)+c'(p-c)]\cdot\\&\quad[a(p'-a')+b(p'-b')+c(p'-c')]\\&\geqslant 4\cdot 3\sqrt[3]{a'b'c'(p-a)(p-b)(p-c)}\cdot\\&\quad 3\sqrt[3]{abc(p'-a')(p'-b')(p'-c')}\\&=36\sqrt[3]{abc(p-a)(p-b)(p-c)}\cdot\\&\quad\sqrt[3]{a'b'c'(p'-a')(p'-b')(p'-c')}\\&\geqslant 36\sqrt[3]{\left(\frac{2}{\sqrt{3}}\right)^3\Delta p(p-a)(p-b)(p-c)}\cdot\\&\quad\sqrt[3]{\left(\frac{2}{\sqrt{3}}\right)^3\Delta' p'(p'-a')(p'\quad b')(p'-c')}\\&=36\sqrt[3]{\left(\frac{2}{\sqrt{3}}\Delta\right)^3}\cdot\sqrt[3]{\left(\frac{2}{\sqrt{3}}\Delta'\right)^3}\\&=48\Delta'\Delta\end{aligned}$$

即 $H\geqslant 4\sqrt{3\Delta'\Delta}$,获证.

事实上,不等式(1.10.5)还可以推广到多个三角形的情景.

**问题7** 设$\triangle A_iB_iC_i$ 的边长、半周长和面积分别为 $a_i,b_i,c_i,p_i,\Delta_i(i=1,2,\cdots,n)$,则有

$$\prod_{i=1}^{n}a_i(p_i-a_i)+\prod_{i=1}^{n}b_i(p_i-b_i)+\prod_{i=1}^{n}c_i(p_i-c_i)$$

$$\geqslant 6\cdot\left(\frac{1}{\sqrt{3}}\right)^{n}\prod_{i=1}^{n}\Delta_i$$

还可以用文献①中得到的不等式 $abc\geqslant\left(\frac{2}{\sqrt{3}}\right)^{3}\Delta p$ 与三元均值不等式获证,具体过程留给读者完成.

还需要指出的是,不等式(1.10.2)还可以继续加强,得到如下的不等式:

**问题8** 设△$ABC$ 的三条边长为 $a,b,c$,面积为 $\Delta$,则有不等式

$$\frac{abc}{\sqrt{a^2+b^2+c^2}}\geqslant\frac{4}{3}\Delta \tag{1.10.6}$$

**证明** 由射影定理,得

$$a=b\cos C+c\cos B$$

于是应用著名的 Cauchy 不等式,得

$$a^2=(b\cos C+c\cos B)^2\leqslant(b^2+c^2)(\cos^2C+\cos^2B)$$

即

$$\cos^2B+\cos^2C\geqslant\frac{a^2}{b^2+c^2}$$

变形得

$$\sin^2B+\sin^2C\leqslant 2-\frac{a^2}{b^2+c^2}$$

同理可得

$$\sin^2C+\sin^2A\leqslant 2-\frac{b^2}{c^2+a^2};\sin^2A+\sin^2B\leqslant 2-\frac{c^2}{a^2+b^2}$$

---

① 安振平. 以三正数为边长可构成三角形的充要条件及应用. 湖南数学通讯,1985(3):17-19.

将这三个不等式两边相加，便得

$$2(\sin^2 A+\sin^2 B+\sin^2 C)\leqslant 6-\left(\frac{a^2}{b^2+c^2}+\frac{b^2}{c^2+a^2}+\frac{c^2}{a^2+b^2}\right)$$

注意到常见的不等式

$$\frac{a^2}{b^2+c^2}+\frac{b^2}{c^2+a^2}+\frac{c^2}{a^2+b^2}\geqslant\frac{3}{2}$$

可得 $$\sin^2 A+\sin^2 B+\sin^2 C\leqslant\frac{9}{4}$$

再结合正弦定理，可得

$$a^2+b^2+c^2\leqslant 9R^2 \tag{1.10.7}$$

由三角形面积公式 $\Delta=\frac{abc}{4R}$，得 $R^2=\frac{a^2b^2c^2}{16\Delta^2}$，代入不等式(1.10.7)，得

$$a^2+b^2+c^2\leqslant\frac{9a^2b^2c^2}{16\Delta^2}$$

变形得 $$\frac{a^2b^2c^2}{a^2+b^2+c^2}\geqslant\frac{16}{9}\Delta^2$$

即 $$\frac{abc}{\sqrt{a^2+b^2+c^2}}\geqslant\frac{4}{3}\Delta$$

显然，由 $a+b+c\leqslant\sqrt{3(a^2+b^2+c^2)}$，可知不等式(1.10.6)是不等式(1.10.2)的一种加强.

## 1.11 一个 Finsler-Hadwiger 型不等式的加强①

**1. 引言**

1919 年,Weisenböck 提出了如下不等式:

**定理 1** 设 $a,b,c,\Delta$ 分别是 $\triangle ABC$ 的三边长与面积,则

$$a^2+b^2+c^2\geqslant 4\sqrt{3}\Delta$$

1937 年,Finsler 和 Hadwiger 建立了一个更强的不等式如下:

**定理 2** 设 $a,b,c,\Delta$ 分别是 $\triangle ABC$ 的边长与面积,则

$$4\sqrt{3}\Delta+\sum(a-b)^2\leqslant a^2+b^2+c^2\leqslant 4\sqrt{3}\Delta+3\sum(a-b)^2$$

近年来,对 Weisenböck,Finsler-Hadwiger 不等式的研究精彩纷呈,《常用不等式(第三版)》(匡继昌,山东科学技术出版社,2004)也总结了一系列研究成果,其中有:

**定理 3** 设 $a,b,c,\Delta,r,R$ 分别是 $\triangle ABC$ 的边长、面积、内接圆半径与外接圆半径,则

① 作者:安徽师范大学数学计算机科学学院的郭要红、刘其右.

$$a^2+b^2+c^2-\sum(a-b)^2\leqslant 4\Delta\left(1+\frac{R}{r}\right)^{\frac{1}{2}}$$

(1.11.1)

下面对不等式(1.11.1)进行加强,得到:

**定理**4　设$a,b,c,\Delta,r,R$分别是$\triangle ABC$的边长、面积、内切圆半径与外接圆半径,则

$$a^2+b^2+c^2-\sum(a-b)^2$$

$$\leqslant 4S\left(\frac{3R}{4R-2r}+\frac{R}{r}\right)^{\frac{1}{2}} \quad (1.11.2)$$

**2. 两个引理**

为证明不等式(1.11.2),先给出两个引理.

**引理**1　(Blundon 不等式)设$a,b,c,s,r,R$分别是$\triangle ABC$的边长、半周长、内切圆半径与外接圆半径,则

$$2R^2+10Rr-r^2-2(R-2r)\sqrt{R^2-2Rr}\leqslant s^2$$

其中当且仅当三角形为正三角形时等号成立.

**引理**2　设$a,b,c,s,r,R$分别是$\triangle ABC$的边长、半周长、内切圆半径与外接圆半径,则

$$s^2\geqslant\frac{2r(4R+r)(2R-r)}{R} \quad (1.11.3)$$

其中当且仅当三角形为正三角形时等号成立.

**证明**　由引理1,知只要证

$$2R^2+10Rr-r^2-2(R-2r)\sqrt{R^2-2Rr}$$

$$\geqslant\frac{2r(4R+r)(2R-r)}{R}$$

$$\Leftrightarrow 2R^2+10Rr-r^2-\frac{2r(4R+r)(2R-r)}{R}$$

$$\geqslant 2(R-2r)\sqrt{R^2-2Rr}$$

$$\Leftrightarrow 2R^2-6Rr+3r^2+\frac{2r^3}{R}$$

$$\geqslant 2(R-2r)\sqrt{R^2-2Rr}$$

$$\Leftrightarrow \frac{(R-2r)[2(R+r)(R-2r)+3r^2]}{R}$$

$$\geqslant 2(R-2r)\sqrt{R^2-2Rr}$$

由 Euler 不等式:$R\geqslant 2r$,只要证

$$2(R+r)(R-2r)+3r^2\geqslant 2R\sqrt{R^2-2Rr} \tag{1.11.4}$$

因为 $2(R+r)(R-2r)+3r^2\geqslant 0$,而

$$[2(R+r)(R-2r)+3r^2]^2-(2R\sqrt{R^2-2Rr})^2$$
$$=4Rr^3+r^4\geqslant 0$$

所以,式(1.11.4)成立,于是,式(1.11.3)成立.从上述证明过程知,式(1.11.3)当且仅当三角形为正三角形时等号成立.

**3. 结论的证明**

**证明**　利用余弦定理 $a^2=b^2+c^2-2bc\cos A$、三角形面积公式 $\Delta=\frac{1}{2}bc\sin A$,$1-\cos A=2\sin^2\frac{A}{2}$,$\sin A=2\sin\frac{A}{2}\cos\frac{A}{2}$,有

$$a^2=(b-c)^2+4\Delta\frac{1-\cos A}{\sin A}$$
$$=(b-c)^2+4\Delta\tan\frac{A}{2}$$

同理可得

Pedoe 定理

$$b^2=(c-a)^2+4\Delta\tan\frac{B}{2},c^2=(a-b)^2+4\Delta\tan\frac{C}{2}$$

以上三式相加,得

$$a^2+b^2+c^2=(a-b)^2+(b-c)^2+(c-a)^2+4\Delta\left(\tan\frac{A}{2}+\tan\frac{B}{2}+\tan\frac{C}{2}\right)$$

应用三角恒等式

$$\tan\frac{A}{2}+\tan\frac{B}{2}+\tan\frac{C}{2}=\frac{4R+r}{s}$$

有

$$a^2+b^2+c^2=(a-b)^2+(b-c)^2+(c-a)^2+4\Delta\frac{4R+r}{s}$$

利用引理 2,有

$$\frac{4R+r}{s}\leqslant\sqrt{\frac{(4R+r)R}{2r(2R-r)}}=\left(\frac{3R}{4R-2r}+\frac{R}{r}\right)^{\frac{1}{2}}$$

即

$$a^2+b^2+c^2-\sum(a-b)^2\leqslant4\Delta\left(\frac{3R}{4R-2r}+\frac{R}{r}\right)^{\frac{1}{2}}$$

定理 4 得证.

**4. 讨论**

根据 Euler 不等式:$R\geqslant2r$,有$\frac{3R}{4R-2r}\leqslant1$,所以式(1.11.3)是式(1.11.2)的加强.

又

$$s^2\geqslant\frac{2r(4R+r)(2R-r)}{R}$$

$$=16Rr-5r^2+\frac{r^2(R-2r)}{R}$$

$$\geqslant 16Rr - 5r^2$$

所以,引理2是 Gerretsen(格雷森)不等式 $s^2 \geqslant 16Rr - 5r^2$ 的加强.

## 1.12 Finsler-Hadwiger 型不等式的再加强

匡继昌教授在《常用不等式(第四版)》(山东科学技术出版社,2010)中总结了近年来对 Weisenböck 不等式、Finsler-Hadwiger 不等式的一系列研究成果,其中有:

**定理1** 设 $a,b,c,\Delta,R,r$ 分别是 $\triangle ABC$ 的边长、面积、外接圆半径和内切圆半径,则

$$4\Delta\left(4-\frac{2r}{R}\right)^{\frac{1}{2}} \leqslant \sum a^2 - \sum (a-b)^2 \leqslant 4\Delta\left(1+\frac{R}{r}\right)^{\frac{1}{2}} \quad (1.12.1)$$

郭要红、刘其右两位老师在上节中对式(1.12.1)右端的不等式进行了加强,得到:

**定理2** 设 $a,b,c,\Delta,R,r$ 分别是 $\triangle ABC$ 的边长、面积、外接圆半径和内切圆半径,则

$$\sum a^2 - \sum (a-b)^2 \leqslant 4\Delta\left(\frac{3R}{4R-2r}+\frac{R}{r}\right)^{\frac{1}{2}} \quad (1.12.2)$$

受其启发,河南质量工程职业学院的李永利教授

在 2018 年对式(1.12.1)左端的不等式也进行了加强,得到如下结果:

**定理 3** 设 $a,b,c,\Delta,R,r$ 分别是 $\triangle ABC$ 的边长、面积、外接圆半径和内切圆半径,则

$$\sum a^2-\sum(a-b)^2$$
$$\geqslant 4\Delta\left[4-\frac{2r}{R}+\frac{r^2(R-2r)^2}{R^2(4R^2+4Rr+3r^2)}\right]^{\frac{1}{2}} \tag{1.12.3}$$

**2. 两个引理**

为证明不等式(1.12.3),先给出两个引理:

**引理 1** (Bottema 基本不等式)设 $a,b,c,p,R,r$ 分别是 $\triangle ABC$ 的边长、半周长、外接圆半径和内切圆半径,则

$$p^2\leqslant 2R^2+10Rr-r^2+2(R-2r)\sqrt{R^2-2Rr}$$

其中当且仅当三角形为正三角形时等号成立.

**引理 2** 设 $a,b,c,p,R,r$ 分别是 $\triangle ABC$ 的边长、半周长、外接圆半径和内切圆半径,则

$$p^2\leqslant 4R^2+4Rr+3r^2-\frac{(R-2r)r^2}{R} \tag{1.12.4}$$

其中当且仅当三角形为正三角形时等号成立.

**证明** 先证 $\sqrt{R^2-2Rr}<R-r-\frac{r^2}{2R}$. 事实上,上式等价于

$$2R\sqrt{R^2-2Rr}<2R^2-2Rr-r^2$$
$$\Leftrightarrow 4R^2(R^2-2Rr)<(2R^2-2Rr-r^2)^2$$
$$\Leftrightarrow 4R^4-8R^3r<4R^4+r^4-8R^3r+4Rr^3$$

$$\Leftrightarrow r^4+4Rr^3>0$$

而上式显然成立,从而有

$$\sqrt{R^2-2Rr}<R-r-\frac{r^2}{2R}$$

于是,由引理1、Euler不等式$R\geqslant 2r$和上式可知

$$\begin{aligned}p^2&\leqslant 2R^2+10Rr-r^2+2(R-2r)\sqrt{R^2-2Rr}\\&\leqslant 2R^2+10Rr-r^2+2(R-2r)\left(R-r-\frac{r^2}{2R}\right)\\&\leqslant 2R^2+10Rr-r^2+2(R-2r)(R-r)-\frac{(R-2r)r^2}{R}\\&=4R^2+4Rr+3r^2-\frac{(R-2r)r^2}{R}\end{aligned}$$

故式(1.12.4)成立.由上述证明过程可知,式(1.12.4)当且仅当三角形为正三角形时等号成立.

**3.结论证明**

由上节定理的证明过程可知

$$\sum a^2-\sum(a-b)^2=4\Delta\cdot\frac{4R+r}{p}$$

利用引理2和Euler不等式$R\geqslant 2r$可知

$$\begin{aligned}\frac{4R+r}{p}&=\sqrt{\frac{(4R+r)^2}{p^2}}\\&\geqslant\sqrt{\frac{R(4R+r)^2}{R(4R^2+4Rr+3r^2)-(R-2r)r^2}}\\&=\sqrt{\frac{16R^3+8R^2r+Rr^2}{4R^3+4R^2r+2Rr^2+2r^3}}\\&=\sqrt{4-\frac{8R^2r+7Rr^2+8r^3}{4R^3+4R^2r+2Rr^2+2r^3}}\end{aligned}$$

$$= \sqrt{4 - \frac{2r}{R} + \frac{R^2r^2 - 4Rr^3 + 4r^4}{R(4R^3 + 4R^2r + 2Rr^2 + 2r^3)}}$$

$$= \sqrt{4 - \frac{2r}{R} + \frac{r^2(R - 2r)^2}{R(4R^3 + 4R^2r + 2Rr^2 + 2r^3)}}$$

$$\geqslant \sqrt{4 - \frac{2r}{R} + \frac{r^2(R - 2r)^2}{R(4R^3 + 4R^2r + 2Rr^2 + Rr^2)}}$$

$$= \sqrt{4 - \frac{2r}{R} + \frac{r^2(R - 2r)^2}{R^2(4R^2 + 4Rr + 3r^2)}}$$

$$= \left[4 - \frac{2r}{R} + \frac{r^2(R - 2r)^2}{R^2(4R^2 + 4Rr + 3r^2)}\right]^{\frac{1}{2}}$$

由以上两式可知(1.12.3)成立. 至此,定理 3 得证.

4. **注记**

**注 1** 由定理 3 和 Euler 不等式 $R \geqslant 2r$ 可得如下不等式:

**推论 1** 在定理 3 的条件下,有

$$\sum a^2 - \sum (a - b)^2$$

$$\geqslant 4\Delta\left[4 - \frac{2r}{R} + \frac{4r^2(R - 2r)^2}{27R^4}\right]^{\frac{1}{2}} \quad (1.12.5)$$

**注 2** 显然,引理 2 中得到的不等式(1.12.4)是 Gerretsen 不等式 $p^2 \leqslant 4R^2 + 4Rr + 3r^2$ 的加强. 由式(1.12.4)和上节的引理 2,可得如下不等式链

$$16Rr - 5r^2 + \frac{(R - 2r)r^2}{R}$$

$$\leqslant p^2$$

$$\leqslant 4R^2 + 4Rr + 3r^2 - \frac{(R - 2r)r^2}{R} \qquad (1.12.6)$$

**注** 3 显然(1.12.3)(1.12.5)两式是式(1.12.1)左端不等式的加强. 由式(1.12.3)和上节的定理4可得如下强于式(1.12.1)的不等式链

$$4\Delta\left[4-\frac{2r}{R}+\frac{r^2(R-2r)^2}{R^2(4R^2+4Rr+3r^2)}\right]^{\frac{1}{2}}$$

$$\leqslant \sum a^2-\sum(a-b)^2$$

$$\leqslant 4\Delta\left(1+\frac{R}{r}-\frac{R-2r}{4R-2r}\right)^{\frac{1}{2}} \quad (1.12.7)$$

## 1.13 Finsler-Hadwiger 不等式的推进

2018年浙江省湖州市双林中学李建潮老师将Weisenböck不等式简称为“W不等式”:

在$\triangle ABC$中,$a,b,c$为其三边长,$\Delta$为其面积,则

$$a^2+b^2+c^2\geqslant 4\sqrt{3}\Delta \quad (1.13.1)$$

作为“W不等式”的出色加强当是著名的Finsler-Hadwiger不等式(以下简称“F-H不等式”):

在$\triangle ABC$中,有

$$a^2+b^2+c^2$$

$$\geqslant 4\sqrt{3}\Delta+(b-c)^2+(c-a)^2+(a-b)^2 \quad (1.13.2)$$

**1.“W不等式”和“F-H不等式”的等价三角形不等式**

在$\triangle ABC$中，由余弦定理及面积公式，有

$$\cot A=\frac{\cos A}{\sin A}=\frac{2bc\cos A}{2bc\sin A}=\frac{b^2+c^2-a^2}{4\Delta}$$

等三式，及

$$\tan\frac{A}{2}=\frac{1-\cos A}{\sin A}=\frac{2bc-2bc\cos A}{2bc\sin A}$$

$$=\frac{2bc-(b^2+c^2-a^2)}{4\Delta}$$

$$=\frac{a^2-(b-c)^2}{4\Delta}$$

等三式. 可见，式(1.13.1)与式(1.13.2)分别等价于如下三角形不等式：

在$\triangle ABC$中，有

$$\cot A+\cot B+\cot C\geqslant\sqrt{3} \tag{1.13.1'}$$

与

$$\tan\frac{A}{2}+\tan\frac{B}{2}+\tan\frac{C}{2}\geqslant\sqrt{3} \tag{1.13.2'}$$

**2. 一个相关三角形不等式"链"**

联想起李建潮老师曾在《一个优美的几何不等式》中所建立的三角形不等式链(在$\triangle ABC$中，有)

$$\cot A+\cot B+\cot C$$

$$\geqslant\frac{1}{3}\left(\cot\frac{A}{2}+\cot\frac{B}{2}+\cot\frac{C}{2}\right)$$

$$\geqslant\frac{1}{2}(\csc A+\csc B+\csc C)$$

$$\geqslant\tan\frac{A}{2}+\tan\frac{B}{2}+\tan\frac{C}{2}$$

$$\geqslant\frac{1}{2}\left(\sec\frac{A}{2}+\sec\frac{B}{2}+\sec\frac{C}{2}\right)$$

$$\geqslant\sqrt{3}$$

不由得茅塞顿开,领略到了作为"W 不等式"的著名加强"F-H 不等式"的真谛——三角形不等式(1.13.2′)加强了三角形不等式(1.13.1′)的缘故. 伴随而至的,作为更精准的三角形不等式

$$\sec\frac{A}{2}+\sec\frac{B}{2}+\sec\frac{C}{2}\geqslant 2\sqrt{3} \qquad (1.13.3)$$

是否蕴涵着 F-H 不等式的加强?

**3. F-H 不等式的推进**

记$\triangle ABC$的半周长$\frac{a+b+c}{2}=s$(本节下同),则由三角形恒等式

$$\sin\frac{A}{2}=\sqrt{\frac{(s-b)(s-c)}{bc}}$$

等三式及面积公式,可得

$$\begin{aligned}&\sec\frac{A}{2}\\ =&\frac{1}{\cos\frac{A}{2}}=\frac{2bc\sin\frac{A}{2}}{bc\sin A}=\frac{2\sqrt{b(s-c)\cdot c(s-b)}}{2\Delta}\\ =&\frac{b(s-c)+c(s-b)-\left[\sqrt{b(s-c)}-\sqrt{c(s-b)}\right]^2}{2\Delta}\end{aligned}$$

等三式,一并代入式(1.13.3),并注意到$2s-(b+c)=a$等三式,有

$$\begin{aligned}4\sqrt{3}\Delta\leqslant\ & b(s-c)+c(s-b)-\left[\sqrt{b(s-c)}-\right.\\ &\left.\sqrt{c(s-b)}\right]^2+c(s-a)+a(s-c)-\end{aligned}$$

$$[\sqrt{c(s-a)}-\sqrt{a(s-c)}]^2+a(s-b)+$$
$$b(s-a)-[\sqrt{a(s-b)}-\sqrt{b(s-a)}]^2$$
$$=a[(s-b)+(s-c)]+b[(s-c)+(s-a)]+c[(s-a)+(s-b)]-[\sqrt{b(s-c)}-\sqrt{c(s-b)}]^2-[\sqrt{c(s-a)}-\sqrt{a(s-c)}]^2-[\sqrt{a(s-b)}-\sqrt{b(s-a)}]^2=a^2+b^2+c^2-[\sqrt{b(s-c)}-\sqrt{c(s-b)}]^2-[\sqrt{c(s-a)}-\sqrt{a(s-c)}]^2-[\sqrt{a(s-b)}-\sqrt{b(s-a)}]^2$$

由此可获得：

**定理 1**　在$\triangle ABC$中，有

$$a^2+b^2+c^2\geqslant 4\sqrt{3}\Delta+[\sqrt{b(s-c)}-\sqrt{c(s-b)}]^2+[\sqrt{c(s-a)}-\sqrt{a(s-c)}]^2+[\sqrt{a(s-b)}-\sqrt{b(s-a)}]^2 \quad (1.13.4)$$

利用代数恒等式

$$(ac-bd)^2=(a^2-b^2)(c^2-d^2)+(bc-ad)^2$$

可得

$$[\sqrt{b(s-c)}-\sqrt{c(s-b)}]^2$$
$$=(b-c)[(s-c)-(s-b)]+[\sqrt{c(s-c)}-\sqrt{b(s-b)}]^2$$
$$=(b-c)^2+[\sqrt{b(s-b)}-\sqrt{c(s-c)}]^2$$

等三式. 所以，定理 1 亦可写成以下形式：

**推论 1**　在$\triangle ABC$中，有

$$a^2+b^2+c^2\geqslant 4\sqrt{3}\Delta+(b-c)^2+(c-a)^2+(a-b)^2+[\sqrt{b(s-b)}-\sqrt{c(s-c)}]^2+$$

$$[\sqrt{c(s-c)}-\sqrt{a(s-a)}]^2+$$
$$[\sqrt{a(s-a)}-\sqrt{b(s-b)}]^2$$

由此可见,定理 1 是著名 F-H 不等式的推进,它与三角形不等式(1.13.3)等价.

通过再深入地探研,李建潮老师还得到了如下关于 F-H 不等式的两个形式的推进:

**定理 2**　设$\triangle ABC$的三边长为$a,b,c$,外接圆和内切圆的半径分别为$R$和$r$(以下相同),则

$$a^2+b^2+c^2\geqslant 4\sqrt{3}\Delta+(b-c)^2+(c-a)^2+(a-b)^2+8(2-\sqrt{3})r(R-2r) \tag{1.13.5}$$

**定理 3**　在$\triangle ABC$中,有

$$a^2+b^2+c^2\geqslant\sqrt{4-\frac{2r}{R}}\Delta+(b-c)^2+(c-a)^2+(a-b)^2 \tag{1.13.6}$$

**蔡玉书对 Finsler-Hadwiger 不等式的一个加强**

Finsler-Hadriger **不等式**　在$\triangle ABC$中

$$a^2+b^2+c^2\geqslant 4\sqrt{3}\Delta+(a-b)^2+(b-c)^2+(c-a)^2$$

王仕奎老师在微信公众号“许康华竞赛优学”中指出 Finsler-Hadwiger 不等式可以推广为:在$\triangle ABC$中

$$a^2+b^2+c^2\geqslant 4\sqrt{3+\frac{4(R-2r)}{4R+r}}\Delta+(a-b)^2+(b-c)^2+(c-a)^2 \tag{1.13.7}$$

其中,$\Delta$表示$\triangle ABC$的面积,$R$和$r$分别是$\triangle ABC$的外接圆和内切圆的半径.

**证明** 因为$\frac{r}{R}=4\sin\frac{A}{2}\sin\frac{B}{2}\sin\frac{C}{2}$,令 $x=\tan\frac{A}{2}$, $y=\tan\frac{B}{2}$,$z=\tan\frac{C}{2}$,则

$$xy+yz+zx=1$$

$$\sin\frac{A}{2}=\frac{x}{\sqrt{(x+y)(z+x)}},$$

$$\sin\frac{B}{2}=\frac{y}{\sqrt{(y+z)(x+y)}},$$

$$\sin\frac{C}{2}=\frac{z}{\sqrt{(z+x)(y+z)}}$$

于是

$$\sin\frac{A}{2}\sin\frac{B}{2}\sin\frac{C}{2}=\frac{xyz}{(x+y)(y+z)(z+x)}$$

从而不等式

$$a^2+b^2+c^2\geqslant 4\sqrt{3+\frac{4(R-2r)}{4R+r}}\Delta+(a-b)^2+(b-c)^2+(c-a)^2$$

可以化为

$$\frac{a^2-(b-c)^2}{4\Delta}+\frac{b^2-(c-a)^2}{4\Delta}+\frac{c^2-(a-b)^2}{4\Delta}\geqslant\sqrt{3+\frac{4(R-2r)}{4R+r}}$$

$$\Leftrightarrow\tan\frac{A}{2}+\tan\frac{B}{2}+\tan\frac{C}{2}\geqslant\sqrt{\frac{16R-5r}{4R+r}}$$

$$=\sqrt{\frac{16-20\sin\frac{A}{2}\sin\frac{B}{2}\sin\frac{C}{2}}{4+4\sin\frac{A}{2}\sin\frac{B}{2}\sin\frac{C}{2}}}$$

$$=\sqrt{\frac{4-5\sin\frac{A}{2}\sin\frac{B}{2}\sin\frac{C}{2}}{1+\sin\frac{A}{2}\sin\frac{B}{2}\sin\frac{C}{2}}}$$

$$\Leftrightarrow x+y+z\geqslant\sqrt{\frac{4(x+y)(y+z)(z+x)-5xyz}{(x+y)(y+z)(z+x)+xyz}}$$

$$\Leftrightarrow x+y+z\geqslant\sqrt{\frac{4(x+y+z)(xy+yz+zx)-9xyz}{(x+y+z)(xy+yz+zx)}}$$

$$\Leftrightarrow(x+y+z)^3(xy+yz+zx)\geqslant4(x+y+z)(xy+yz+zx)-9xyz$$

因为 $xy+yz+zx=1$,所以,上面的不等式就是

$$(x+y+z)^3\geqslant4(x+y+z)(xy+yz+zx)-9xyz$$

这是著名的 Schur 不等式,所以不等式得证.

吕永军老师从 Carfunkel-Bankoff 不等式出发,给出了另一个证明:

由 Carfunkel-Bankoff 不等式:在 $\triangle ABC$ 中

$$\tan^2\frac{A}{2}+\tan^2\frac{B}{2}+\tan^2\frac{C}{2}\geqslant2-8\sin\frac{A}{2}\sin\frac{B}{2}\sin\frac{C}{2}$$

两边同时加上

$$2\left(\tan\frac{A}{2}\tan\frac{B}{2}+\tan\frac{B}{2}\tan\frac{C}{2}+\tan\frac{C}{2}\tan\frac{A}{2}\right)=2$$

得到

$$\left(\tan\frac{A}{2}+\tan\frac{B}{2}+\tan\frac{C}{2}\right)^2\geqslant4-8\sin\frac{A}{2}\sin\frac{B}{2}\sin\frac{C}{2}=4-\frac{2r}{R}$$

即

$$\tan\frac{A}{2}+\tan\frac{B}{2}+\tan\frac{C}{2}\geqslant\sqrt{4-\frac{2r}{R}}$$

因此,只要比较 $\sqrt{4-\frac{2r}{R}}$ 与 $\sqrt{\frac{16R-5r}{4R+r}}$ 的大小. 由 Euler 不等式 $R\geqslant2r$ 得到

$$4-\frac{2r}{R}-\frac{16R-5r}{4R+r}=4-\frac{2r}{R}-\left(4-\frac{9r}{4R+r}\right)=\frac{r(R-2r)}{R(4R+r)}\geqslant0$$

所以, $\tan\frac{A}{2}+\tan\frac{B}{2}+\tan\frac{C}{2}\geqslant\sqrt{\frac{16R-5r}{4R+r}}$.

由此可知 Carfunkel-Bankoff 不等式强于不等式(1.13.7).

## 1.14 单形中 Weisenböck 不等式和 Sallee-Alexander 不等式的稳定性

对于 $n(n\geqslant 2)$ 维 Euclid(欧几里得)空间中 $n$ 维单形的几何不等式,其径向函数或支撑函数很难找到,一般很难用径向或 Hausdorff(豪斯多夫)来度量两个单形的"偏差",使得对有关单形的几何不等式稳定性的研究比较困难. 合肥师范学院数学与统计学院的王文、杨世国两位教授 2015 年利用 $n$ 维单形与其共超球的 $n$ 维正则单形的偏差,引进了单形"$R$-偏正"度量的概念证明了 Gerber 不等式、Euler 不等式、Sallee-Alexander 不等式以及 Weisenböck 不等式是稳定的,并给出这些几何不等式的稳定性版本.

### 1. 引言及主要结果

几何不等式稳定性的概念最早由 Minkowski(闵可夫斯基)提出,有时亦称为几何不等式稳定性版本,后来得到了系统研究,其理论与方法在体积学、仿晶体和机器人学等领域得到了广泛应用. 有文章给出了几何不等式稳定性概念的准确描述,简单地说,几何不

等式的稳定性是指在一些几何不等式中,几何体为某种特殊几何体时取等号. 假如某几何体使得不等式与相等时的差很小,那么此几何体与取等号时特殊几何体的“偏差”也很小,称此几何不等式是稳定的. 比如欧氏平面 $E^2$ 上凸体 $K$ 的等周不等式

$$(P(K))^2 \geqslant 4\pi A(K) \tag{1.14.1}$$

当且仅当 $K$ 为圆盘时取等号. 其中,$P(K)$ 与 $A(K)$ 分别为 $K$ 的周长与面积. 假设 $\varepsilon>0$,若

$$(P(K))^2 - 4\pi A(K) \leqslant \varepsilon \tag{1.14.2}$$

能否断言存在圆盘 $B$,使得在某种“偏差”度量 $g(K, B)$ 下,有

$$g(K,B) \leqslant f(\varepsilon) \tag{1.14.3}$$

其中,$f(\varepsilon)$ 是满足当 $\varepsilon \to 0$ 时,$f(\varepsilon) \to 0$ 的非负实函数. 如果存在某种“偏差”度量,使得当式(1.14.2)成立时必有式(1.14.3)成立,则称式(1.14.1)是稳定的,否则是不稳定的.

Groemer 证明了式(1.14.1)是稳定的,即对式(1.14.1)存在圆盘 $B$,$K$ 与 $B$ 间的 Hausdorff 度量为 $\delta(K,B)$,使得对任意实数 $\varepsilon>0$,当

$$(P(K))^2 - 4\pi A(K) \leqslant \varepsilon$$

时,有

$$\delta(K,B) \leqslant \frac{1}{4\sqrt{\pi}} \varepsilon^{\frac{1}{2}} \tag{1.14.4}$$

如果在式(1.14.2)中令

$$\varepsilon = (P(K))^2 - 4\pi A(K)$$

便得到式(1.14.1)的一种加强形式

Pedoe 定理

$$(P(K))^2-4\pi A(K)\geqslant 16\pi\delta^2(K,B) \tag{1.14.5}$$

此时不等式(1.14.5)称为不等式(1.14.1)的一个稳定性版本.

有关 $n$ 维单形的几何不等式,因其支撑函数或径向函数的表达式很难找到,使得对单形的重要几何不等式的稳定性研究极为困难.何斌吾在其博士论文中引进了单形"偏正"度量之概念,随后,马统一利用"偏正"度量研究了单形的 Veljan-Korchmaros 型不等式的稳定性问题.本节利用共超球的 $n$ 维正则单形的棱长,引进了单形"$R$-偏正"度量的概念,这与何斌吾的"偏正"度量是不同的,并利用单形"$R$-偏正"度量证明了单形中一些重要几何不等式的稳定性.

设 $n$ 维欧氏空间 $E^n$ 中 $n$ 维单形 $\Omega_n$ 的顶点为 $A_0$, $A_1,\cdots,A_n$,棱长 $a_{ij}=|A_iA_j|(0\leqslant i<j\leqslant n)$,亦记为 $a_i$ $\left(i=1,2,\cdots,\frac{1}{2}n(n+1)\right)$,侧面 $f_i=A_0\cdots A_{i-1}\cdot A_{i+1}\cdots A_n$($n-1$ 维单形),面积为 $F_i(i=0,1,\cdots,n)$.侧面 $f_i$ 上的高为 $h_i$,单形 $\Omega_n$ 的体积为 $V$,外接球与内切球半径分别为 $R$ 和 $r$.

设 $\overline{\Omega}_n$ 是与 $\Omega_n$ 共超球的 $n$ 维正则单形,$\rho$ 为正则单形 $\overline{\Omega}_n$ 的棱长,则有 $\frac{n(n+1)}{2}\rho^2=(n+1)^2R^2$,因此,$\rho=\sqrt{\frac{2(n+1)}{n}}R$.记 $\mu_n=\frac{n(n+1)}{2}$.

**定义 1**　对 $n$ 维单形 $\Omega_n$,记 $\overline{a}=\frac{1}{\mu_n}\sum_{i=1}^{\mu_n}a_i$,以 $\overline{a}$ 为棱

长的 $n$ 维正则单形记为 $\overline{\Omega}_n$，那么单形 $\Omega_n$ 的"$R$-偏正"度量定义为

$$\begin{aligned}\delta(\Omega_n,\overline{\Omega}_n) &= \sum_{i=1}^{\mu_n}(a_i-\rho)^2 \\ &= \sum_{i=1}^{\mu_n}\left(a_i-\sqrt{\frac{2(n+1)}{n}}R\right)^2 \quad (1.14.6)\end{aligned}$$

当一个单形给定时，它的外接超球也是唯一的，因此以 $\rho=\sqrt{\frac{2(n+1)}{n}}R$ 为棱长的正则单形是与该单形共超球的. 另外，与单形 $\Omega_n$ 共超球的 $n$ 维正则单形与棱长和相等的正则单形不一定是同一个单形，因此，这里定义的"$R$-偏正"度量与何斌吾定义的"偏正"度量是有区别的."$R$-偏正"度量不仅具有明显的几何意义，而且与 Hausdorff 度量和径向度量相比，计算机处理"$R$-偏正"度量更为方便.

1954 年，Fejes 将三角形的 Euler 不等式推广到了 $n$ 维单形，获得如下不等式

$$R\geqslant nr \quad (1.14.7)$$

有文章建立了单形体积与内切球半径以及外接球半径间的两个几何不等式

$$V\leqslant\frac{(n+1)^{\frac{n+1}{2}}}{n^{\frac{n}{2}}n!}R^n \quad (1.14.8)$$

$$V\geqslant\frac{n^{\frac{n}{2}}(n+1)^{\frac{n+1}{2}}}{n!}r^n \quad (1.14.9)$$

设 $K$ 为 $n$ 维欧氏空间 $E^n$ 中的有界凸体，对 $E^n$ 中每个单位向量 $\boldsymbol{u}$，凸体 $K$ 的一对与 $\boldsymbol{u}$ 垂直的支撑超平

面之间的距离记为 $\tau(K,\boldsymbol{u})$,令

$$\omega(K)=\min_{\boldsymbol{u}}\tau(K,\boldsymbol{u})$$

称 $\omega(K)$ 为凸体 $K$ 的宽度.

Sallee 于 1974 年提出这样一个猜想:内接已知超球面的所有单形中,正则单形具有最大的宽度. Alexander 于 1977 年证明了这一猜想,获得如下定量结果:

在 $E^n$ 中 $n$ 维单形 $\Omega_n$ 的宽度 $\omega(\Omega_n)$ 与外接超球半径 $R$ 之间有下列不等式

$$\omega^{-2}(\Omega_n)\geqslant\beta_n R^{-2} \tag{1.14.10}$$

当 $\Omega_n$ 为正则单形时等号成立,其中

$$\beta_n=\frac{n\left[\frac{n+1}{2}\right]\left(n+1-\left[\frac{n+1}{2}\right]\right)}{(n+1)^2} \tag{1.14.11}$$

$[m]$表示实数 $m$ 的最大整数部分. 不等式(1.14.10)即为著名的 Sallee-Alexander 不等式.

$n$ 维欧氏空间 $E^n$ 中 $n$ 维单形 $\Omega_n$ 的 Weisenböck 不等式为

$$\sum_{i=1}^{\frac{n(n+1)}{2}}a_i^2\geqslant[n^n(n+1)^{n-1}(n!)^2]^{\frac{1}{n}}V^{\frac{2}{n}} \tag{1.14.12}$$

$$\sum_{i=1}^{n+1}V_i^2\geqslant\left(\frac{n^{3n}(n+1)}{(n!)^2}V^{2(n-1)}\right)^{\frac{1}{n}} \tag{1.14.13}$$

当且仅当 $\Omega_n$ 为正则单形时等号成立.

本节利用定义 1 中"$R$-偏正"度量的概念证明上述几个不等式是稳定的,并给出了它们的稳定性版本.

**2. 主要结果**

**定理 1** 设 $n$ 维单形 $\Omega_n$ 的 $R$-偏正度量为 $\delta(\Omega_n$,

$\overline{\Omega_n}$),则对任意的 $\varepsilon>0$,当

$$R^2-\frac{(n!)^{\frac{2}{n}}\cdot n}{(n+1)^{\frac{n+1}{n}}}V^{\frac{2}{n}}\leqslant\varepsilon$$

时,有

$$\delta(\Omega_n,\overline{\Omega_n})\leqslant\frac{\varepsilon}{2(n+1)^2}\qquad(1.14.14)$$

或不等式(1.14.8)的一个稳定性版本

$$R^2\geqslant\frac{(n!)^{\frac{2}{n}}\cdot n}{(n+1)^{\frac{n+1}{n}}}V^{\frac{2}{n}}+\frac{1}{2(n+1)^2}\delta(\Omega_n,\overline{\Omega_n})$$

$$(1.14.15)$$

**定理2**　设 $n$ 维单形 $\Omega_n$ 的 $R$-偏正度量为 $\delta(\Omega_n,\overline{\Omega_n})$,则对任意的 $\varepsilon>0$,当

$$R^2-n^2r^2\leqslant\varepsilon$$

时,有

$$\delta(\Omega_n,\overline{\Omega_n})\leqslant\frac{\varepsilon}{2(n+1)^2}\qquad(1.14.16)$$

或不等式(1.14.7)的一个稳定性版本

$$R^2\geqslant n^2r^2+\frac{1}{2(n+1)^2}\delta(\Omega_n,\overline{\Omega_n})\qquad(1.14.17)$$

**定理3**　设 $n$ 维单形 $\Omega_n$ 的 $R$-偏正度量为 $\delta(\Omega_n,\overline{\Omega_n})$,则对任意的 $\varepsilon>0$,当

$$R^2-\frac{1}{\beta_n}\omega^2(\Omega_n)\leqslant\varepsilon$$

时,有

$$\delta(\Omega_n,\overline{\Omega_n})\leqslant\frac{\varepsilon}{2(n+1)^2}\qquad(1.14.18)$$

或不等式(1.14.10)的一个稳定性版本

$$R^2 \geqslant \frac{1}{\beta_n}\omega^2(\Omega_n) + \frac{1}{2(n+1)^2}\delta(\Omega_n, \overline{\Omega_n})$$

(1.14.19)

**定理 4** 设 $n$ 维单形 $\Omega_n$ 的 $R$-偏正度量为 $\delta(\Omega_n, \overline{\Omega_n})$,则对任意的 $\varepsilon > 0$,当

$$\left[\sum_{i=1}^{\frac{n(n+1)}{2}} a_i^2\right]^{n+1} - [n^n(n+1)^{n-1}(n!)^2]^{\frac{n+1}{n}} V^{\frac{2(n+1)}{n}} \leqslant \varepsilon$$

时,有

$$\delta(\Omega_n, \overline{\Omega_n}) \leqslant \frac{\varepsilon}{p(n)} \qquad (1.14.20)$$

或不等式(1.14.12)的一个稳定性版本

$$\left[\sum_{i=1}^{\frac{n(n+1)}{2}} a_i^2\right]^{n+1}$$

$$\geqslant [n^n(n+1)^{n-1}(n!)^2]^{\frac{n+1}{n}} V^{\frac{2(n+1)}{n}} + p(n)\delta(\Omega_n, \overline{\Omega_n})$$

(1.14.21)

其中 $p'(n) = \frac{1}{2}(n+1)^{2n}R^n\left(\frac{nr}{R}\right)^{\frac{2(n2-1)}{n}}$.

**定理 4′** 设 $n$ 维单形 $\Omega_n$ 的 $R$- 偏正度量为 $\delta(\Omega_n, \overline{\Omega_n})$,则对任意的 $\varepsilon > 0$,当

$$\sum_{i=1}^{\frac{n(n+1)}{2}} a_i^2 - [n^n(n+1)^{n-1}(n!)^2]^{\frac{1}{n}} V^{\frac{2}{n}} \leqslant \varepsilon$$

时,有

$$\delta(\Omega_n,\overline{\Omega_n}) \leqslant \frac{\varepsilon}{p'(n)} \qquad (1.14.22)$$

或不等式(1.14.12)的另一个稳定性版本

$$\sum_{i=1}^{\frac{n(n+1)}{2}} a_i^2 \geqslant [n^n(n+1)^{n-1}(n!)^2]^{\frac{1}{n}} V^{\frac{2}{n}} + p'(n)\delta^{\frac{1}{n+1}}(\Omega_n,\overline{\Omega_n}) \qquad (1.14.23)$$

其中 $p'(n) = \left[\frac{1}{2}(n+1)^{2n}\right]^{\frac{1}{n+1}} R^{\frac{n}{n+1}} \left(\frac{nr}{R}\right)^{\frac{2(n-1)}{n}}$.

**定理5** 设 $n$ 维单形 $\Omega_n$ 的 $R$-偏正度量为 $\delta(\Omega_n,\overline{\Omega_n})$,则对任意的 $\varepsilon > 0$,当

$$\left(\sum_{i=1}^{n+1} V_i^2\right)^{n^2-1} - \left(\frac{n^{3n}(n+1)}{(n!)^2} V^{2(n-1)}\right)^{\frac{n^2-1}{n}} \leqslant \varepsilon$$

时,有

$$\delta(\Omega_n,\overline{\Omega_n}) \leqslant \frac{\varepsilon}{t(n)} \qquad (1.14.24)$$

或不等式(1.14.13)的一个稳定性版本

$$\left(\sum_{i=1}^{n+1} V_i^2\right)^{n^2-1} \geqslant \left(\frac{n^{3n}(n+1)}{(n!)^2} V^{2(n-1)}\right)^{\frac{n^2-1}{n}} + t(n)\delta(\Omega_n,\overline{\Omega_n}) \qquad (1.14.25)$$

其中

$$t(n) = \frac{n^{(n^2-1)(n+4)}(n+1)^{n(n^2-1)}}{2(n!)^{2(n^2-1)}} R^{2n(n^2-n-1)} \left(\frac{nr}{R}\right)^{\frac{2(n^2-n-1)(n^2-1)}{n}}$$

**定理5′** 设 $n$ 维单形 $\Omega_n$ 的 $R$-偏正度量为 $\delta(\Omega_n,\overline{\Omega_n})$,则对任意的 $\varepsilon > 0$,当

Pedoe 定理

$$\sum_{i=1}^{n+1} V_i^2 - \left(\frac{n^{3n}(n+1)}{(n!)^2} V^{2(n-1)}\right)^{\frac{1}{n}} \leqslant \varepsilon$$

时,有

$$\delta(\Omega_n, \overline{\Omega_n}) \leqslant \frac{\varepsilon}{t'(n)} \quad (1.14.26)$$

或不等式(1.14.13)的另一个稳定性版本

$$\sum_{i=1}^{n+1} V_i^2 \geqslant \left(\frac{n^{3n}(n+1)}{(n!)^2} V^{2(n-1)}\right)^{\frac{1}{n}} + t'(n)\delta^{\frac{1}{n^2-1}}(\Omega_n, \overline{\Omega_n}) \quad (1.14.27)$$

其中,$t'(n) = \dfrac{n^{n+4}(n+1)^n}{2(n!)^2} R^{\frac{2n(n^2-n-1)}{n^2-1}} \left(\dfrac{nr}{R}\right)^{\frac{2(n^2-n-1)}{n}}$.

**3. 引理与定理的证明**

为了证明以上定理,需引用以下引理.

**引理1** 对 $n$ 维单形 $\Omega_n$,以下不等式成立

$$\prod_{1 \leqslant i < j \leqslant n+1} a_{ij}^{\frac{2}{n+1}} \geqslant \left(\frac{2^n (n!)^2}{n+1}\right)^{\frac{1}{2}} V \quad (1.14.28)$$

$$\left(\prod_{i=1}^{\frac{n(n+1)}{2}} a_i\right)^{\frac{4}{n}} \geqslant \frac{2^{n+1}(n!)^2}{n} V^2 R^2 \quad (1.14.29)$$

$$\left(\prod_{i=1}^{n+1} V_i\right)^{n-1} \geqslant \frac{n^{\frac{3n^2-4}{2}}}{(n+1)^{\frac{(n+1)(n-2)}{2}} (n!)^n} V^{n^2-n-1} R \quad (1.14.30)$$

当 $\Omega_n$ 为正则单形时等号成立.

**引理2** 对 $n$ 维单形 $\Omega_n$,有不等式

$$\sum_{1 \leqslant i < j \leqslant n+1} a_{ij}^2 \leqslant (n+1)^2 R^2 \quad (1.14.31)$$

当 $\Omega_n$ 为正则单形时等号成立.

**引理3**　对 $n$ 维单形 $\Omega_n$,有

$$V \geqslant \frac{(n+1)^{\frac{n+1}{2}} n^{\frac{n^2-2}{2n}}}{n!} R^{\frac{1}{n}} r^{\frac{n^2-1}{n}} \qquad (1.14.32)$$

当 $\Omega_n$ 为正则单形时等号成立.

1983 年杨路等获得了比 Sallee-Alexander 不等式更强的如下结果:

**引理4**　在 $n$ 维单形 $\Omega_n$ 的宽度 $\omega(\Omega_n)$ 与体积 $V$ 之间有不等式

$$\omega^{-2}(\Omega_n) \geqslant \beta_n \frac{(n+1)^{\frac{n+1}{n}}}{n(n!)^{\frac{2}{n}}} V^{-\frac{2}{n}} \qquad (1.14.33)$$

当 $\Omega_n$ 为正则单形时等号成立. 不等式(1.4.33) 是著名的单形宽度的杨 — 张不等式.

由定义 1 及式(1.14.31) 可得

$$\begin{aligned}\delta(\Omega_n,\overline{\Omega_n}) &= \sum_{i=1}^{\mu_n}\left(a_i - \sqrt{\frac{2(n+1)}{n}}R\right)^2 \\ &= \sum_{i=1}^{\mu_n} a_i^2 + (n+1)^2R^2 - \\ &\quad 2\sqrt{\frac{2(n+1)}{n}}R\sum_{i=1}^{\mu_n} a_i \\ &\leqslant (n+1)^2R^2 + \\ &\quad (n+1)^2R^2 - 2\sqrt{\frac{2(n+1)}{n}}R\sum_{i=1}^{\mu_n} a_i\end{aligned} \qquad (1.14.34)$$

由上式以及算术 — 几何平均不等式和式(1.14.8)(1.14.28) 可得

$$R^2 \geqslant \frac{1}{(n+1)^2}\sqrt{\frac{2(n+1)}{n}}R\sum_{i=1}^{\mu_n} a_i + \frac{1}{2(n+1)^2}\delta(\Omega_n,\overline{\Omega_n})$$

$$\geqslant \frac{1}{(n+1)^2}\sqrt{\frac{2(n+1)}{n}}\cdot\left[\frac{n!\cdot n^{\frac{n}{2}}}{(n+1)^{\frac{n+1}{2}}}\right]^{\frac{1}{n}}V^{\frac{1}{n}}\cdot \frac{n(n+1)}{2}\prod_{i=1}^{\mu_n} a_i^{\frac{2}{n(n+1)}} + \frac{1}{2(n+1)^2}\delta(\Omega_n,\overline{\Omega_n})$$

$$\geqslant \frac{(n!)^{\frac{2}{n}}n}{(n+1)^{\frac{n+1}{n}}}V^{\frac{2}{n}} + \frac{1}{2(n+1)^2}\delta(\Omega_n,\overline{\Omega_n}) \tag{1.14.35}$$

定理 1 得证.

**定理 2 和 3 的证明**　在不等式(1.14.35)中分别应用式(1.14.9)(1.14.33),即可得证.

**定理 4 和 4′ 的证明**　先利用算术—几何平均不等式,再利用式(1.14.29)(1.14.35)和(1.14.32)可得

$$\left(\sum_{i=1}^{\frac{n(n+1)}{2}} a_i^2\right)^{n+1} \geqslant \left(\frac{n(n+1)}{2}\right)^{n+1}\left(\prod_{i=1}^{\frac{n(n+1)}{2}} a_i\right)^{\frac{4}{n}}$$

$$\geqslant \left(\frac{n(n+1)}{2}\right)^{n+1}\frac{2^{n+1}(n!)^2}{n}V^2R^2$$

$$\geqslant \left(\frac{n(n+1)}{2}\right)^{n+1}\cdot\left\{\left[\left(\frac{2^n(n!)^2}{n+1}\right)^{\frac{1}{2}}V\right]^{\frac{2(n+1)}{n}} + \frac{2^{n+1}(n!)^2}{n}V^2\frac{1}{2(n+1)^2}\delta(\Omega_n,\overline{\Omega_n})\right\}$$

$$\geqslant [n^n(n+1)^{n-1}(n!)^2]^{\frac{n+1}{n}} V^{\frac{2(n+1)}{n}} +$$

$$\frac{1}{2}(n+1)^{2n} R^n \left(\frac{nr}{R}\right)^{\frac{2(n^2-1)}{n}} \delta(\Omega_n, \overline{\Omega_n})$$

定理4得证.

再利用下面的基本等式(1.14.19),设 $a_k, b_k \geqslant 0$,则上式为

$$\prod_{k=1}^{n}(a^k + b^k)^{\frac{1}{n}} \geqslant \left(\prod_{k=1}^{n} a^k\right)^{\frac{1}{n}} + \left(\prod_{k=1}^{n} b^k\right)^{\frac{1}{n}} \tag{1.14.36}$$

即可得定理4′.

**定理5和5′的证明** 先利用自述几何平均不等式,再利用式(1.14.30)和(1.14.35),可得

$$\left(\sum_{i=1}^{n+1} V_i^2\right)^{n^2-1} \geqslant (n+1)^{n^2-1}\left(\prod_{i=1}^{n+1} V_i\right)^{2(n-1)}$$

$$\geqslant (n+1)^{n^2-1}\left[\frac{n^{\frac{3n^2-4}{2}}}{(n+1)^{\frac{(n+1)(n-2)}{2}}(n!)^n}\right]^2 \cdot$$

$$V^{2(n^2-n-1)} \cdot R^2$$

$$\geqslant \left(\frac{n^{3n}(n+1)}{(n!)^2} V^{2(n-1)}\right)^{\frac{n^2-1}{n}} +$$

$$\left[\frac{n^{\frac{3n^2-4}{2}}(n+1)^{\frac{n+1}{2}}}{(n!)^n}\right]^2 V^{2(n^2-n-1)} \cdot$$

$$\frac{1}{2(n+1)^2}\delta(\Omega_n, \overline{\Omega_n})$$

$$\geqslant \left(\frac{n^{3n}(n+1)}{(n!)^2} V^{2(n-1)}\right)^{\frac{n^2-1}{n}} +$$

Pedoe 定理

$$\frac{n^{(n^2-1)(n+4)}(n+1)^{n(n^2-1)}}{2(n!)^{2(n^2-1)}}R^{2n(n^2-n-1)}\cdot$$

$$\left(\frac{nr}{R}\right)^{\frac{2(n^2-n-1)(n^2-1)}{n}}\delta(\Omega_n,\overline{\Omega_n})$$

因此,定理 5 得证.

再对上式利用式(1.14.36)即可得定理 5′.

## 1.15 Pedoe 不等式的证明

**推广** 设$\triangle ABC$与$\triangle A'B'C'$的三边长分别为 $a$,$b$,$c$ 与 $a'$,$b'$,$c'$,面积为 $\Delta$ 与 $\Delta'$,则有

$$a'^2(b^2+c^2-a^2)+b'^2(c^2+a^2-b^2)+c'^2(a^2+b^2-c^2)\geqslant 16\Delta'\Delta \qquad (1.15.1)$$

其中,当且仅当$\triangle ABC$与$\triangle A'B'C'$相似时等号成立.

不等式(1.15.1)是美国几何学家 Pedoe(匹多)于 1942 年重新发现并证明的一个不等式,这个不等式事实上在 1897 年就被 Neuberg(纽伯格)发现,但直到 1979 年才被介绍到我国,曾作为 1978 年 IMO 预选题,并在 20 世纪 90 年代被韩国作为数学奥林匹克正式题目.

在上面的推广中,当取其中一个三角形为正三角形时即退化成 Weisenböck 不等式. 这个第一个涉及两个三角形的不等式,以它外形的优美对称,证法的多种多样而吸引着我国的许多读者,近年来,有不少专

家学者及数学爱好者讨论过这个不等式的加强、推广和应用. 特别要指出的是,1981 年,杨路和张景中教授对于高维空间的两个单纯形建立了类似于(1.15.1)的不等式. 下面我们介绍不等式(1.15.1)的各种证明.

**证法 1** 如图 1.16 所示,在 $\triangle ABC$ 的三边 $BC$, $CA$, $AB$ 上分别向内侧作 $\triangle A''BC$, $\triangle AB''C$, $\triangle ABC''$,使它们都与另外任意指定的 $\triangle A'B'C'$ 相似,并设 $\triangle A''BC$, $\triangle AB''C$ 与 $\triangle ABC''$ 的外心分别为 $U$, $V$ 与 $W$. 为了不使图形过于复杂,在图 1.16 中,我们只在 $\triangle ABC$ 的边 $AB$ 上画 $\triangle ABC'' \backsim \triangle A'B'C'$,并标出 $\triangle ABC''$ 的外心 $W$. 这时

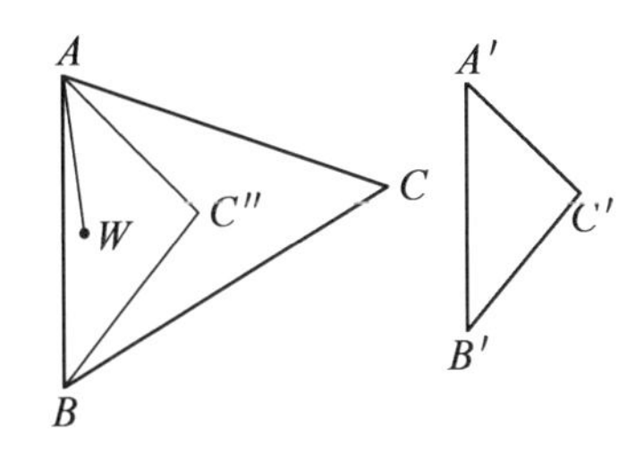


图 1.16

$$\angle BAW=\frac{1}{2}(\pi-2\angle C')=\frac{\pi}{2}-\angle C'$$

同理
$$\angle CAV=\frac{\pi}{2}-\angle B'$$

于是

$$\begin{aligned}\angle VAW&=\left|\angle A-\left(\frac{\pi}{2}-\angle B'\right)-\left(\frac{\pi}{2}-\angle C'\right)\right|\\&=|\angle A-(\pi-\angle B'-\angle C')|\\&=|\angle A-\angle A'|\end{aligned}$$

又由于

$$AW=\frac{\frac{c}{2}}{\cos\angle BAW}=\frac{\frac{c}{2}}{\cos\left(\frac{\pi}{2}-C'\right)}=\frac{c}{2\sin C'}$$

$$AV=\frac{b}{2\sin B'}$$

所以，由余弦定理，有

$$VW^2=\frac{1}{4}\left(\frac{b^2}{\sin^2 B'}+\frac{c^2}{\sin^2 C'}-\frac{2bc}{\sin B'\cdot\sin C'}\cos(A-A')\right)$$

根据正弦定理，有

$$\sin B'=\frac{b'}{2R'},\sin C'=\frac{c'}{2R'}$$

其中，$R'$表示$\triangle A'B'C'$的外接圆半径，代入上式，有

$$\begin{aligned}&VW^2\\&=R'^2\left(\frac{b^2}{b'^2}+\frac{c^2}{c'^2}-2\frac{bc}{b'c'}(\cos A\cdot\cos A'+\sin A\cdot\sin A')\right)\\&=\frac{R'^2}{2b'^2c'^2}\left(2b^2c'^2+2b'^2c^2-(2bc\cdot\cos A)\cdot(2b'c'\cdot\cos A')-\right.\\&\left.16\left(\frac{1}{2}bc\cdot\sin A\right)\left(\frac{1}{2}b'c'\cdot\sin A'\right)\right)\end{aligned}$$

利用余弦定理以及

$$\Delta=\frac{1}{2}bc\cdot\sin A,\Delta'=\frac{1}{2}b'c'\cdot\sin A'$$

可以得到

$$\begin{aligned}VW^2=&\frac{R'^2}{2b'^2c'^2}(2b^2c'^2+2b'^2c^2-\\&(b^2+c^2-a^2)(b'^2+c'^2-a'^2)-16\Delta\Delta')\end{aligned}$$

化简此式右边，可得

$$\left(\frac{VW}{a'}\right)^2=\frac{1}{2}\left(\frac{R'}{a'b'c'}\right)^2(H-16\Delta\Delta')$$

其中

$$H\equiv a'^2(b^2+c^2-a^2)+b'^2(c^2+a^2-b^2)+c'^2(a^2+b^2-c^2)$$

注意到上式右边是 $a,b,c$ 及 $a',b',c'$ 的对称式,故可以得出

$$\frac{VW}{a'}=\frac{WU}{b'}=\frac{UV}{c'}$$

这表明 $\triangle UVW$ 与 $\triangle A'B'C'$ 相似. 显然有 $H-16\Delta\Delta'\geqslant 0$,其中当且仅当 $U,V,W$ 三点重合时等号成立,亦即 $\triangle ABC\backsim\triangle A'B'C'$ 时等号成立,这就证得了不等式(1.15.1).

**证法2** 在 $\triangle ABC$ 的边 $BC$ 上,向点 $A$ 所在的一侧作 $\triangle A''BC$,如图 1.17 所示,使得 $\triangle A''BC\backsim\triangle A'B'C'$. 在 $\triangle ACA''$ 中,根据余弦定理

$$A''A^2=AC^2+A''C^2-2AC\cdot A''C\cdot\cos\angle ACA''$$

但因 $AC=b,A''C=a\left(\frac{b'}{a'}\right),\angle ACA''=|\angle C'-\angle C|$

所以 $$a'^2\cdot A''A^2=\frac{1}{2}(H-16\Delta\Delta')$$

其中

$$H=a'^2(b^2+c^2-a^2)+b'^2(c^2+a^2-b^2)+c'^2(a^2+b^2-c^2)$$

显然 $a'^2\cdot A''A^2\geqslant 0$,因此式(1.15.1)成立.

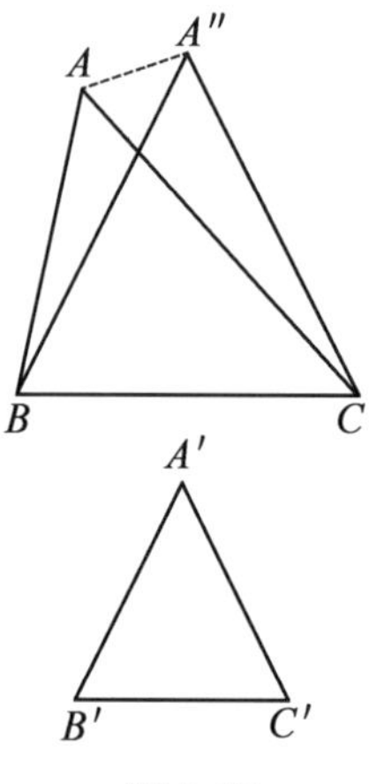


图 1.17

**证法 3** 令 $a^2=x, b^2=y, c^2=z, a'^2=x', b'^2=y', c'^2=z'$,则

$$H=x'(y+z-x)+y'(z+x-y)+z'(x+y-z)$$
$$=x(y'+z'-x')+y(z'+x'-y')+z(x'+y'-z')$$

其中,$H$ 表示的意义同证法 1,2. 又

$$16\Delta^2=2xy+2yz+2zx-x^2-y^2-z^2$$
$$16\Delta'^2=2x'y'+2y'z'+2z'x'-x'^2-y'^2-z'^2$$

容易验证

$$H^2-(16\Delta\Delta')^2=-4(UV+VW+WU)$$

其中 $U=yz'-y'z, V=zx'-z'x, W=xy'-x'y$

因为 $$xU+yV+zW=0$$

我们可得

$$-4xz(VW+WU+UV)=(2xU+(x+y-z)V)^2+16\Delta^2\Delta'^2$$

由此可得

$$xz(H^2-(16\Delta\Delta')^2)=(2xU+(x+y-z)V)^2+16\Delta^2\Delta'^2$$

因为 $xz>0,\Delta^2>0$，由上式可得 $H^2\geqslant(16\Delta\Delta')^2$，所以 $H\geqslant16\Delta\Delta'$.

**证法4** 由余弦定理，得

$$H=a'^2(b^2+c^2-a^2)+b'^2(c^2+a^2-b^2)+c'^2(a^2+b^2-c^2)$$
$$=2(a^2b'^2+a'^2b^2-2aba'b'\cdot\cos C\cdot\cos C')$$

又因为

$$16\Delta\Delta'=4aba'b'\cdot\sin C\cdot\sin C'$$

所以

$$H-16\Delta\Delta'=2((ab'-a'b)^2+2aba'b'(1-\cos(C-C')))$$

由此可见 $H\geqslant16\Delta\Delta'$.

**证法5** 由 Cauchy 不等式，知

$$(16\Delta\Delta'+2(a^2a'^2+b^2b'^2+c^2c'^2))^2$$
$$=(4\Delta\cdot4\Delta'+\sqrt{2}a^2\cdot\sqrt{2}a'^2+\sqrt{2}b^2\cdot\sqrt{2}b'^2+\sqrt{2}c^2\cdot\sqrt{2}c'^2)^2$$
$$\leqslant(16\Delta^2+2a^4+2b^4+2c^4)(16\Delta'^2+2a'^4+2b'^4+2c'^4)$$

但 $$16\Delta^2=2a^2b^2+2b^2c^2+2c^2a^2-a^4-b^4-c^4$$
$$16\Delta'^2=2a'^2b'^2+2b'^2c'^2+2c'^2a'^2-a'^4-b'^4-c'^4$$

所以

$$(16\Delta\Delta'+2(a^2a'^2+b^2b'^2+c^2c'^2))^2$$
$$\leqslant(a^2+b^2+c^2)^2(a'^2+b'^2+c'^2)^2$$

从而

$$(a^2+b^2+c^2)^2(a'^2+b'^2+c'^2)^2-$$
$$2(a^2a'^2+b^2b'^2+c^2c'^2)\geqslant16\Delta\Delta'$$

此即式(1.15.1).

**证法6** 如图1.17所示，把 $\triangle ABC$ 的顶点 $C$ 放在复平面坐标系的原点，其余两个顶点用复数 $\alpha,\beta$ 来记. 于是，有 $a=|\alpha|,b=|\beta|,c=|\alpha-\beta|$. 同样，把

$\triangle A'B'C'$的顶点 $C'$也放在原点上，其余两个顶点用复数 $\alpha'$，$\beta'$来记，故有 $a'=|\alpha'|$，$b'=|\beta'|$，$c'=|\alpha'-\beta'|$. 这样一来

$$a'^2(b^2+c^2-a^2)=\alpha'\overline{\alpha}'(\overline{\beta}\beta+(\alpha-\beta)(\overline{\alpha}-\overline{\beta})-\alpha\overline{\alpha})$$

$$=\alpha'\overline{\alpha}'(2\beta\overline{\beta}-(\alpha\overline{\beta}+\overline{\alpha}\beta))$$

$$b'^2(c^2+a^2-b^2)=\beta'\overline{\beta}'((\alpha-\beta)(\overline{\alpha}-\overline{\beta})+\alpha\overline{\alpha}-\beta\overline{\beta})$$

$$=\beta'\overline{\beta}'(2\alpha\overline{\alpha}-(\alpha\overline{\beta}+\overline{\alpha}\beta))$$

$$c'^2(a^2+b^2-c^2)=(\alpha'-\beta')(\overline{\alpha}'-\overline{\beta}')(\alpha\overline{\alpha}+\beta\overline{\beta}-(\alpha-\beta)(\overline{\alpha}-\overline{\beta}))$$

$$=(\alpha'\overline{\alpha}'-\beta'\overline{\beta}'-(\alpha'\overline{\beta}'+\overline{\alpha}'\beta'))(\alpha\overline{\beta}+\overline{\alpha}\beta)$$

将以上三式两边分别相加，得到

$$H=a'^2(b^2+c^2-a^2)+b'^2(c^2+a^2-b^2)+c'^2(a^2+b^2-c^2)$$

$$=2(|\alpha'|^2|\beta|^2+|\alpha|^2|\beta'|^2)-(\alpha\overline{\beta}+\overline{\alpha}\beta)(\alpha'\overline{\beta}'+\overline{\alpha}'\beta') \tag{1.15.2}$$

在图 1.18 所示的情形下，我们有

$$\Delta=\frac{1}{2}\mathrm{Im}(\overline{\alpha}\beta)=\frac{1}{2}\cdot\frac{\overline{\alpha}\beta-\alpha\overline{\beta}}{2\mathrm{i}}$$

其中，$\mathrm{Im}(z)$代表复数 $z$ 的虚部. 同理

$$\Delta'=\frac{1}{2}\cdot\frac{\overline{\alpha}'\beta'-\alpha'\overline{\beta}'}{2\mathrm{i}}$$

所以

$$16\Delta\Delta'=-(\overline{\alpha}\beta-\alpha\overline{\beta})(\overline{\alpha}'\beta'-\alpha'\overline{\beta}') \tag{1.15.3}$$

由式(1.15.2)(1.15.3)经过简单计算，得

$$H - 16\Delta\Delta' = 2|\alpha\beta' - \alpha'\beta|^2 \qquad (1.15.4)$$

由此显然可见 $H - 16\Delta\Delta' \geqslant 0$,即式(1.15.1)成立.

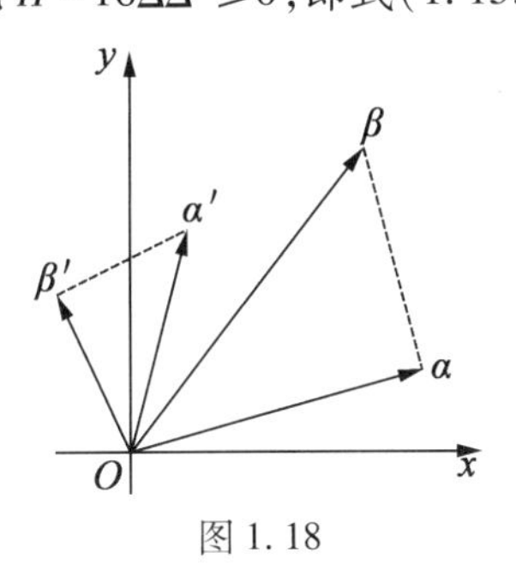


图 1.18

## 1.16 二维 Pedoe 不等式的推广与应用

### 1. Pedoe 不等式的变形及其在立体几何中的应用

新疆师范高等专科学校数理系的高明儒教授先证明了两个引理.

**引理 1** 令 $f(x,y,z) = x^2 + y^2 + z^2 - 2xy - 2xz - 2yz$,则 $f(x,y,z) < 0$ 的充要条件是:三实数 $x,y,z$ 同号,并且三正数 $\sqrt{|x|}$, $\sqrt{|y|}$, $\sqrt{|z|}$ 构成一个三角形的三边.

**证明** 注意到

$$\begin{aligned} f(x,y,z) &= (x-y-z)^2 - 4yz \\ &= (y-z-x)^2 - 4zx \\ &= (z-x-y)^2 - 4xy \end{aligned}$$

可知,若 $f(x,y,z) < 0$,首先必须 $x,y,z$ 同号. 这由

$$(x-y-z)^2 < 4yz, (y-z-x)^2 < 4zx, (z-x-y)^2 < 4xy$$

就得到了.

进而若 $x,y,z$ 同为正,可推出

$$-2\sqrt{yz}<x-y-z<2\sqrt{yz}$$

$$(\sqrt{y}-\sqrt{z})^2<x<(\sqrt{y}+\sqrt{z})^2$$

$$\sqrt{y}-\sqrt{z}<\sqrt{x}<\sqrt{y}+\sqrt{z}$$

若 $x,y,z$ 同为负,则

$$-|y|-|z|-2\sqrt{|y||z|}<-|x|<-|y|-|z|+2\sqrt{|y||z|}$$

即 $$\sqrt{|y|}-\sqrt{|z|}<\sqrt{|x|}<\sqrt{|y|}+\sqrt{|z|}$$

还注意到 $f(x,y,z)$ 关于 $x,y,z$ 的对称性,即得必要性成立. 至于充分性是显然的.

从证明中还得到:

**推论 1** $f(x,y,z)=0$ 的充要条件是:$x,y,z$ 三个实数中无异号(可为零),且三数 $\sqrt{|x|}$, $\sqrt{|y|}$, $\sqrt{|z|}$ 中的一个是其他两个数之和.

**引理 2** 在 $\triangle ABC$ 和 $\triangle ABC_1$ 中(图 1.19),作 $CO\perp AB$(或延长线)于 $O$,$C_1O_1\perp AB$ 于 $O_1$,则

$$|(BC^2-AC^2)+(AC_1^2-BC_1^2)|=2|AB|\cdot|OO_1| \tag{1.16.1}$$

**证明** $A,B,C,C_1$ 可不共面. 因为

$$BC^2=BO^2+CO^2$$

$$AC^2=AO^2+CO^2$$

$$AC_1^2=AO_1^2+C_1O_1^2$$

$$BC_1^2=BO_1^2+C_1O_1^2$$

以上关系代入式(1.16.1)之左端后进行化简,结合图 1.18上的线段关系即得右端.

从式(1.16.1)可得如下:

**推论1** 在引理2的条件下,$AB \perp CC_1$ 的充要条件是

$$AC^2 - AC_1^2 = BC^2 - BC_1^2 \qquad (1.16.2)$$

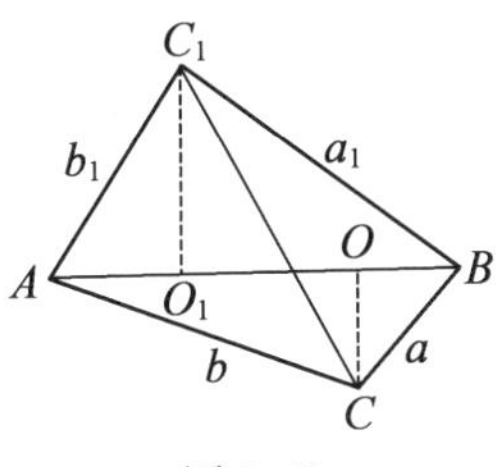


图1.19

这只要注意到 $OO_1=0$(零)和式(1.16.2)成立是等价的.

为了下面叙述方便,引进如下记号

$$M(a,b,c;x,y,z)=x^2(-a^2+b^2+c^2)+y^2(a^2-b^2+c^2)+z^2(a^2+b^2-c^2)$$

可验证

$$M(x,y,z;a,b,c)=M(a,b,c;x,y,z)$$

成立.

**定理1** $\triangle ABC$ 和 $\triangle A_1B_1C_1$ 的边和面积分别记为 $a,b,c,\Delta$ 和 $a_1,b_1,c_1,\Delta_1$,则如下不等式

$$M(a,b,c;a_1,b_1,c_1)\geqslant 8(\Delta^2+\Delta_1^2) \quad (1.16.3)$$

不成立的充要条件为三实数 $a^2-a_1^2, b^2-b_1^2, c^2-c_1^2$ 同号,且三正数 $\sqrt{|a^2-a_1^2|}, \sqrt{b^2-b_1^2}, \sqrt{c^2-c_1^2}$ 构成一个三角形的三边. 其余情况(1.16.3)均成立.

(Pedoe 定理是说

$$M(a,b,c;a_1,b_1,c_1)\geqslant 16\Delta\Delta_1$$

永远成立.）

**证明** 因为

$$16\Delta^2=M(a,b,c;a,b,c)$$

$$16\Delta_1^2=M(a_1,b_1,c_1;a_1,b_1,c_1)$$

令式(1.16.3)左端-右端之差为$H$,则

$$\begin{aligned}2H&=2M(a_1,b_1,c_1;a_1,b_1,c_1)-16(\Delta_1^2+\Delta^2)\\&=M(a,b,c;a_1,b_1,c_1)-M(a,b,c;a,b,c)+\\&\quad M(a,b,c;a_1,b_1,c_1)-M(a_1,b_1,c_1;a_1,b_1,c_1)\\&=(a_1^2-a^2)(-a^2+b^2+c^2)+(b_1^2-b^2)(a^2-b_1^2+\\&\quad c^2)+(c_1^2-c^2)(a^2+b^2-c^2)+(a^2-a_1^2)(-a_1^2+\\&\quad b_1^2+c_1^2)+(b^2-b_1^2)(a_1^2-b_1^2+c_1^2)+\\&\quad (c^2-c_1^2)(a_1^2+b_1^2-c_1^2)\\&=(a^2-a_1^2)(-a_1^2+b_1^2+c_1^2+a^2-b^2-c^2)+(b^2-\\&\quad b_1^2)(a_1^2-b_1^2+c_1^2-a^2+b^2-c^2)+\\&\quad (c^2-c_1^2)(a_1^2+b_1^2-c_1^2-a^2-b^2+c^2)\\&=(a^2-a_1^2)^2+(b^2-b_1^2)^2+(c^2-c_1^2)^2-\\&\quad 2(a^2-a_1^2)(b^2-b_1^2)-2(a^2-a_1^2)(c^2-c_1^2)-\\&\quad 2(b^2-b_1^2)(c^2-c_1^2)\\&=f(a^2-a_1^2,b^2-b_1^2,c^2-c_1^2)\end{aligned}$$

（参阅引理1的记号）.

根据引理1即得定理1的结论成立.

对应于引理1的推论可得：

**推论1** 式(1.16.3)等号成立的充要条件是：$a^2-a_1^2,b^2-b_1^2,c^2-c_1^2$无异号，且三数$\sqrt{|a^2-a_1^2|}$，$\sqrt{|b^2-b_1^2|}$，$\sqrt{|c^2-c_1^2|}$中的一个数可表示成其他两个

数之和.

再结合引理2立即得:

**推论2** 如图1.18,在$\triangle ABC$和$\triangle ABC_1$中,$AB=c$,$BC=a$,$BC_1=a_1$,$AC=b$,$AC_1=b_1$,面积仍记为$\Delta$和$\Delta_1$,则$AB\perp CC_1$的充要条件是

$$M(a,b,c;a_1,b_1,c_1)=8(\Delta^2+\Delta_1^2) \quad (1.16.4)$$

**证明** 这时$c^2-c_1^2=c^2-c^2=0$,由定理的证明过程知

$$M(a,b,c;a_1,b_1,c_1)-8(\Delta^2+\Delta_1^2)$$

$$=\frac{1}{2}[(a^2-a_1^2)^2+(b^2-b_1^2)^2-2(a^2-a_1^2)(b^2-b_1^2)]$$

$$=\frac{1}{2}[(a^2-a_1^2)-(b^2-b_1^2)]^2$$

即得结论.

下面举出一些应用例子:把上面定理1的推论2应用于立体几何,可得出一系列定理,例如朱德祥的《初等数学复习与研究(立体几何)》中的定理.

**定理2** 四面体中从两顶点发出的高线(四面体的高)相交的充要条件是联结这两顶点的棱垂直于对棱.

对应地,我们可改得定理:四面体中从两顶点发出的高线相交的充要条件是相应的式(1.16.4)成立.

其余有关定理的改述可类推(略).

有些竞赛题目应用上边有关结论解决,一方面好入手,另一方面还可得出更广泛的结论.

例如《中学数学竞赛习题》(杭州大学数学系编写

组)第795题为:设四面体有三条棱相互垂直,它们组成的三个面的面积分别记为 $A,B,C$,若记第四面的面积为 $D$,则

$$D^2=A^2+B^2+C^2 \quad (1.16.5)$$

下面我们把题目条件放宽,改为三棱 $x,y,z$ 中 $z\perp y,z\perp x$,而 $x,y$ 之间的夹角为 $\theta$,则

$$D^2=A^2+B^2+C^2-\frac{1}{2}xyz^2\cos\theta \quad (1.16.6)$$

(若 $x\perp y$,这时 $\cos\theta=0$,就是原题之结论(1.16.5).)

**证明** 如图1.20,棱 $z\perp x,z\perp y,x,y$ 之间的夹角为 $\theta$,第四个面的三边分别为 $a,b,c$. 显然

$$8A^2=2x^2y^2\sin^2\theta$$

$$8B^2=2x^2z^2$$

$$8C^2=2x^2z^2$$

$$a^2=x^2+y^2-2xy\cos\theta$$

由 $z$ 垂直于 $a$ 所在的平面,知 $z\perp a$,所以

$$M(y,x,a;b,c,a)=8D^2+8A^2$$

故

$$\begin{aligned}8D^2&=M(y,x,a;b,c,a)-8A^2\\&=b^2(-y^2+x^2+a^2)+c^2(y^2-x^2+a^2)+a^2(y^2+\\&\quad x^2-a^2)-8A^2\\&=(y^2+z^2)(2x^2-2xy\cos\theta)+(z^2+x^2)(2y^2-\\&\quad 2xy\cos\theta)+(x^2+y^2-2xy\cos\theta)(2xy\cos\theta)-8A^2\\&=2x^2y^2+2x^3z-2xy^3\cos\theta-2xyz^2\cos\theta+2x^2y^2+\\&\quad 2y^2z^2-2x^3y\cos\theta-2xyz^2\cos\theta+2x^3y\cos\theta+\\&\quad 2xy^3\cos\theta-4x^2y^2\cos^2\theta-8A^2\end{aligned}$$

$$=2x^2z^2+2y^2z^2+4x^2y^2-4x^2y^2\cos^2\theta-8A^2-$$
$$4xyz^2\cos\theta$$
$$=8C^2+8B^2+4x^2y^2(1-\cos^2\theta)-8A^2-4xyz^2\cos\theta$$
$$=8C^2+8B^2+16A^2-8A^2-4xyz^2\cos\theta$$

所以 $$D^2=A^2+B^2+C^2-\frac{1}{2}xyz^2\cos\theta$$

式(1.16.6)得证.

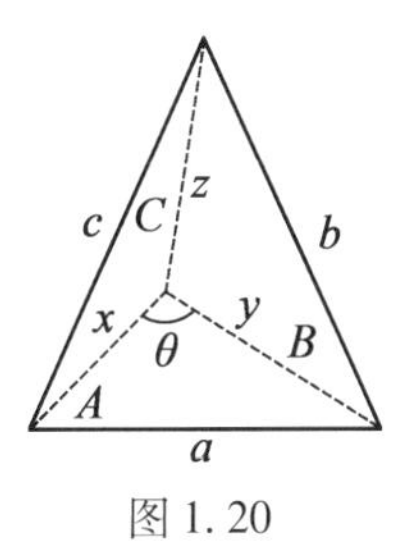


图1.20

2. Pedoe 定理的完善及其应用

1. 问题的提出

Pedoe 定理(简称为定理 P)内容如下:

设$\triangle ABC$和$\triangle A'B'C'$的边长分别为$\alpha,\beta,\gamma$和$\alpha',\beta',\gamma'$,它们的面积记为$\Delta$和$\Delta'$,那么有不等式

$$\alpha'^2(-\alpha^2+\beta^2+\gamma^2)+\beta'^2(\alpha^2-\beta^2+\gamma^2)+\gamma'^2(\alpha^2+\beta^2-\gamma^2)\geqslant16\Delta\Delta' \tag{1.16.7}$$

当且仅当$\triangle ABC$与$\triangle A'B'C'$相似时等号成立.

高明儒教授指出定理 P 中"当且仅当……等号成立"这句话并不正确.

例如:$\alpha=3,\beta=5,\gamma=4;\alpha'=5,\beta'=3,\gamma'=4$代入式(1.16.7)后,两端并不相等,但$\triangle ABC\backsim\triangle A'B'C'$,

当然相似.

现在要问不等式(1.16.7)的两端之差一般情况下应等于什么？差的明显确切的几何意义是什么？给出两个三角形能很快地写出它们相应的差来吗？也就是要使定性的不等式(1.16.7)以定量的等式(1.16.7)表达出来,这样它的理论和应用价值将会推进一步.

高明儒教授以发现的定理 $M_1$ 来解决上面的问题,从而揭示出定理 P 的本质. 定理 $M_1$ 的证明放在第 3 部分集中进行. 最后应用定理 $M_1$ 及其推论可推出平面几何中的 Stewart(斯特瓦尔特)定理、Bretschneider(布雷特—施耐德)定理和 Ptolemy(托勒密)定理等.

2. 定理 $M_1$ 及其推论

为使下面叙述方便,特引进记号

$$M(a,b,c;x,y,z)=x^2(-a^2+b^2+c^2)+y^2(a^2-b^2+c^2)+z^2(a^2+b^2-c^2)$$

显然它具有:

(1)对称性

$$M(x,y,z;a,b,c)=M(a,b,c;x,y,z)$$

$$M(b,a,c;y,x,z)=M(a,b,c;x,y,z)$$

(2)齐次性

$$M(ta,tb,tc;x,y,z)=t^2M(a,b,c;x,y,z)$$

这样不等式(1.16.7)就可简写如下

$$M(\alpha,\beta,\gamma;\alpha',\beta',\gamma')-16\Delta\Delta'\geqslant 0 \quad (1.16.8)$$

下面叙述我们的定理 $M_1$(它的证明放在第 3 部分):

“设 $\triangle ABC$ 和 $\triangle ABD$ 有一公用边 $AB=c$,顶点 $C,D$

在 $AB$ 的同侧,其边和面积分别为 $a,b,\Delta$ 和 $a_1,b_1,\Delta_1$,记 $CD=d$,那么有等式

$$M(a,b,c;a_1,b_1,c)-16\Delta\Delta_1=2c^2d^2 \quad (1.16.9)$$

当且仅当 $a=a_1,b=b_1$ 时 $d=0$(图1.21)"

**推论1** 当 $C$ 在 $AB$ 上,或 $D$ 在 $AB$ 上,或 $C,D$ 同在 $AB$ 上,有等式

$$M(a,b,c;a_1,b_1,c)=2c^2d^2 \quad (1.16.10)$$

**证明** 因为这时 $\Delta,\Delta_1$ 中至少有一个为零,所以 $16\Delta\Delta_1=0$,故等式$(M,-1)$成立.

**推论2** (定理P-M)假设条件同定理P,那么有等式

$$M(\alpha,\beta,\gamma;\gamma',\beta',\gamma')-16\Delta\Delta'=2\gamma'^2d_\gamma^2 \quad (1.16.11)$$

($d_\gamma$ 的确切几何意义在下面的证明中很明显).

**证明** 如图1.21所示,在$\triangle ABC$ 的边 $AB$ 的同侧作$\triangle ABC\backsim\triangle A'B'C'$,其相似比为 $k=\dfrac{AB}{A'B'}=\dfrac{\gamma}{\gamma'}$. 记$\triangle ABD$ 的边 $BD=a_1,AD=b_1$,面积$=\Delta_1$,这样有

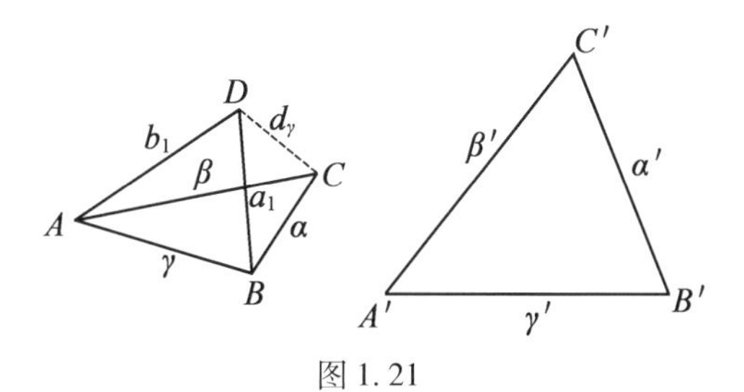


图1.21

$$\gamma'=\frac{\gamma}{k},\beta'=\frac{b_1}{k},\alpha'=\frac{a_1}{k},\Delta'=\frac{\Delta_1}{k^2}$$

根据定理 $M_1$,对$\triangle ABC$ 和$\triangle ABD$ 有

$$M(\alpha,\beta,\gamma;a_1,b_1,\gamma)-16\Delta\Delta_1=2\gamma^2d_\gamma^2$$

两端同乘以$\frac{1}{k^2}$,再根据对称性和齐次性

$$\frac{1}{k^2}M(\alpha,\beta,\gamma;a_1,b_1,\gamma)-16\Delta\cdot\frac{\Delta_1}{k^2}=2\left(\frac{\gamma}{k}\right)^2d_\gamma^2$$

得

$$M\left(\alpha,\beta,\gamma;\frac{a_1}{k},\frac{b_1}{k},\frac{\gamma}{k}\right)-16\Delta\Delta'=2\gamma'^2d_\gamma^2$$

这正是等式

$$M(\alpha,\beta,\gamma;\alpha',\beta',\gamma')-16\Delta\Delta'=2\gamma'^2d_\gamma^2$$

($d_\gamma$ 就是 $CD$ 的长)并且当且仅当$\frac{\alpha}{\alpha'}=\frac{\beta}{\beta'}=\frac{\gamma}{\gamma'}$时,$d_\gamma=0$.

这也纠正了定理 P 中"当且仅当……成立"的不确切说法.

又因为

$$\begin{aligned}d_\gamma^2&=b_1^2+\beta^2-2b_1\beta\cos(\angle BAD-\angle BAC)\\&=b_1^2+\beta^2-2b_1\beta\cos(\angle A-\angle A')\end{aligned}$$

所以有

$$\begin{aligned}&M(\alpha,\beta,\gamma;\alpha',\beta',\gamma')-16\Delta\Delta'\\&=2\gamma^2\beta'^2+2\beta^2\gamma'^2-4\beta\beta'\gamma\gamma'\cos(\angle A-\angle A')\end{aligned}$$

根据需要,等式(1.16.10)可采用不同形式.

定理 P 显然是定理 P - M 的一个推论.

3. 定理 $M_1$ 的证明

**证法 1** (几何的)如图 1.22 所示,垂足 $O_1$,$O$ 都在 $AB$ 上,至于在其延长线上时,证明中只要注意 $AB$

上线段的方向,并无什么原则上的困难.

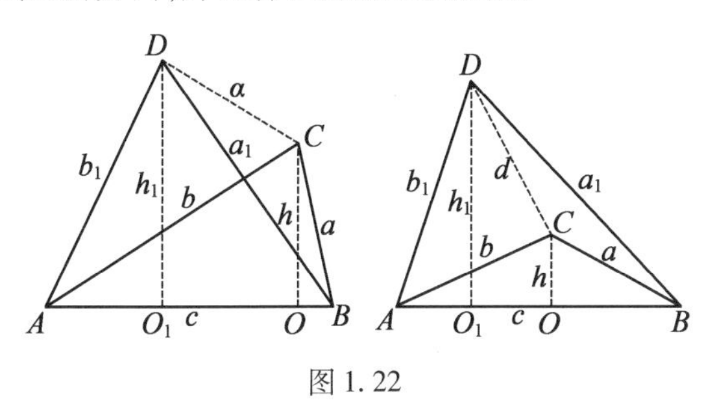


图1.22

令 $CO=h$, $DO_1=h_1$,其余有关线段已在图上标出.

因为

$$16\Delta\Delta_1=4c^2hh_1$$

$$d^2=\overline{O_1O}^2+(h-h_1)^2$$

$$c^2=\overline{AO}^2+\overline{OB}^2+2\,\overline{AO}\cdot\overline{OB}$$

$$a^2=h^2+\overline{OB}^2$$

$$a_1^2=h_1^2+\overline{O_1B}^2$$

$$b^2=h^2+\overline{AO}^2$$

$$b_1^2=h_1^2+\overline{AO}_1^2$$

所以

$$\begin{aligned}&M(a,b,c;a_1,b_1,c)\\=&(h_1^2+\overline{O_1B}^2)(-\overline{OB}^2+\overline{AO}^2+c^2)+\\&(h_1^2+\overline{AO_1}^2)(\overline{OB}^2-\overline{AO}^2+c^2)+\\&c^2(2h^2-2\,\overline{AO}\cdot\overline{OB})\end{aligned}$$

$$=\overline{O_1B}^2(\overline{AO}^2-\overline{OB}^2)-\overline{AO_1}^2(\overline{AO}^2-\overline{OB}^2)+$$
$$2c^2h_1^2+c^2\cdot\overline{O_1B}^2+c^2\,\overline{AO_1}^2+2c^2h^2-2c^2\,\overline{AO}\cdot\overline{OB}$$
$$=c^2[(\overline{AO}-\overline{OB})(\overline{O_1B}-\overline{AO_1})+\overline{AO_1}^2+\overline{O_1B}^2-2\,\overline{AO}\cdot$$
$$\overline{OB}+2h^2+2h_1^2]$$
$$=c^2(\overline{O_1O}^2+2\,\overline{AO_1}\cdot\overline{OB}-\overline{OB}^2+\overline{O_1B}^2-2\,\overline{AO_1}\cdot\overline{OB}-$$
$$2\,\overline{OO_1}\cdot\overline{OB}+2h^2+2h_1^2)$$
$$=c^2[\overline{O_1O}^2+(\overline{O_1B}+\overline{OB})(\overline{O_1B}-\overline{OB})-2\,\overline{O_1O}\cdot\overline{OB}+$$
$$2h^2+2h_1^2]$$
$$=c^2(\overline{O_1O}^2+\overline{O_1B}\cdot\overline{O_1O}+\overline{OB}\cdot\overline{O_1O}-2\,\overline{O_1O}\cdot\overline{OB}+$$
$$2h^2+2h_1^2)$$
$$=c^2[\overline{O_1O}^2+\overline{O_1O}(\overline{O_1B}+\overline{OB}-2\,\overline{OB})+2h^2+2h_1^2]$$
$$=c^2(\overline{O_1O}^2+\overline{O_1O}^2+2h^2+2h_1^2)$$
$$=2c^2[\overline{O_1O}^2+(h\cdot h_1)^2+2hh_1]$$
$$=2c^2d^2+4c^2hh_1$$

故

$$M(a,b,c;a_1,b_1,c)-16\Delta\Delta_1=2c^2d^2$$

当且仅当 $a=a_1,b=b_1$ 时,$d=0$.

**证法2** 令

$$\angle BAG=\varphi,\angle BAD=\theta$$

有

$$d^2=b_1^2+b^2-2b_1b\cos(\theta-\varphi)$$
$$h_1=b_1\sin\theta,h=b\sin\varphi$$
$$a_1^2(-a^2+b^2+c^2)=(b_1^2+c^2-2b_1c\cos\theta)(2bc\cos\varphi)$$

$$=2b_1^2bc\cos\varphi+2bc^3\cos\varphi-$$

$$4b_1bc^2\cos\theta\cos\varphi \qquad (1.16.12)$$

$$b_1^2(a^2-b^2+c^2)=2b_1^2c^2-2b_1^2bc\cos\varphi \qquad (1.16.13)$$

$$c^2(a^2+b^2-c^2)=2b^2c^2-2bc^3\cos\varphi \qquad (1.16.14)$$

(1.16.12)+(1.16.13)+(1.16.14)得

$$M(a,b,c;a_1,b_1,c)$$

$$=2b^2c^2+2b_1^2c^2-4b_1bc^2\cos\theta\cos\varphi$$

$$=2c^2(b_1^2+b^2-2b_1b\cos\theta\cos\varphi)$$

$$=2c^2(b_1^2+b^2-2b_1b\cos\theta\cos\varphi-$$

$$2b_1b\sin\theta\sin\varphi+2hh_1)$$

$$=2c^2[b_1^2+b^2-2b_1b\cos(\theta-\varphi)+2hh_1]$$

$$=2c^2(d^2+2hh_1)$$

$$=2c^2d^2+4c^2hh_1$$

故 $$M(a,b,c;a_1,b_1,c)-16\Delta\Delta_1=2c^2d^2$$

**证法3** 取 $AB$ 的中垂线为 $y$ 轴,建立直角坐标系,令 $D,C,A,B$ 的坐标分别为 $(x,y),(x_1,y_1),(-x_2,0),(x_2,0)$,这样 $c^2=4x_2^2$,有

$$16\Delta\Delta_1=16x_2^2yy_1$$

如图1.23所示,易知

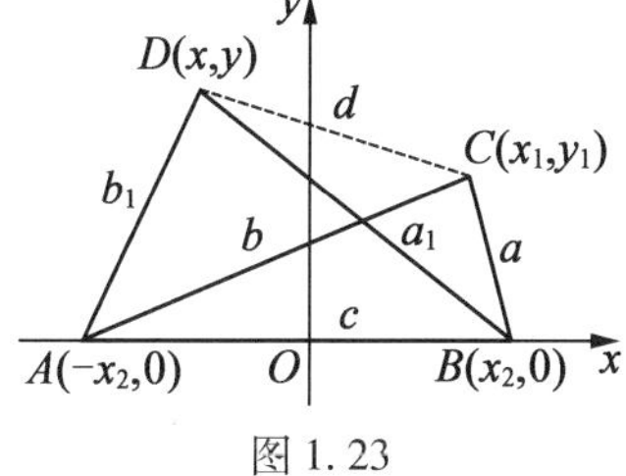


图1.23

$$a^2=(x_1-x_2)^2+y_1^2, b^2=(x_1+x_2)^2+y_1^2$$

$$a_1^2=(x-x_2)^2+y^2, b_1^2=(x+x_2)^2+y^2$$

$$d^2=(x-x_1)^2+(y-y_1)^2$$

经过直接计算,很容易得出

$$\begin{aligned}&M(a,b,c;a_1,b_1,c)-16\Delta\Delta_1\\=&8x_2^2[(x-x_1)^2+(y-y_1)^2]\\=&2c^2d^2\end{aligned}$$

式(1.16.9)也得证. 还有一些证明,这里不再列举了.

要说明的是:只要证明了定理 $M_1$,Pedoe 定理是它的推论 2 的直接结果,并且还纠正了定理 P 中叙述不确切的地方.

在这里还可以预言,直接证明定理 P 的方法,按照上边的思路均可使证明简化,而得出定量的等式,有了确切的几何解释.

特别 $d=0$ 时,即 $a=a_1, b=b_1$,这里 $\Delta=\Delta_1$,即

$$\begin{aligned}16\Delta^2&=M(a,b,c;a,b,c)\\&=2a^2b^2+2a^2c^3+2b^2c^2-a^4-b^4-c^4\\&=4a^2c^2-(a^2-b^2+c^2)^2\\&=(2ac+a^2-b^2+c^2)(2ac-a^2+b^2-c^2)\\&=16s(s-a)(s-b)(s-c)\quad(a+b+c=2s)\end{aligned}$$

即
$$\Delta=\sqrt{s(s-a)(s-b)(s-c)}$$

这正是海伦—秦九韶公式.

4. 应用

在应用中,定理 $M_1$ 可有各种形式的叙述(略).

**1961 年国际数学竞赛试题** $a,b,c$ 是三角形的三

边长,$\Delta$是面积,证明

$$a^2+b^2+c^2\geqslant 4\sqrt{3}\Delta$$

等号在什么条件下成立?

**证明**　在定理$M_1$中取$\triangle ABD$为正三角形,则

$$\Delta_1=\frac{\sqrt{3}}{4}c^2$$

等式(1.16.9)化为

$$c^2(a^2+b^2+c^2)=4\sqrt{3}\Delta c^2+2c^2d^2$$

即
$$a^2+b^2+c^2=4\sqrt{3}\Delta+2d^2$$

所以$a^2+b^2+c^2\geqslant 4\sqrt{3}\Delta$,当$a=c,b=c$时等号成立.

也就是说三角形为正三角形时成立.

**定理3**　(Stewart 定理)设$A,B,C$是共线的三点,$P$是任意一点,则

$$PA^2\cdot\overline{BC}+PB^2\cdot\overline{CA}+PC^2\cdot\overline{AB}+\overline{BC}\cdot\overline{CA}\cdot\overline{AB}=0$$

**证明**　如图1.24所示,令$\overline{AC}=c,\overline{AB}=b,\overline{BC}=a$,$PB=d,PC=a_1,PA=b_1$,根据定理$M_1$的推论1有

$$a_1^2(-a^2+b^2+c^2)+b_1^2(a^2-b^2+c^2)+c^2(a^2+b^2-c^2)=2c^2d^2$$

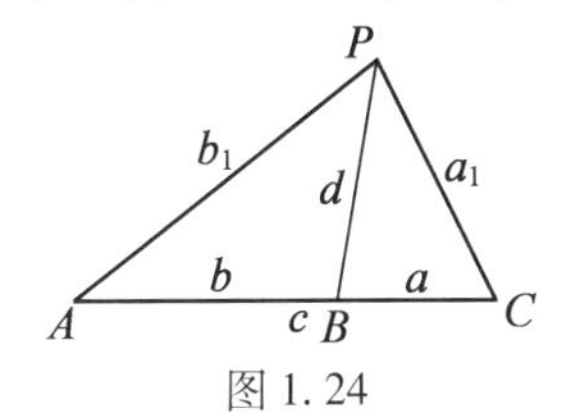


图1.24

考虑到$c=a+b$得

$$a_1^2(b-a+c)+b_1^2(a-b+c)-2abc=2cd^2$$

$$2ba_1^2+2ab_1^2-2abc-2cd^2=0$$

即
$$a_1^2\cdot b+b_1^2\cdot a+d^2(-c)+ab(-c)=0$$

这正是等式

$$PA^2 \cdot \overline{BC} + PB^2 \cdot \overline{CA} + PC^2 \cdot \overline{AB} + \overline{BC} \cdot \overline{CA} \cdot \overline{AB} = 0$$

**定理 4** （Bretschneider 定理）设简单四边形（凸或凹）的四边为 $a,b,c,d$，两对角线为 $e,f$，面积为 $S$，则

$$S = \frac{1}{4}\sqrt{4e^2f^2 - (a^2 - b^2 + c^2 - d^2)^2}$$

**证明** 分为凸四边形（图1.25）和凹四边形（图1.26）来证

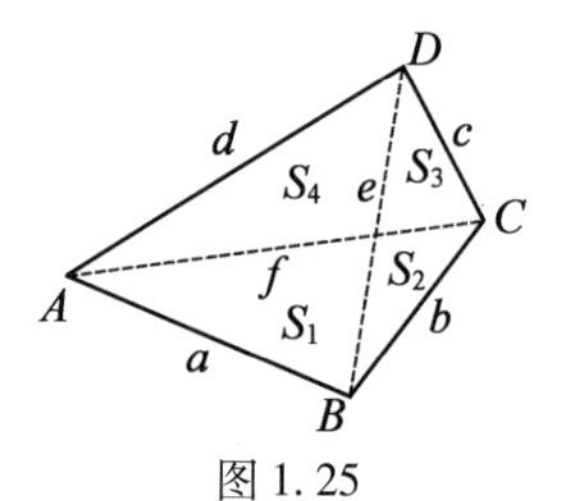


图 1.25

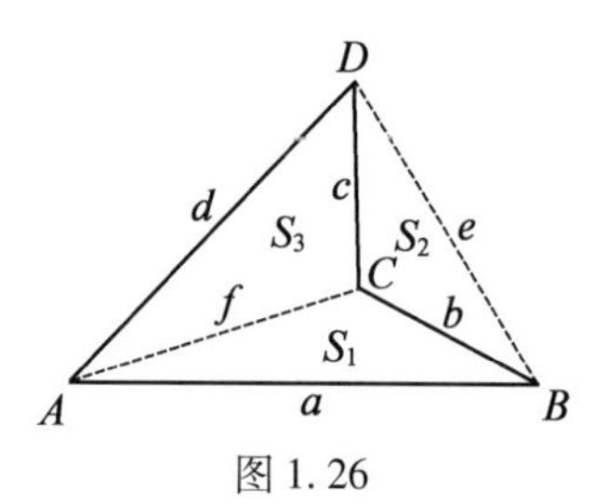


图 1.26

对图 1.25 来说，$S = S_1 + S_2 + S_3 + S_4$ 于四边分别应用定理 $M_1$ 有

$$M(a,f,b;e,c,b) - 2b^2d^2 = 16(S_1 + S_2)(S_2 + S_3) \tag{1.16.15}$$

$$M(b,e,c;f,d,c) - 2a^2c^2 = 16(S_2 + S_3)(S_3 + S_4) \tag{1.16.16}$$

$$M(c,f,d;e,a,d)-2b^2d^2=16(S_3+S_4)(S_4+S_1) \tag{1.16.17}$$

$$M(d,e,a;f,b,a)-2a^2c^2=16(S_4+S_1)(S_1+S_2) \tag{1.16.18}$$

将式(1.16.15)(1.16.16)(1.16.17)(1.16.18)两端分别相加得

$$\begin{aligned}右端&=16[(S_2+S_3)(S_1+S_2+S_3+S_4)+(S_4+S_1)\cdot\\&\quad(S_3+S_4+S_1+S_2)]\\&=16[(S_2+S_3+S_4+S_1)S]=16S^2\end{aligned}$$

$$\begin{aligned}左端&=4e^2f^2+2a^2b^2+2a^2d^2+2b^2c^2+2c^2d^2-2a^2c^2-\\&\quad 2b^2d^2-a^4-b^4-c^4-d^4\\&=4e^2f^2-(a^2-b^2)^2-(c^2-d^2)^2-2(a^2-b^2)(c^2-d^2)\\&=4e^2f^2-(a^2-b^2+c^2-d^2)^2\end{aligned} \tag{1.16.19}$$

即有等式

$$16S^2=4e^2f^2-(a^2-b^2+c^2-d^2)^2$$

下面我们来证明对图1.26也有等式(1.16.19).

这时 $S=S_1+S_2$ 有

$$M(d,e,a;f,b,a)-2a^2c^2=16(S_1+S_2+S_3)S_1 \tag{1.16.20}$$

$$M(c,f,d;e,a,d)-2b^2c^2=16(S_1+S_2+S_3)S_3 \tag{1.16.21}$$

$$M(d,a,e;c,b,e)-2e^2f^2=16(S_1+S_2+S_3)S_2 \tag{1.16.22}$$

$$M(b,c,e;b,c,e)=16S_2^2 \tag{1.16.23}$$

按照(1.16.20)+(1.16.21)+(1.16.23)−(1.16.22)

两端分别进行得

$$\text{右端}=16(S_1^2+S_1S_2+S_1S_3+S_1S_3+S_2S_3+S_3^2+S_2^2-S_1S_2-S_2^2-S_2S_3)$$

$$=16(S_1^2+2S_1S_3+S_3^2)=16S^2$$

$$\text{左端}=4e^2f^2-(a^2-b^2+c^2-d^2)^2$$

也有

$$16S^2=4e^2f^2-(a^2-b^2+c^2-d^2)^2 \quad (1.16.24)$$

从式(1.16.24)极易导出

$$S=\frac{1}{4}\sqrt{4e^2f^2-(a^2-b^2+c^2-d^2)^2}$$

这就证得了 Bretschneider 定理.

用解析几何方法也可验证等式(1.16.24)

取对角线 $AC$ 为 $x$ 轴,其中垂线为 $y$ 轴,令 $A,B,C,D$ 的坐标依次为 $(-x_1,0),(x_2,y_2),(x_1,0),(x_3,y_3)$ 那么有

$$e^2=(x_3-x_2)^2+(y_3-y_2)^2, f^2=4x_1^2$$

$$S^2=x_1^2(y_3-y_2)^2$$

得

$$4e^2f^2-(a^2-b^2+c^2-d^2)^2$$

$$=16x_1^2[(x_3-x_2)^2+(y_3-y_2)^2]-[(x_2+x_1)^2-(x_2-x_1)^2+(x_3-x_1)^2-(x_3+x_1)^2]^2$$

$$=16x_1^2[(x_3-x_2)^2+(y_3-y_2)^2]-(4x_1x_2-4x_1x_3)^2$$

$$=16x_1^2[(x_3-x_2)^2+(y_3-y_2)^2-(x_2-x_3)^2]$$

$$=16x_1^2[y_3-y_2]^2=16S^2$$

等式(1.16.24)也得证.

**定理5**　令凸四边形的四边为 $a,b,c,d$,对角线为 $e,f$,一双对角之和为 $\theta$,则有等式

$$e^2f^2=a^2c^2+b^2d^2-2abcd\cos\theta \quad (1.16.25)$$

**证明**　如图1.24,令

$$\angle ABC=\varphi,\angle ADC=\phi,\varphi+\phi=\theta$$

有

$$2S=ab\sin\varphi+cd\sin\phi$$

平方后

$$4S^2=a^2b^2\sin^2\varphi+c^2d^2\sin^2\varphi+2abcd\sin\varphi\sin\phi \quad (1.16.26)$$

又因为

$$a^2+b^2-2ab\cos\varphi=c^2+d^2-2cd\cos\phi(=AC^2)$$

所以

$$(a^2+b^2-c^2-d^2)^2$$
$$=4a^2b^2\cos^2\varphi+4c^2d^2\cos^2\phi-8abcd\cos\varphi\cos\phi \quad (1.16.27)$$

$4\times(1.16.26)+(1.16.27)$,再利用和角公式得

$$16S^2+(a^2+b^2-c^2-d^2)^2=4a^2b^2+4c^2d^2-8abcd\cos\theta \quad (1.16.28)$$

由等式(1.16.24),有

$$16S^2=4e^2f^2-(a^2-b^2+c^2-d^2)^2$$

代入(1.16.28)得

$$4e^2f^2-(a^2-b^2+c^2-d^2)^2+(a^2+b^2-c^2-d^2)^2$$
$$=4a^2b^2+4c^2d^2-8abcd\cos\theta$$

化简得

$$4e^2f^2=4a^2b^2+4c^2d^2-4(a^2-d^2)(b^2-c^2)-8abcd\cos\theta$$

再化简后两端除以4,即有

$$e^2f^2=a^2c^2+b^2d^2-2abcd\cos\theta$$

**推论** 1 特别地,当四边形为圆内接四边形时,这时$\theta=\pi$有

$$e^2f^2=a^2c^2+b^2d^2+2abcd=(ac+bd)^2$$

两端开方得

$$ef=ac+bd \tag{1.16.29}$$

这正是有名的 Ptolemy 定理.

3. Pedoe **不等式的推广**

记$\triangle ABC$和$\triangle A'B'C'$的三边长分别为$a,b,c$和$a',b',c'$,面积是$\Delta$和$\Delta'$,则

$$a'^2(-a^2+b^2+c^2)+b'^2(a^2-b^2+c^2)+$$
$$c'^2(a^2+b^2-c^2)\geqslant 16\Delta\Delta'$$

式中等号当且仅当$\triangle ABC\backsim\triangle A'B'C'$时成立.

这就是 Pedoe 不等式.

中国科技大学近代物理系的王坚教授推广的主要结果是:

若两个$n$边形边长分别是$a_1,a_2,\cdots,a_n$和$a'_1,a'_2,\cdots,a'_n$,面积是$s$和$s'$,且满足

$$a_1\geqslant a_2\geqslant\cdots\geqslant a_n\text{ 且 }a'_1\leqslant a'_2\leqslant\cdots\leqslant a'_n$$

或

$$a_1\leqslant a_2\leqslant\cdots\leqslant a_n\text{ 且 }a'_1\geqslant a'_2\geqslant\cdots\geqslant a'_n$$

$$p_1,p_2\geqslant 1,p=p_1+p_2$$

则

$$a'^{p_1}_1(-a_1^{p_2}+a_2^{p_2}+\cdots+a_n^{p_n})+a'^{p_1}_2(a_1^{p_2}-a_2^{p_2}+\cdots+$$
$$a_n^{p_2})+\cdots+a'^{p_1}_p(a_1^{p_2}+a_2^{p_2}+\cdots+a_{n-1}^{p_2}-a_n^{p_2})$$

$$\geqslant n(n-2)\left[\frac{4\tan\left(\frac{\pi}{n}\right)}{n}\right]^{\frac{p}{2}} S'^{\frac{p_1}{2}} S^{\frac{p_2}{2}} \tag{1.16.30}$$

为了证明式(1.16.30),对有关预备知识提及一下.

1. 我们知道 Tschebyscheff 不等式(参考《数学通讯》1982 年第6 期丁超的《排序原理与不等式》):

数组 $a_i,b_i(i=1,2,\cdots,n)$,若 $a_1\leqslant a_2\leqslant\cdots\leqslant a_n$,且 $b_1\leqslant b_2\leqslant\cdots\leqslant b_n$ 或 $a_1\geqslant a_2\geqslant\cdots\geqslant a_n$ 且 $b_1\geqslant b_2\geqslant\cdots\geqslant b_n$,则

$$\frac{1}{n}\sum_{i=1}^{n}a_ib_i\geqslant\left(\frac{1}{n}\sum_{i=1}^{n}a_i\right)\left(\frac{1}{n}\sum_{i=1}^{n}b_i\right) \tag{1.16.31}$$

对同样条件的任意组数组这也是成立的.

2. 著名的等周问题指出了 $n$ 边形周长一定时,正 $n$ 边形面积最大,换言之,以 $a_1,a_2,\cdots,a_n$ 为边的 $n$ 边形,面积 $S$,有

$$S\leqslant\frac{n}{4}\cot\left(\frac{\pi}{n}\right)\left(\frac{a_1+a_2+\cdots+a_n}{n}\right)^2$$

或

$$a_1+a_2+\cdots+a_n\geqslant 2\left[n\tan\left(\frac{\pi}{n}\right)S\right]^{\frac{1}{2}} \tag{1.16.32}$$

3. 幂平均不等式:

若 $\alpha\geqslant\beta>0,a_i>0$,有

$$\left(\frac{a_1^{\alpha}+a_2^{\alpha}+\cdots+a_n^{\alpha}}{n}\right)^{\frac{1}{\alpha}} \geqslant \left(\frac{a_1^{\beta}+a_2^{\beta}+\cdots+a_n^{\beta}}{n}\right)^{\frac{1}{\beta}} \tag{1.16.33}$$

现在我们来证式(1.16.30),不失一般性,设

$$a_1 \geqslant a_2 \geqslant \cdots \geqslant a_n$$

且 $a'_1 \leqslant a'_2 \leqslant \cdots \leqslant a'_n$.

因为 $a_i, a'_i > 0$,故有

$$a'^{p_1}_1 \leqslant a'^{p_1}_2 \leqslant \cdots \leqslant a'^{p_1}_n; a_1^{p_2} \geqslant a_2^{p_2} \geqslant \cdots \geqslant a_n^{p_2}$$

因而

$$\begin{aligned} & -a_1^{p_1}+a_2^{p_2}+\cdots+a_n^{p_2} \\ \leqslant & a_1^{p_2}-a_2^{p_2}+\cdots+a_n^{p_2} \\ \leqslant & \cdots \leqslant a_1^{p_2}+a_2^{p_2}+\cdots-a_n^{p_2} \end{aligned}$$

由 Tschebyscheff 不等式有

$$\begin{aligned} & \frac{1}{n}\left[\, a'^{p_1}_1(-a_1^{p_2}+a_2^{p_2}+\cdots+a_n^{p_2})+\right. \\ & a'^{p_1}_2(a_1^{p_2}-a_2^{p_2}+\cdots+a_n^{p_2})+\cdots+ \\ & \left. a'^{p_1}_n(a_1^{p_2}+a_2^{p_2}+\cdots+a_{n-1}^{p_2}-a_n^{p_2})\,\right] \\ \geqslant & \left[\frac{1}{n}(a'^{p_1}_1+a'^{p_1}_2+\cdots+a'^{p_1}_n)\right]\left[\frac{1}{n}(-a_1^{p_2}+a_2^{p_2}+\cdots+\right. \\ & a_n^{p_2}+a_1^{p_2}-a_2^{p_2}+\cdots+\quad a_n^{p_2}+\cdots+ \\ & \left. a_1^{p_2}+a_2^{p_2}+\cdots+a_{n-1}^{p_2}-a_n^{p_2})\right] \\ = & (n-2)\left(\frac{a'^{p_1}_1+a'^{p_1}_2+\cdots+a'^{p_1}_n}{n}\right)\left(\frac{a_1^{p_2}+a_2^{p_2}+\cdots+a_n^{p_2}}{n}\right) \end{aligned}$$

由于 $p_1, p_2 \geqslant 1$,由式(1.16.32)(1.16.33)有

$$\left(\frac{a'^{p_1}_1+a'^{p_1}_2+\cdots+a'^{p_1}_n}{n}\right)$$

$$\geqslant \left( \frac{a'_1 + a'_1 + \cdots + a'_n}{n} \right)^{p_1}$$

$$\geqslant \left\{ \frac{2\left[ n\tan\left(\frac{\pi}{n}\right) S' \right]^{\frac{1}{2}}}{n} \right\}^{p_1}$$

$$= \left[ \frac{4\tan\left(\frac{\pi}{n}\right)}{n} \right]^{\frac{p_1}{2}} \cdot S'^{\frac{p_1}{2}} \left( \frac{a_1^{p_2} + a_2^{p_2} + \cdots + a_n^{p_2}}{n} \right)$$

$$\geqslant \left[ \frac{4\tan\left(\frac{\pi}{n}\right)}{n} \right]^{\frac{p_2}{2}} \cdot S^{\frac{p_2}{2}}$$

所以

$$a'^{p_1}_1( -a_1^{p_2} + b_2^{p_2} + \cdots + a_n^{p_2}) +$$
$$a'^{p_1}_2(a_1^{p_2} - a_2^{p_2} + \cdots + a_n^{p_2}) + \cdots +$$
$$a'^{p_1}_n(a_1^{p_2} + a_2^{p_2} + \cdots + a_{n-1}^{p_2} - a_n^{p_2})$$
$$\geqslant n(n-2)\left[ \frac{4\tan\left(\frac{\pi}{n}\right)}{n} \right]^{\frac{p}{2}} S'^{\frac{p_1}{2}} S^{\frac{p_2}{2}}$$

对于 $n=3$,即三角形的情形,(1.16.33)可加强,$p_1,p_2$ 只要大于0即可,即可改进为:

$\triangle ABC$ 和 $\triangle A'B'C'$ 的边长分别为 $a,b,c$ 和 $a',b',c'$,面积是 $\Delta$ 和 $\Delta'$,且满足 $a\geqslant b\geqslant c$,且 $a'\leqslant b'\leqslant c'$,或 $a\leqslant b\leqslant c$,且 $a'\geqslant b'\geqslant c'$,$p_1,p_2>0$,$p=p_1+p_2$,则

$$a'^{p_1}( -a^{p_2} + b^{p_2} + c^{p_2}) + b'^{p_2}(a^{p_2} - b^{p_2} + c^{p_2}) +$$
$$c'^{p_1}(a^{p_2} + b^{p_2} - c^{p_2})$$
$$\geqslant 2^p \cdot 3^{1-\frac{b}{4}} \Delta'^{\frac{p_1}{2}} \Delta^{\frac{p_2}{2}} \tag{1.16.34}$$

这是因为式(1.16.32)在 $n=3$ 时可改正为：

对任意正实数 $\gamma$，有

$$a^{\gamma}+b^{\gamma}+c^{\gamma}\geqslant 2^{\gamma}\cdot 3^{1-\frac{\gamma}{4}}\Delta^{\frac{\gamma}{2}} \qquad (1.16.35)$$

证明如下

$$\begin{aligned}
&a^{\gamma}+b^{\gamma}+c^{\gamma}\\
\geqslant&(ab)^{\frac{\gamma}{2}}+(bc)^{\frac{\gamma}{2}}+(ac)^{\frac{\gamma}{2}}\\
=&\left(\frac{2\Delta}{\sin A}\right)^{\frac{\gamma}{2}}+\left(\frac{2\Delta}{\sin B}\right)^{\frac{\gamma}{2}}+\left(\frac{2\Delta}{\sin C}\right)^{\frac{\gamma}{2}}\\
=&(2\Delta)^{\frac{\gamma}{2}}\left[\left(\frac{1}{\sin A}\right)^{\frac{\gamma}{2}}+\left(\frac{1}{\sin B}\right)^{\frac{\gamma}{2}}+\left(\frac{1}{\sin C}\right)^{\frac{\gamma}{2}}\right]\\
\geqslant&3(2\Delta)^{\frac{\gamma}{2}}\left(\frac{1}{\sin A\sin B\sin C}\right)^{\frac{\gamma}{6}}
\end{aligned}$$

而
$$\sin A\cdot\sin B\cdot\sin C\leqslant\frac{3\sqrt{3}}{8}$$

所以

$$a^{\gamma}+b^{\gamma}+c^{\gamma}\geqslant 3\cdot 2^{\frac{\gamma}{2}}2^{\frac{\gamma}{2}}3^{-\frac{\gamma}{4}}\Delta^{\frac{\gamma}{2}}=2^{\gamma}\cdot 3^{1-\frac{\gamma}{4}}\Delta^{\frac{\gamma}{2}}$$

把式(1.16.35)直接用于证明中，不必应用幂平均不等式，即可得式(1.16.34). 至于对于一般的 $n$，可否同样加强，我们还没有明确的答案.

值得一提的是，上面的方法可以用来解决一些类似问题.

例如，另一个涉及两个三角形与面积关系的不等式

$$a^{2}a'^{2}+b^{2}b'^{2}+c^{2}c'^{2}\geqslant 16\Delta\Delta'$$

可推广至：$m$ 个 $n$ 边形 $a_{ij}(i=1,2,\cdots,m,j=1,2,\cdots,n)$，面积是 $a_i$，$p_i\geqslant 1$（当 $n=3$ 时，$p_i>0$ 即可），其中：

$a_{i_1} \geqslant a_{i_n} \geqslant \cdots \geqslant a_{j_n}$,或 $a_{i_1} \leqslant a_{i_2} \leqslant \cdots \leqslant a_{i_n}$,则

$$\sum_{i=1}^{n} \prod_{i=1}^{m} a_{ij}^{pl} \geqslant n\left[\frac{4\tan\left(\frac{\pi}{n}\right)}{n}\right]^{\frac{p}{2}} \prod_{i=1}^{m} \Delta_i^{\frac{p1}{2}}$$

还可以给出一些形式相似的对称的不等式. 例如:三个三角形第 $i$ 个的边是 $a_i, b_i, c_i$,面积是 $\Delta_i$,并满足 $a_1 \geqslant b_1 \geqslant c_1$ 且 $b_2 \geqslant c_2 \geqslant a_2$ 且 $c_3 \geqslant b_3 \geqslant b_3$ 或 $a_1 \leqslant b_1 \leqslant c_1$ 且 $b_2 \leqslant c_2 \leqslant a_2$ 且 $c_3 \leqslant a_3 \leqslant b_3$, $p_i > 0$, $p = p_1 + p_2 + p_3$,则

$$(-a_1^{p1} + b_1^{p1} + c_1^{p1})(a_2^{p2} - b_2^{p2} + c_2^{p2})(a_3^{p2} + b_3^{p2} - c_3^{p2}) +$$
$$(a_1^{p1} - b_1^{p1} + c_1^{p1})(a_2^{p2} + b_2^{p2} - c_2^{p2}) \times (-a_3^{p2} + b_3^{p2} + c_3^{p2}) +$$
$$(a_1^{p1} + b_1^{p1} - c_1^{p1}) \times (-a_2^{p1} + b_2^{p2} + c_2^{p1})(a_3^{p2} - b_3^{p2} + c_3^{p2})$$
$$\geqslant 2 \cdot 3^{1-\frac{p}{4}} \Delta_1^{\frac{p1}{2}} \Delta_2^{\frac{p2}{2}} \Delta_3^{\frac{p3}{2}}$$

对于 $n$ 个 $n$ 边形也有这样的不等式.

## 1.17　杨学枝论 Pedoe 不等式

杨学枝先生是中国初等数学研究会前任理事长,不等式专家,早在 1985 年元旦时,他就从另一个角度——等式,来对 Pedoe 不等式做进一步剖析,并得到 Pedoe 不等式的一些推广.

为以后叙述方便,我们把 Pedoe 不等式左边的式子记为 $H$,则有下述等式:

等式一

$$(16\Delta\Delta')^2=[H-2(ab'-ba')]^2-[2ab\cdot(a'^2+b'^2-c'^2)-2a'b'(a^2+b^2-c^2)]^2$$

等式二

$$(16\Delta\Delta')^2=[2(ab'+ba')-H]^2-[2ab\cdot(a'^2+b'^2-c'^2)+2a'b'(a^2+b^2-c^2)]^2$$

等式三

$$H^2-(16\Delta\Delta')^2=2\left(\left|\begin{pmatrix}a^2 & b^2 & c^2\\ a'^2 & b'^2 & c'^2\end{pmatrix}\begin{pmatrix}a^2 & a'^2\\ b^2 & b'^2\\ c^2 & c'^2\end{pmatrix}\right|-\begin{vmatrix}a^2 & b^2 & c^2\\ a'^2 & b'^2 & c'^2\\ 1 & 1 & 1\end{vmatrix}^2\right)$$

**证明** 由于

$$(4\Delta)^2=(2ab)^2-(a^2+b^2-c^2)^2$$

$$(4\Delta')^2=(2a'b')^2-(a'^2+b'^2-c'^2)^2$$

并据恒等式

$$(p^2-q^2)(x^2-y^2)=(px\pm qy)^2-(py\pm qx)^2$$

便有等式

$$(16\Delta\Delta')^2=[4aba'b'\pm(a^2+b^2-c^2)(a'^2+b'^2-c'^2)]^2-[2ab(a'^2+b'^2-c'^2)\pm2a'b'(a^2+b^2-c^2)]^2$$

另外,易证

$$4aba'b'-(a^2+b^2-c^2)(a'^2+b'^2-c'^2)$$
$$=H-2(ab'-ba')^2$$
$$4aba'b'+(a^2+b^2-c^2)(a'^2+b'^2-c'^2)$$
$$=2(ab'+ba')^2-H$$

于是等式一、等式二得证.

关于等式三

$$H^2-(16\Delta\Delta')^2=[(a^2+b^2-c^2)(a'^2+b'^2-c'^2)-2(a^2a'^2+b^2b'^2+c^2c'^2)]^2-[(a^2+b^2-c^2)^2-2(a^4+b^4+c^4)][(a'^2+b'^2-c'^2)^2-2(a'^4+b'^4-c'^4)]$$

设向量$\boldsymbol{x}=(a^2,b^2,c^2)$，$\boldsymbol{x}'=(a'^2,b'^2,c'^2)$，记

$$\alpha=a^2+b^2+c^2,\alpha'=a'^2+b'^2+c'^2$$

则

$$\begin{aligned}&H^2-(16\Delta\Delta')^2\\&=(\alpha\alpha'-2\,\boldsymbol{x}\cdot\boldsymbol{x}')^2-(\alpha^2-2\,\boldsymbol{x}^2)(\alpha'^2-2\,\boldsymbol{x}'^2)\\&=2(\alpha\,\boldsymbol{x}'-\alpha'\boldsymbol{x})^2-4(\boldsymbol{x}\times\boldsymbol{x}')^2\end{aligned}$$

$$2\left(\left|\begin{pmatrix}a^2&b^2&c^2\\a'^2&b'^2&c'^2\end{pmatrix}\begin{pmatrix}a^2&a'^2\\b^2&b'^2\\c^2&c'^2\end{pmatrix}\right|-\begin{vmatrix}a^2&b^2&c^2\\a'^2&b'^2&c'^2\\1&1&1\end{vmatrix}^2\right)$$

$$\begin{aligned}&=2(\boldsymbol{x}\times\boldsymbol{x}')^2-[3\,\boldsymbol{x}^2\boldsymbol{x}'^2+2\alpha\alpha'(\boldsymbol{x}\cdot\boldsymbol{x}')-\\&\quad 3(\boldsymbol{x}\cdot\boldsymbol{x}')^2-\alpha^2\,\boldsymbol{x}'^2-a'^2\,\boldsymbol{x}^2]\\&=2(\alpha\,\boldsymbol{x}'-\alpha'\boldsymbol{x})^2-4(\boldsymbol{x}\times\boldsymbol{x}')^2\end{aligned}$$

故等式三成立.

由等式三可知，Pedoe 不等式与下列不等式等价

$$\left[\left|\begin{pmatrix}a^2&b^2&c^2\\a'^2&b'^2&c'^2\end{pmatrix}\begin{pmatrix}a^2&a'^2\\b^2&b'^2\\c^2&c'^2\end{pmatrix}\right|\right]^{\frac{1}{2}}\geqslant\begin{vmatrix}a^2&b^2&c^2\\a'^2&b'^2&c'^2\\1&1&1\end{vmatrix}$$

由等式一和等式二容易得到不等式：

(1)$H\geqslant16\Delta\Delta'+(ab'-ba')^2$，当且仅当 $C=C'$时取等号；

(2)$H\leqslant 2(ab'+ba')^2-16\Delta\Delta'$,当且仅当 $C+C'=180^\circ$ 时取等号.

下面我们给出若干个类似于上述等式的推广以及 Pedoe 不等式的推广.

我们约定$\triangle A_iB_iC_i$ 的边长 $B_iC_i=a_i,C_iA_i=b_i,A_iB_i=c_i$,面积为 $\Delta_i,i=1,2,\cdots,n$,则有:

不等式一

$$(4^3\Delta_1\Delta_2\Delta_3)^2=[8a_1a_2a_3b_1b_2b_3-2a_1b_1(a_2^2+b_2^2-c_2^2)\cdot(a_3^2+b_3^2-c_3^2)+2a_2b_2(a_1^2+b_1^2-c_1^2)(a_3^2+b_3^2-c_3^2)-2a_3b_3(a_1^2+b_1^2-c_1^2)(a_2^2+b_2^2-c_2^2)]^2-[4a_1a_2b_1b_2(a_3^2+b_3^2-c_3^2)-4a_1a_3b_1b_3(a_2^2+b_2^2-c_2^2)+4a_2a_3b_2b_3(a_1^2+b_1^2-c_1^2)-(a_1^2+b_1^2-c_1^2)-(a_1^2+b_1^2-c_1^2)\cdot(a_2^2+b_2^2-c_2^2)(a_3^2+b_3^2-c_3^2)]^2$$

不等式二

$$32\Delta_1\Delta_2\Delta_3\leqslant 4a_1a_2a_3b_1b_2b_3-a_1b_1(a_2^2+b_2^2-c_2^2)\cdot(a_3^2+b_3^2-c_3^2)+a_2b_2(a_1^2+b_1^2-c_1^2)\cdot(a_3^2+b_3^2-c_3^2)-a_3b_3(a_1^2+b_1^2-c_1^2)\cdot(a_2^2+b_2^2-c_2^2)$$

当且仅当

$$\cos C_1-\cos C_2+\cos C_3=\cos C_1\cos C_2\cos C_3$$

时取等号.

还可以推广到 $n$ 个三角形的情况. 若在 $n=3$ 时,取$\triangle A_3B_3C_3$ 为直角三角形便得到以上不等式一.

我们约定圆内接四边形 $A_1B_1C_1D_1$ 和 $A_2B_2C_2D_2$ 的

四条边分别为 $a_1,b_1,c_1,d_1$ 和 $a_2,b_2,c_2,d_2$ 面积分别为 $s_1,s_2$,则有:

等式一

$$16(s_1s_2)^2=[4(a_1b_1+c_1d_1)(a_2b_2+c_2d_2)-(a_1^2+b_1^2-c_1^2-d_1^2)(a_2^2+b_2^2-c_2^2-d_2^2)]^2-[2(a_1b_1+c_1d_1)(a_2^2+b_2^2-c_2^2-d_2^2)-2(a_2b_2+c_2d_2)(a_1^2+b_1^2-c_1^2-d_1^2)]^2$$

等式二

$$16s_1s_2\leqslant 4(a_1b_1+c_1d_1)(a_2b_2+c_2d_2)-(a_1^2+b_1^2-c_1^2-d_1^2)(a_2^2+b_2^2-c_2^2-d_2^2)$$

当且仅当 $a_1,b_1$ 边所夹的角与 $a_2,b_2$ 边所夹的角相等时取等号.

同样可以推广到 $n$ 个圆内接四边形的情况.

## 1.18　对《数学通报》中一个数学问题的探究

**问题1**　在锐角 $\triangle ABC$ 中,求证

$$\cot A+\cot B+\lambda\cot C\geqslant\sqrt{\lambda(4-\lambda)}\quad(0<\lambda<4)$$

显然,这是常见三角形不等式

$$\cot A+\cot B+\cot C\geqslant\sqrt{3}$$

的一个推广,但我们总觉得这个推广意犹未尽,于是寻求

$$p\cot A+q\cot B+r\cot C\geqslant f(p,q,r)\quad(p,q,r>0)$$

型的三角形不等式.

设$\triangle ABC$的面积为$S$,由于

$$p\cot A+q\cot B+r\cot C$$
$$=\frac{1}{4S}[p(b^2+c^2-a^2)+q(a^2+c^2-b^2)+r(a^2+b^2-c^2)]$$

四川职业技术学院应用数学与经济系的李凤清、张子卫、张青山三位教授于2018年由这个式子的结构联想到著名的几何不等式——Pedoe不等式.

Pedoe **不等式** 对任意两个$\triangle A_1B_1C_1$与$\triangle A_2B_2C_2$,$|B_1C_1|=a_1$,$|A_1C_1|=b_1$,$|A_1B_1|=c_1$,$|B_2C_2|=a_2$,$|A_2C_2|=b_2$,$|A_2B_2|=c_2$,记$\triangle A_1B_1C_1$的面积为$\Delta_1$,$\triangle A_2B_2C_2$的面积为$\Delta_2$,那么

$$a_1^2(b_2^2+c_2^2-a_2^2)+b_1^2(a_2^2+c_2^2-b_2^2)+c_1^2(a_2^2+b_2^2-c_2^2)\geqslant 16\Delta_1\Delta_2 \quad (1.18.1)$$

仅当$\triangle A_1B_1C_1$与$\triangle A_2B_2C_2$相似时等号成立.

其实式(1.18.1)等价于

$$a_1^2\left(\frac{b_2^2+c_2^2-a_2^2}{4\Delta_2}\right)+b_1^2\left(\frac{a_2^2+c_2^2-b_2^2}{4\Delta_2}\right)+c_1^2\left(\frac{a_2^2+b_2^2-c_2^2}{4\Delta_2}\right)\geqslant 4\Delta_1$$

等价于

$$a_1^2\left(\frac{b_2^2+c_2^2-a_2^2}{2b_2c_2\sin A_2}\right)+b_1^2\left(\frac{a_2^2+c_2^2-b_2^2}{2a_2c_2\sin B_2}\right)+c_1^2\left(\frac{a_2^2+b_2^2-c_2^2}{2a_2b_2\sin C_2}\right)\geqslant 4\Delta_1$$

即

$$a_1^2\cot A_2+b_1^2\cot B_2+c_1^2\cot C_2\geqslant 4\Delta_1 \quad (1.18.2)$$

由此可见,可以推广成下面定理.

**定理1** 对任意两个$\triangle PQR$与$\triangle ABC$,$|QR|=\sqrt{p}$,$|PR|=\sqrt{q}$,$|PQ|=\sqrt{r}$,记$\triangle PQR$的面积为$\Delta$,那么

$$p\cot A+q\cot B+r\cot C\geqslant 4\Delta \quad (1.18.3)$$

当且仅当$\frac{\sin A}{\sqrt{p}}=\frac{\sin B}{\sqrt{q}}=\frac{\sin C}{\sqrt{r}}$时等号成立.

显然,等号成立的条件也可以表示为

$$\cot A:\cot B:\cot C$$
$$=(q+r-p):(p+r-q):(p+q-r)$$

定理1显然与Pedoe不等式等价.因此,问题1是Pedoe不等式的一个特例.

由式(1.18.3)可知

$$(p\cot A+q\cot B+r\cot C)^2\geqslant 16\Delta^2$$

由于

$$\cot A\cot B+\cot B\cot C+\cot C\cot B=1$$

那么可得

$$(p\cot A+q\cot B+r\cot C)^2$$
$$\geqslant 16\Delta^2(\cot A\cot B+\cot B\cot C+\cot C\cot A)$$

令 $a=\cot A,b=\cot B,c=\cot C$,就有

$$(pa+qb+rc)^2\geqslant 16\Delta^2(ab+bc+ca)$$

我们提出下面的问题:

**问题2** 对$\triangle PQR$,$|QR|=\sqrt{p}$,$|PR|=\sqrt{q}$,$|PQ|=\sqrt{r}$,记$\triangle PQR$的面积为$\Delta$.那么对任意三个实数$a,b,c$,不等式

$$(pa+qb+rc)^2\geqslant 16\Delta^2(ab+bc+ca)\tag{1.18.4}$$

是否恒成立?

**分析** 1.若$ab+bc+ca\leqslant 0$,式(1.18.4)显然成立;

2.若$ab+bc+ca>0$,由于式(1.18.4)是一个三

元二次齐次不等式,故可设 $ab+bc+ca=1$.

第一种情况,$a,b,c$ 中至少有两个正数,不妨设为 $a,b$,则存在$\triangle ABC$ 使

$$a=\cot A, b=\cot B, c=\cot C$$

注:设两个锐角 $A,B$ 满足 $a=\cot A,b=\cot B$,那么

$$\begin{aligned} c &= \frac{1-\cot A\cot B}{\cot A+\cot B} = -\cot(A+B) \\ &= \cot[\pi-(A+B)] \end{aligned}$$

令 $C=\pi-(A+B)$,可见 $0<\angle A,\angle B,\angle C<\pi$,且$\angle A+\angle B+\angle C=\pi$.

由定理 1 可知式(1.18.4)成立;

第二种情况,$a,b,c$ 全为负数,则存在$\triangle ABC$ 使 $|a|=\cot A,|b|=\cot B,|c|=\cot C$,由定理 1 可知式(1.18.4)成立;

第三种情况,$a,b,c$ 中两个负数,一个正数,不妨设 $a<0,b<0,c>0$,那么

$$(pa+qb+rc)^2\geqslant 16\Delta^2(ab+bc+ca)$$

等价于

$$\begin{aligned} &(p|a|+q|b|-rc)^2 \\ \geqslant &16\Delta^2[|a||b|+|b|(-c)+(-c)|a|] \end{aligned}$$

故存在$\triangle ABC$ 使

$$|a|=\cot A, |b|=\cot B, -c=\cot C$$

由定理 1 可知式(1.18.4)成立. 故以下命题成立.

**定理 2** 对$\triangle PQR$,$|QR|=\sqrt{p}$,$|PR|=\sqrt{q}$,$|PQ|=\sqrt{r}$,记$\triangle PQR$ 的面积为 $\Delta$,对任意三个实数 $a,b,c$,不等式

$$(pa+qb+rc)^2\geqslant 16\Delta^2(ab+bc+ca)$$

恒成立. 等号成立的条件为

$$a:b:c=(q+r-p):(p+r-q):(p+q-r)$$

**证明** 由于

$$(qb\cos 2R+rc\cos 2Q+pa)^2+(qb\sin 2R-rc\sin 2Q)^2\geqslant 0$$

那么

$$(pa)^2+(qb)^2+(rc)^2+2(pa)(qb)\cos 2R+2(pa)(rc)\cos 2Q+2(qb)(rc)(\cos 2R\cos 2Q-\sin 2R\sin 2Q)\geqslant 0$$

即

$$(pa)^2+(qb)^2+(rc)^2+2(pa)(qb)\cos 2R+2(pa)(rc)\cos 2Q+2(qb)(rc)\cos(2R+2Q)\geqslant 0$$

即

$$(pa)^2+(qb)^2+(rc)^2+2(pa)(qb)\cos 2R+2(pa)(rc)\cos 2Q+2(qb)(rc)\cos 2P\geqslant 0$$

即

$$(pa+qb+rc)^2-4(pa)(qb)\sin^2 R-4(pa)(rc)\sin^2 Q-4(qb)(rc)\sin^2 P\geqslant 0$$

即得

$$(pa+qb+rc)\geqslant 16S^2(ab+bc+ca)$$

易知等号成立的条件为

$$pa:qb:rc=\sin 2P:\sin 2Q:\sin 2R$$

即

$$a:b:c=(q+r-p):(p+r-q):(p+q-r)$$

对$\triangle ABC$, $|CA|=b$, $|CB|=a$, $|AB|=c$, 不妨设

$\angle A,\angle B$ 为锐角,那么

$$\begin{aligned}&p\cot A+q\cot B+r\cot C\\&=\frac{p}{\tan A}+\frac{q}{\tan B}-\frac{r(1-\tan A\tan B)}{\tan A+\tan B}\\&>\frac{p}{\tan A}+\frac{q}{\tan B}-\frac{r}{\tan A+\tan B}\\&=\frac{1}{\tan A+\tan B}\left(p+q+\frac{p\tan B}{\tan A}+\frac{q\tan A}{\tan B}-r\right)\\&\geqslant\frac{1}{\tan A+\tan B}(p+q+2\sqrt{pq}-r)\\&=\frac{(\sqrt{p}+\sqrt{q})^2-r}{\tan A+\tan B}>0\end{aligned}$$

在定理 2 中令 $a=\cot A,b=\cot B,c=\cot C$,即可得到式(1.18.3),即由定理 2 可以得到定理 1,说明定理 1 与定理 2 等价.

根据定理 2 即可将数学通报数学问题 1885 推广为下面结论:

若$\triangle PQR$ 的三边长度分别为 $p,q,r$,其面积为 $\Delta$,$a,b,c$ 为正数,则

$$\begin{aligned}&\frac{p^4a}{b+c}+\frac{q^4b}{a+c}+\frac{r^4c}{a+b}\\&\geqslant 8\Delta^2\\&=\frac{1}{2}[4p^2q^2-(p^2+q^2-r^2)^2]\end{aligned}$$

由于 $\frac{p^4a}{b+c}+\frac{q^4b}{a+c}+\frac{r^4c}{a+b}=\frac{(p^2a)^2}{ab+ac}+\frac{(q^2b)^2}{ab+bc}+\frac{(r^2c)^2}{ac+bc}$,再根据 Cauchy 不等式得出

$$\frac{(p^2a)^2}{ab+ac}+\frac{(q^2b)^2}{ab+bc}+\frac{(r^2c)^2}{ac+bc}\geqslant\frac{(p^2a+q^2b+r^2c)^2}{2(ab+bc+ca)}$$

由定理2即可得证.

在不等式(1.18.3)中,令 $p=\sqrt{3}$, $q=2$, $r=\sqrt{5}$ 即可得数学通报数学问题1885.

## 1.19 Neuberg-Pedoe 不等式的优美证明与类似

1891年,J. Neuberg 提出了以下著名不等式:设 $a$, $b$, $c$ 与 $a'$, $b'$, $c'$ 分别是两个三角形的三边长, $\Delta$, $\Delta'$ 分别代表它们的面积,猜测成立

$$a^2(b'^2+c'^2-a'^2)+b^2(c'^2+a'^2-b'^2)+c'^2(a'^2+b'^2-c'^2)\geqslant 16\Delta\Delta' \tag{1.19.1}$$

1943年,D. Pedoe 第一个给出了这个猜想的证明,故而称作 Neuberg-Pedoe 不等式.

浙江省湖州市双林中学的李建潮、周秋斓两位老师2019年探索了 Neuberg-Pedoe 不等式的优美证明,因势利导收获了它的两个"类似".

1. Neuberg-Pedoe 不等式的优美证明

**证明** 记这两个三角形为 $\triangle ABC$ 与 $\triangle A'B'C'$,其中 $a$, $b$, $c$ 与 $a'b'c'$ 分别为内角 $A$, $B$, $C$ 与 $A'$, $B'$, $C'$ 的对边长,则式(1.19.1)等价于

$$[(c^2+a^2-b^2)+(a^2+b^2-c^2)](b'^2+c'^2-a'^2)+$$
$$[(a^2+b^2-c^2)+(b^2+c^2-a^2)]\cdot$$

$$(c'^2+a'^2-b'^2)+[(b^2+c^2-a^2)+(c^2+a^2-b^2)](a'^2+b'^2-c'^2)\geqslant 2\times 16\Delta\Delta'$$

$$\Leftrightarrow\left(\frac{c^2+a^2-b^2}{4\Delta}+\frac{a^2+b^2-c^2}{4\Delta}\right)\cdot\frac{b'^2+c'^2-a'^2}{4\Delta'}+\left(\frac{a^2+b^2-c^2}{4\Delta}+\frac{b^2+c^2-a^2}{4\Delta}\right)\cdot\frac{c'^2+a'^2-b'^2}{4\Delta'}+\left(\frac{b^2+c^2-a^2}{4\Delta}+\frac{c^2+a^2-b^2}{4\Delta}\right)\cdot\frac{a'^2+b'^2-c'^2}{4\Delta'}\geqslant 2$$

$$\Leftrightarrow(\cot B+\cot C)\cot A'+(\cot C+\cot A)\cot B'+(\cot A+\cot B)\cot C'\geqslant 2 \tag{1.19.2}$$

$$\Leftrightarrow(\cot A+\cot B+\cot C)(\cot A'+\cot B'+\cot C')\geqslant 2+\cot A\cot A'+\cot B\cot B'+\cot C\cot C' \tag{1.19.3}$$

而由前述已见

$$\cot B+\cot C=\frac{a^2}{2\Delta^2}>0$$

$$\cot C+\cot A>0,\cot A+\cot B>0$$

$$\cot B'+\cot C'>0,\cot C'+\cot A'>0,\cot A'+\cot B'>0$$

进而

$$\cot A+\cot B+\cot C>0,\cot A'+\cot B'+\cot C'>0$$

于是,Cauchy 不等式

$$(a_1^2+b_1^2+c_1^2+d_1^2)(a_2^2+b_2^2+c_2^2+d_2^2)\geqslant(a_1a_2+b_1b_2+c_1c_2+d_1d_2)^2$$

应用于式(1.19.3)的上式,并注意到三角形恒等式

$$\cot B\cot C+\cot C\cot A+\cot A\cot B=1$$

$$(\cot B'\cot C'+\cot C'\cot A'+\cot A'\cot B'=1)$$

有

$$(\cot A+\cot B+\cot C)(\cot A'+\cot B'+\cot C')$$

$$= \sqrt{(\cot A + \cot B + \cot C)^2 \cdot (\cot A' + \cot B' + \cot C')^2}$$

$$= \sqrt{(\cot^2 A + \cot^2 B + \cot^2 C + 2) \cdot (\cot^2 A' + \cot^2 B' + \cot^2 C' + 2)}$$

$$\geqslant \cot A \cot A' + \cot B \cot B' + \cot C \cot C' + 2$$

这就证明了式(1.19.3)成立,从而 Neuberg-Pedoe 不等式(1.19.1)获证(当且仅当 $\cot A : \cot A' = \cot B : \cot B' = \cot C : \cot C' = 1 : 1$,即$\triangle ABC$与$\triangle A'B'C'$相似时取“=”号).

基于以上 Neuberg-Pedoe 不等式的优美证明,姑且将等价不等式(1.19.2)与(1.19.1)联袂成:

**定理1** 设$\triangle ABC$与$\triangle A'B'C'$的内角 $A,B,C$ 与 $A',B',C'$的对边长分别是 $a,b,c$ 与 $a',b',c'$,$\Delta$ 与 $\Delta'$分别是它们的面积(以下意义相同),则有

$$(\cot B + \cot C)\cot A' + (\cot C + \cot A)\cot B' + (\cot A + \cot B)\cot C' \geqslant 2$$

$$\Leftrightarrow a^2(b'^2 + c'^2 - a'^2) + b^2(c'^2 + a'^2 - b'^2) + c^2(a'^2 + b'^2 - c'^2) \geqslant 16\Delta\Delta'$$

**2. Neuberg-Pedoe 不等式的类似**

注意到在式(1.19.2)中作三角形代换:$\left(\frac{\pi}{2} - \frac{\angle A'}{2}, \frac{\pi}{2} - \frac{\angle B'}{2}, \frac{\pi}{2} - \frac{\angle C'}{2}\right) \rightarrow (\angle A', \angle B', \angle C')$,可得式(1.19.2)的一个“类似”

$$\tan\frac{A'}{2}(\cot B + \cot C) + \tan\frac{B'}{2}(\cot C + \cot A) + \tan\frac{C'}{2}(\cot A + \cot B) \geqslant 2$$

进而,把三角形恒等式

$$\tan\frac{A'}{2}=\frac{a'^2-(b'-c')^2}{4\Delta'}=\frac{(s'-b')(s'-c')}{\Delta'}$$

($s'$为$\triangle A'B'C'$的半周长),$\cot B+\cot C=\frac{a^2}{2\Delta}$等一并代入上式,有:

**定理2** 在$\triangle ABC$与$\triangle A'B'C'$中,$s'$为$\triangle A'B'C'$的半周长,则有

$$\tan\frac{A'}{2}(\cot B+\cot C)+\tan\frac{B'}{2}(\cot C+\cot A)+\tan\frac{C'}{2}(\cot A+\cot B)\geqslant 2 \quad (1.19.4)$$

$$\Leftrightarrow a^2(s'-b')(s'-c')+b^2(s'-c')(s'-a')+c^2(s'-a')(s'-b')\geqslant 4\Delta\Delta' \quad (1.19.5)$$

类似地,还有:

**定理3** 在$\triangle ABC$与$\triangle A'B'C'$中,$s$与$s'$为它们的半周长,则有

$$\left(\tan\frac{B}{2}+\tan\frac{C}{2}\right)\tan\frac{A'}{2}+\left(\tan\frac{C}{2}+\tan\frac{A}{2}\right)\tan\frac{B'}{2}+\left(\tan\frac{A}{2}+\tan\frac{B}{2}\right)\tan\frac{C'}{2}\geqslant 2$$

$$\Leftrightarrow a(s-a)(s'-b')(s'-c')+b(s-b)(s'-c')(s'-a')+c(s-c)(s'-a')(s'-b')\geqslant 2\Delta\Delta' \quad (1.19.6)$$

定理2与定理3中的式(1.19.5)与式(1.19.6)就是Neuberg-Pedoe不等式的两个类似.

## 1.20　一道向量最值问题的背景

内江师范学院数学与信息科学学院的蒋红珠和刘成龙两位老师曾撰文以一道试题为例介绍了研究性学习.

题目是这样的:

**题目**　已知$\triangle ABC$的面积为1,则$\overrightarrow{AB}^2+\overrightarrow{AC}^2-\overrightarrow{AB}\cdot\overrightarrow{AC}$的最小值为:

这个问题从不同的视角来研究,可以有多种证明方法:

**视角1:解析法**

如图1.27,建立平面直角坐标系,设$A(0,0)$,$B(b,0)$.

在$\triangle ABC$中,设$AB$边的高为$h$.

因为$S_{\triangle ABC}=1=\frac{1}{2}b\cdot h$,则$h=\frac{2}{b}$,故可设$C\left(c,\frac{2}{b}\right)$,于是

$$\overrightarrow{AC}^2=c^2+\frac{4}{b^2},\overrightarrow{AB}^2=b^2,\overrightarrow{AB}\cdot\overrightarrow{AC}=bc$$

故

$$\overrightarrow{AC}^2+\overrightarrow{AB}^2-\overrightarrow{AB}\cdot\overrightarrow{AC}=c^2+\frac{4}{b^2}-bc$$

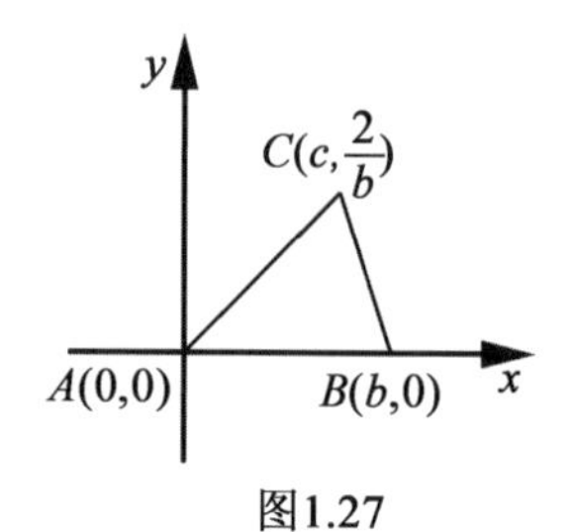

图1.27

**方法 1**　(配方法)

$$
\begin{aligned}
c^2+\frac{4}{b^2}+b^2-bc &= c^2-bc+\frac{b^2}{4}+\frac{3b^2}{4}+\frac{4}{b^2}\\
&=\left(c-\frac{b}{2}\right)^2+\frac{3b^2}{4}+\frac{4}{b^2}\\
&\geqslant\frac{3b^2}{4}+\frac{4}{b^2}\\
&\geqslant 2\sqrt{3}
\end{aligned}
$$

当且仅当 $c=\frac{b}{2},\frac{3b^2}{4}=\frac{4}{b^2}$ 时等号成立.

故 $\overrightarrow{AB}^2+\overrightarrow{AC}^2-\overrightarrow{AB}\cdot\overrightarrow{AC}$ 的最小值为 $2\sqrt{3}$.

**方法 2**　(函数法)令 $f(c)=c^2-bc+\frac{4}{b^2}+b^2$,则 $f(c)$ 是关于 $c$ 的二次函数,于是当 $c=\frac{b}{2}$ 时

$$f(c)\geqslant\frac{4}{b^2}+\frac{3b^2}{4}\geqslant 2\sqrt{\frac{4}{b^2}\cdot\frac{3b^2}{4}}=2\sqrt{3}$$

**视角 2:向量法**

**方法 3**　如图 1.28,取 $BC$ 的中点 $M$.

设 $BC$ 上的高为 $h$,又 $\triangle ABC$ 面积为 1,故 $MB=$

$\frac{1}{h}$. 有

$$\begin{aligned}
&\overrightarrow{AB}^2+\overrightarrow{AC}^2-\overrightarrow{AB}\cdot\overrightarrow{AC}\\
=&(\overrightarrow{AB}+\overrightarrow{AC})^2-3\overrightarrow{AB}\cdot\overrightarrow{AC}\\
=&(\overrightarrow{AB}+\overrightarrow{AC})^2-\frac{[3(\overrightarrow{AB}-\overrightarrow{AC})^2-(\overrightarrow{AB}-\overrightarrow{AC})^2]}{4}\\
=&\frac{(\overrightarrow{AB}+\overrightarrow{AC})^2}{4}+\frac{3(\overrightarrow{AB}-\overrightarrow{AC})^2}{4}\\
=&\overrightarrow{AM}^2+3\overrightarrow{MB}^2\geqslant h^2+\frac{3}{h^2}\\
\geqslant&2\sqrt{h^2\cdot\frac{3}{h^2}}\geqslant2\sqrt{3}
\end{aligned}$$

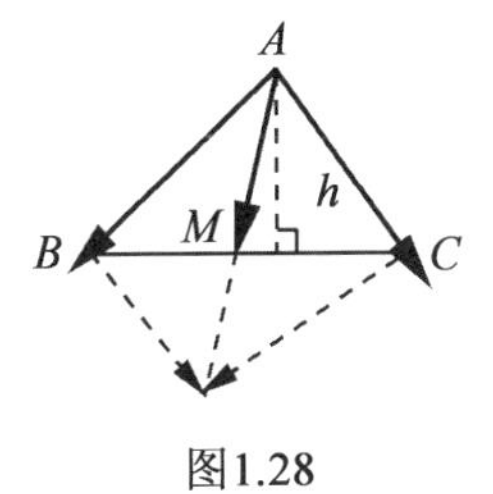


图1.28

**方法4** 如图1.27,取 $BC$ 的中点 $M$. 有

$$\overrightarrow{AB}=\overrightarrow{AM}+\overrightarrow{MB},\overrightarrow{AC}=\overrightarrow{AM}+\overrightarrow{MC}$$

则

$$\overrightarrow{AB}^2+\overrightarrow{AC}^2-\overrightarrow{AB}\cdot\overrightarrow{AC}=\overrightarrow{AM}^2+3\overrightarrow{MC}^2$$

其余步骤同方法3.

**方法5**

$$\overrightarrow{AB}^2+\overrightarrow{AC}^2-\overrightarrow{AB}\cdot\overrightarrow{AC}=c^2+b^2-bc\cos A$$

$$\geqslant 2bc-bc\cos A$$

又因为 $$S_{\triangle ABC}=\frac{1}{2}bc\sin A=1$$

则 $$bc=\frac{2}{\sin A}$$

故 $$2bc-2bc\cos A=\frac{4-2\cos A}{\sin A}$$

**视角3:三角代换法**

由 $$\sin A=\frac{2\tan\frac{A}{2}}{1+\tan^2\frac{A}{2}},\cos A=\frac{1-\tan^2\frac{A}{2}}{1+\tan^2\frac{A}{2}}$$

得

$$\frac{4-2\cos A}{\sin A}=\frac{1+3\tan^2\frac{A}{2}}{\tan\frac{A}{2}}=\frac{1}{\tan\frac{A}{2}}+3\tan\frac{A}{2}$$

$$\geqslant 2\sqrt{\frac{1}{\tan\frac{A}{2}}\cdot 3\tan\frac{A}{2}}=2\sqrt{3}$$

**视角4:有界法**

令 $$y=\frac{4-2\cos A}{\sin A}$$

则 $$y\sin A-2\cos A=4$$

即 $$\sin(A+\alpha)=\frac{4}{\sqrt{y^2+4}}$$

其中 $$\cos\alpha=\frac{y}{\sqrt{y^2+4}}$$

又因为 $$|\sin(A+\alpha)|\leqslant 1$$

故
$$\left|\frac{4}{\sqrt{y^2+4}}\right|\leqslant 1$$

故
$$y\geqslant 2\sqrt{3}\text{ 或 }y\leqslant -2\sqrt{3}$$

又 $y>0$,则 $y\geqslant 2\sqrt{3}$.

**视角5:数形结合法**

$$2bc-2bc\cos A=\frac{4-2\cos A}{\sin A}=-2\left(\frac{\cos A-2}{\sin A-0}\right)$$

$\frac{\cos A-2}{\sin A-0}$表示点$(\sin A,\cos A)$与点$(0,2)$连线的斜率,如图1.29,设 $l:y=kx+2(k\neq 0)$.

显然由原点到 $l$ 的距离为

$$\frac{2}{\sqrt{1+k^2}}\leqslant 1$$

解得 $k\geqslant\sqrt{3}$ 或 $k\leqslant -\sqrt{3}$(舍去),得

$$\frac{4-2\cos A}{\sin A}\geqslant 2\sqrt{3}$$

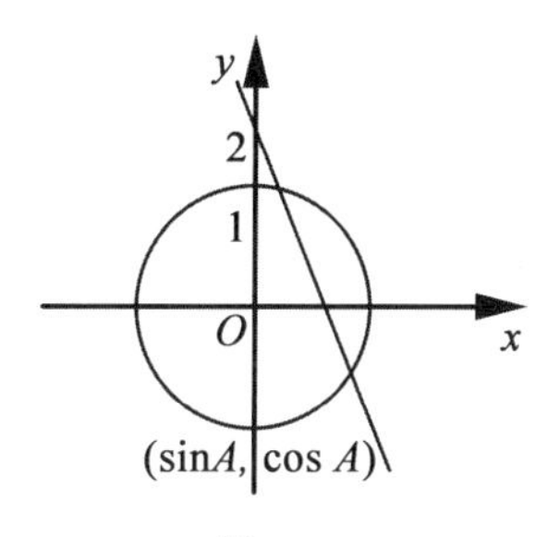


图1.29

**优美解法**

“你能用不同的方式推导这个结果吗?你能一眼就看出它来吗?”华罗庚教授对问题的解决提出了精

辟的论述:“复杂的问题要善于‘退’,足够地‘退’,退到最原始而不失重要性的地方.”“原始而不失重要性的地方”就是我们常常说的本质. 基于问题背景,引导学生从问题的本质得到优秀的解答方法.

因为 $$\cos A=\frac{b^2+c^2-a^2}{2bc}$$

所以

$$\begin{aligned}&\overrightarrow{AB}^2+\overrightarrow{AC}^2-\overrightarrow{AB}\cdot\overrightarrow{AC}\\=&c^2+b^2-bc\cos A\\=&\frac{a^2+b^2+c^2}{2}\end{aligned}$$

由 Weisenböck 不等式可知

$$\frac{a^2+b^2+c^2}{2}\geqslant\frac{4\sqrt{3}\times 1}{2}=2\sqrt{3}$$

即 $$\overrightarrow{AB}^2+\overrightarrow{AC}^2-\overrightarrow{AB}\cdot\overrightarrow{AC}\geqslant 2\sqrt{3}$$

通过上述分析,可知

$$\overrightarrow{AB}^2+\overrightarrow{AC}^2-\overrightarrow{AB}\cdot\overrightarrow{AC}\geqslant 2\sqrt{3}$$

几何不等式还有一类证法是机器证明,它的特点是计算量极大,极具“暴力”特征. 所以对中学师生来讲只是有方法论意义.

举一个例子:

注意有恒等式

$$\frac{a^5+b^5+c^5}{a^4+b^4+c^4}-R\sqrt{3}=\frac{1}{3}\ \frac{\sqrt{3}Q}{a^4+b^4+c^4}$$

其中

$$Q=2\sqrt{3}s^5-6Rs^4-20\sqrt{3}(R+r)rs^3+$$

$$12Rr(3r+4R)s^2+10\sqrt{3}(r+2R)\cdot$$
$$(4R+r)r^2s-6Rr^2(4R+r)^2$$
$$\geqslant 0$$

但是 $Q$ 有分拆式

$$Q=u_1^2\left(\frac{142}{81}\sqrt{3}s^2+\frac{176}{9}rs^2+\frac{50}{3}\sqrt{3}r^2s\right)+$$
$$u_1u_4\left(\left(\frac{45\ 904}{243}\sqrt{3}-\frac{8\ 458}{27}\right)r^3+\left(-6+\frac{568}{81}\sqrt{3}\right)s^3+\right.$$
$$\left(\frac{15\ 484}{27}-\frac{76\ 672}{243}\sqrt{3}\right)Rr^2+\left(\frac{82}{9}+\frac{404}{81}\sqrt{3}\right)rs^2+$$
$$\left.\left(\frac{7\ 742}{27}-\frac{39\ 956}{243}\sqrt{3}\right)r^2s+\left(-12+\frac{568}{81}\sqrt{3}\right)s^2R\right)+$$
$$u_1\left(r^4\left(-\frac{832}{3}+\frac{14\ 728}{81}\sqrt{3}\right)+r^2\left(\frac{21\ 248}{27}-\frac{104\ 336}{243}\sqrt{3}\right)R^2+\right.$$
$$\left.R^3\left(-384+\frac{18\ 176}{81}\sqrt{3}\right)r\right)+u_2\left(\left(-24+\frac{1\ 136}{81}\sqrt{3}\right)R^3+\right.$$
$$\left(\frac{388}{27}-\frac{688}{243}\sqrt{3}\right)r^3+\frac{20}{81}\sqrt{3}s^2+\left(\frac{1\ 588}{27}-\frac{7\ 912}{243}\sqrt{3}\right)Rr^2+$$
$$\left.\left(24-\frac{896}{81}\sqrt{3}\right)rR^2\right)$$
$$=u_2^2(3.036\ 434\ 750s^2+19.555\ 555\ 56rs^2+$$
$$28.867\ 513\ 47r^2s)+u_1u_4(13.934\ 404\ 5r^3+$$
$$6.145\ 739\ 00s^3+26.980\ 248\ 9Rr^2+17.749\ 981\ 81rs^2+$$
$$1.943\ 119\ 0r^2s+0.145\ 739\ 00s^2R)+$$
$$u_1(37.600\ 547\ 0r^4+43.278\ 793\ 9R^2r^2+$$
$$4.663\ 647\ 9R^3r)+u_2(0.291\ 478\ 00R^3+$$
$$9.466\ 456\ 972r^3+0.427\ 666\ 866\ 1s^3+$$
$$2.419\ 810\ 73Rr^2+4.840\ 524\ 39rR^2)$$

$\geqslant 0$

其中

$$\begin{cases} u_1 = R - 2r \geqslant 0 \\ u_2 = s^2 - 16Rr + 5r^2 \geqslant 0 \\ u_3 = 4R^2 + 4Rr + 3r^2 - s^2 \\ u_4 = s - 2R - r \geqslant 0 \\ u_5 = 2R - 4r - s + 3\sqrt{3}r \geqslant 0 \end{cases}$$

$$u_4 = s - 2R - r = \frac{1\prod(b^2 + c^2 - a^2)}{32s^2r^2(2R + r + s)} > 0$$

$$u_7 = \frac{u_1(-20 + 12\sqrt{3})r + u_3}{2u_1 + 3\sqrt{3}r + s} \geqslant 0$$

故不等式成立.

# $n$ 维空间有限点集几何不等式研究综述

第 2 章

## 2.1 引　　言

扬州大学师范学院数学与计算机科学系的毛其吉教授对 1979—1994 年以来国内学者在 $n$ 维空间的有限点集，尤其是单纯形方面的几何不等式的研究结果加以综述.

国内学者在近十多年来，在高维空间几何不等式的研究方面取得了长足的发展，发表论文逾百篇，取得了可喜的成果. 尤其是中国科学院成都分院的杨路、张景中两位研究员的工作，同他们在其他领域所取得的成就一样，在几何不等式领域所取得的研究成果是十分出色的,引起国内同行学者的极大兴趣和重视,在国际上,也得到了有关专家的高度评价.

20 世纪 70 年代末至 80 年代初,杨路、张景中两位研究员在距离几何与几何不等式方面发表了一系列研究论文,为我国学者开展几何不等式的研究起了奠基性的作用. 由于他们在几何不等式方面的研究成果十分丰富,在此不可能一一列出. 现只将其中影响最大,被广为引用的几个主要结果叙述于下:

**1. 杨路、张景中不等式**

1980 年,杨路、张景中在文[1]中建立了下面的一组不等式:

**定理 1** 设 $G=\{P_1,P_2,\cdots,P_N\}$ 是 $E^m$ 中的有限点集,任取 $G$ 的 $k+1$ 个点为顶点作 $k$ 维单形,将所有这样的 $k$ 维单形的 $k$ 维体积的平方和记为 $N_k(k=1,2,\cdots,m)$,则有

$$\frac{N_k^l}{N_l^k}\geqslant\frac{[(m-l)!\ (l!)^3]^k}{[(m-k)!\ (k!)^3]^l}(m!\ N)^{l-k}\quad(1\leqslant k<l\leqslant m)\tag{2.1.1}$$

$$N_k^2\geqslant\left(\frac{k+1}{k}\right)^3\cdot\frac{m-k+1}{m-k}\cdot N_{k-1}N_{k+1}\quad(1\leqslant k\leqslant m,N_0=N)\tag{2.1.2}$$

当且仅当 $G$ 的密集椭球为球时等号成立.

1981 年,他们将不等式(2.1.1)(2.1.2)推广为下面的定理[2]:

**定理 2** 设 $\varphi=\{A_i(m_i),i=0,1,\cdots,N\}$ 是 $E^n(n\leqslant$

$N$)中的质点组,$m_i$ 是点 $A_i$ 所赋有的质量. $\varphi$ 中任意 $(k+1)$ 个点 $A_{i_0},A_{i_1},\cdots,A_{i_k}$ 所支撑的单形的 $k$ 维体积记为 $V_{i_0i_1\cdots i_k}$,令

$$M_k = \sum_{i_0<i_1<\cdots<i_k}\sum\cdots\sum m_{i_0}m_{i_1}\cdots m_{i_k}V^2_{i_0i_1\cdots i_k}\quad(1\leqslant k\leqslant n)$$

$$M_0 = m_0+m_1+\cdots+m_N\neq 0$$

则有不等式

$$\frac{M_k^l}{M_l^k}\geqslant\frac{[(n-l)!\ (l!)^3]^k}{[(n-k)!\ (k!)^3]^l}(n!\ M_0)^{l-k}$$

$$(1\leqslant k<l\leqslant n,m_i\geqslant 0)\qquad(2.1.3)$$

$$M_k^2\geqslant\left(\frac{k+1}{k}\right)^3\cdot\frac{n-k+1}{n-k}\cdot M_{k-1}M_{k+1}$$

$$(1\leqslant k\leqslant n,m_i\ \text{可正可负})\qquad(2.1.4)$$

当且仅当 $\varphi$ 的密集椭球为球时式中等号成立.

从不等式(2.1.1)—(2.1.4)可以导出许多不等式,因而是应用相当广泛的一类不等式,已被 D. S. Mitrinovic 收入专著《几何不等式的新进展》一书中[3],并可参阅左铨如的《杨—张不等式的若干推论》一文.

**2. 基本图形的度量方程**

把 $E^n$ 中的每个点或者每个定向超平面都叫作基本元素,由 $k$ 个基本元素构成的集叫作 $E^n$ 中的一个 $k$ 元基本图形.

设 $\mathfrak{S}$ 是一个基本图形,$\mathfrak{S}=\{e_1,e_2,\cdots,e_N\}$,这些 $e_i(1\leqslant i\leqslant N)$ 是基本元素——点或定向超平面,在 $\mathfrak{S}$ 上定义一个二元实值函数

$$g:\mathfrak{S}\times\mathfrak{S}\to R$$

使得

$$g(e_i,e_j)=\begin{cases}-\dfrac{1}{2}\rho^2(e_i,e_j) & (\text{当 } e_i,e_j \text{ 都是点})\\ \cos\widehat{e_ie_j} & (\text{当 } e_i,e_j \text{ 都是超平面})\\ d(e_i,e_j) & (\text{当 } e_i,e_j \text{ 中一个为点,一个为面})\end{cases}$$

这里,$\rho(x,y)$表示两点$x,y$间的距离,$\widehat{xy}$表示两定向超平面$x,y$之间的夹角,而$d(x,y)$则表示点$x$(或$y$)到定向超平面$y$(或$x$)的带号距离.简单地记

$$g_{ij}=g(e_i,e_j)$$

我们有下述定理:

**定理 3** 设$\mathfrak{S}=\{e_1,e_2,\cdots,e_N\}$是$E^n$中的基本图形,令

$$\delta_i=1-g_{ij}\quad(1\leqslant i\leqslant N)$$

并令$[\mathfrak{S}]$表示下列$N+1$阶方阵

$$[\mathfrak{S}]=\begin{bmatrix}0 & \delta_1 & \delta_2\cdots\delta_N\\ \delta_1 & & \\ \delta_2 & & \\ \vdots & & g_{ij} \\ \delta_N & & \end{bmatrix}$$

记$P[\mathfrak{S}]=\det[\mathfrak{S}]$,则当$N>n+1$时,有

$$P[\mathfrak{S}]=0\qquad(2.1.5)$$

杨路、张景中对球面型空间与双曲型空间中的基本图形也建立了类似的结论[4],在此基础上,他们还建立了一般的抽象距离空间的秩的概念[5].

形如式(2.1.5)的方程,叫作基本图形的度量方程,它推广了 Gayley-Menger 的结果[6].方程(2.1.5)在一些重要的几何不等式的证明中扮演了重要的角色.例如,双曲型空间紧致集的覆盖半径[7],高维空间

的 Neuberg-Pedoe 不等式[8] 及单形宽度的 Sallee 猜想的证明[9]，等等，都运用了类似于式(2.1.5)的度量方程.

**3. 伪对称集与有关的几何不等式**

在文[10]中，杨路、张景中引进了 $E^n$ - 伪对称集的概念，这是比"惯量等轴"更强的对称条件. 这一概念的引进推动了几何不等式的研究.

在文[10]中，证明了下列不等式

$$M_4(\mathfrak{S}) \geqslant \frac{N-1}{N} \cdot \frac{n+1}{n} \cdot M_2^2(\mathfrak{S}) \quad (2.1.6)$$

其中 $M_r(\mathfrak{S})$ 表示 $E^n$ 中 $N$ 个点 $P_i$ 之间的距离的 $r$ 次幂的平均值，即

$$M_r(\mathfrak{S}) = \frac{2}{N(N-1)} \sum_{i \leqslant i < j \leqslant N} |P_i - P_j|^r$$

将不等式(2.1.6)应用于紧致曲面：设 $\mathscr{F}$ 是 $E^n$ 中的紧致曲面，令 $F$ 表示 $\mathscr{F}$ 的面积. 引进 $\mathscr{F}$ 的弦幂平均

$$M_r(\mathscr{F}) = \frac{1}{F^2} \iint_{\mathscr{F}\mathscr{F}} |X - Y|^r \mathrm{d}\sigma(X) \mathrm{d}\sigma(Y)$$

有如下的定理：对 $E^n$ 中任意一个紧致曲面 $\mathscr{F}$ 成立着关系

$$M_4(\mathscr{F}) \geqslant \frac{n+1}{n} M_2^2(\mathscr{F})$$

当且仅当 $\mathscr{F}$ 是一个超球面时等号成立.

## 2.2 有关单形体积的不等式

设 $\Sigma_A(\Sigma_B)$ 是 $n$ 维欧氏空间 $E^n$ 中的一个非退化单形，$\Sigma_A(\Sigma_A)$ 的顶点为 $A_i(B_i)$，其中 $i=1,2,\cdots,n+1$. $\Sigma_A$ 的体积的绝对值以 $|V(A)|$ 或 $V$ 表示，而顶点 $A_i$ 所对的 $n-1$ 维侧面记为 $f_i$，侧面 $f_i$ 的 $n-1$ 维体积以 $V_i$ 表示. 又以 $\rho_{ij}$ 表示相应的棱长，即 $\rho_{ij}=|\overline{A_iA_j}|$，则有[2]：

**定理 1**

$$V \leqslant \sqrt{n+1}\left[\frac{(n-1)!^2}{n^{3n-2}}\right]^{\frac{1}{2(n-1)}} \cdot \left(\prod_{i=1}^{n+1} V_i\right)^{\frac{n}{n^2-1}} \tag{2.2.1}$$

$$V \leqslant \sqrt{n+1}\left[\frac{(n-1)!^2}{n^{3n-2}}\right]^{\frac{1}{2(n-1)}} \cdot \left(\frac{1}{n+1}\sum_{i=1}^{n+1} V_i\right)^{\frac{n}{n-1}} \tag{2.2.2}$$

$$n!V \leqslant \left(\frac{n+1}{2^n}\right)^{\frac{1}{2}} \prod_{1 \leqslant i<j \leqslant n+1} \rho_{ij}^{\frac{2}{n+1}} \tag{2.2.3}$$

式(2.2.1)—(2.2.3)中当单形为正则时等号成立.

不等式(2.2.3)一般称为 Veljan-Korchmàros 不等式. 张垚在文[11]中，考虑了它的改进.

苏化明在文[12]中给出了一个联系单形体积 $V$ 与 $V_i$ 及棱长 $\rho_{ij}$ 的一个不等式

$$\left(\prod_{i=1}^{n+1} V_i\right)^{n-1} \geqslant \left[\frac{n^{3(n-1)}}{2(n+1)^{n-2}(n!)^2}\right]^{\frac{n+1}{2}} \cdot$$

$$V^{(n+1)(n-2)}\Big(\prod_{1\leqslant i<j\leqslant n+1}\rho_{ij}\Big)^{\frac{2}{n}}$$

(2.2.4)

其中当且仅当 $\Sigma_A$ 为正则单形时等号成立.

应用重心坐标与行列式计算,1985—1987 年,文[13]—[15]中分别给出了下列几个结果的证明:

**定理2** 设 $P$ 为单形 $\Sigma_A$ 内任意一点,连线 $PA_i$ 的延长线交对面于 $B_i$,则

$$|V(B)|\leqslant\frac{1}{n^n}|V(A)| \qquad (2.2.5)$$

当且仅当 $P$ 是单形 $\Sigma_A$ 的重心时取等号.

**定理3** 设 $G$ 为单形 $\Sigma_A$ 的重心,$A_iG$ 交 $\Sigma_A$ 的外接 $n-1$ 维超球面 $S^{n-1}$ 于 $B_i$,则

$$|V(B)|\geqslant|V(A)| \qquad (2.2.6)$$

当且仅当单形 $\Sigma_A$ 的重心与外心相重合等号成立.

**定理4** 设 $n$ 维单形 $\Sigma_B$ 是非退化单形 $\Sigma_A$ 的内切球的切点构成的单形,则有

$$|V(B)|\leqslant\frac{1}{n^n}|V(A)| \qquad (2.2.7)$$

当 $\Sigma_A$ 为正则单形时等号成立.

记 $n$ 维单形 $\Sigma_A$ 的所有 $m$ 维子单形的体积平方的 $\lambda$ 次初等对称多项式为 $P_\lambda$;而所有 $m$ 维子单形的体积的 $\lambda$ 次初等对称多项式为 $Q_\lambda$,苏化明证明了[16]如下的定理:

**定理5** $n$ 维单形 $\Sigma_A$ 与它的切点单形 $\Sigma_B$ 的不变量 $P_\lambda,P_\lambda',Q_\lambda$ 与 $Q_\lambda'$ 之间有不等式

$$P_{\lambda}' \leqslant n^{-2m\lambda} P_{\lambda} \qquad (2.2.8)$$

$$Q_{\lambda}' \leqslant n^{-m\lambda} Q_{\lambda} \qquad (2.2.9)$$

(2.2.8)(2.2.9) 两式中当且仅当 $\Sigma_A$ 为正则时等号成立.

文[13] 中提出了下面的猜测:自单形 $\Sigma_A$ 内任意一点 $P$ 作各面的垂线,分别交各对面于 $H_1, H_2, \cdots, H_{n+1}$,则

$$|V(H)| \leqslant \frac{1}{n^n} |V(A)| \qquad (2.2.10)$$

上面的不等式已于 1990 年为张垚所证明[17A]. 1992 年,张垚给出了不等式(2.2.10) 的一个新证明,并给出了式(2.2.10) 中等号成立的充要条件[18B].

## 2.3 含内径、外径和体积的不等式

1981 年,杨路、张景中证明了[18] 如下的定理:

**定理 1**

$$R \leqslant \left(\frac{n}{2^{n+1}}\right)^{\frac{1}{2}} \cdot \frac{1}{n!V} \prod_{1 \leqslant i < j \leqslant n+1} \rho_{ij}^{\frac{2}{n}} \qquad (2.3.1)$$

等号成立当且仅当存在着 $n+1$ 个正数 $\mu_r > 0 (r = 1, 2, \cdots, n+1)$,使

$$\rho_{ij} = \mu_i \mu_j \quad (1 \leqslant i < j \leqslant n+1)$$

不等式(2.3.1) 中 $R$ 表示单形的外接球半径,简称外径. 又以 $r$ 表示单形的内切球半径,简称内径,则

由不等式(2.2.2),易得[2]

$$n!V \geqslant \left[\frac{(n+1)^{n+1}}{n^n}\right]^{\frac{1}{2}} \cdot n^n r^n \qquad (2.3.2)$$

又由内接于一个球的一切单形中,以正则单形体积最大[19],可以得到

$$n!V \leqslant \left[\frac{(n+1)^{n+1}}{n^n}\right]^{\frac{1}{2}} \cdot R^n \qquad (2.3.3)$$

不等式(2.3.2)与(2.3.3)得出

$$R \geqslant nr \qquad (2.3.4)$$

1979年,M. S. Klamkin等给出式(2.3.4)的一个简单证明[20],后又于1985年给出式(2.1.1)的一个加强形式[21]

$$R^2 \geqslant n^2 r^2 + \overline{OI}^2 \qquad (2.3.5)$$

其中$O$,$I$表示单形的外心、内心. 又以$G$表示单形的重心.

文[22]—[24]中给出了不等式(2.3.4)(2.3.5)的改进形式

$$R \geqslant \left(\frac{V_0}{V}\right)^{\frac{1}{n}} \cdot nr \qquad (2.3.6)$$

$$R^2 \geqslant \left(\frac{V_0}{V}\right)^{\frac{2}{n(n+1)}} n^2 r^2 + \overline{OI}^2 \qquad (2.3.7)$$

$$R^2 \geqslant \delta_n n^2 r^2 + \overline{OG}^2 \qquad (2.3.8)$$

其中式(2.3.8)的$\delta_n$是与棱长相关的数,且$\delta_n \geqslant 1$.

不等式(2.3.4)—(2.3.8)中当且仅当单形是正则单形时等号成立.

## 2.4 Neuberg-Pedoe 不等式的高维推广

1980 年,杨路和张景中把 Neuberg – Pedoe 不等式推广到高维空间[8].

**定理 1** 设 $\Sigma_A$ 和 $\Sigma_B$ 是 $E^n$ 中的两个 $n$ 维单形, $V(A)$, $V(B)$ 分别表示 $A$, $B$ 的体积. 设 $A$ 的顶点是 $A_1$, $A_2$, $\cdots$, $A_{n+1}$, $B$ 的顶点是 $B_1$, $B_2$, $\cdots$, $B_{n+1}$, 且

$$a_{ij} = |A_iA_j|, b_{ij} = |B_iB_j|$$

以 $S_i$ 表示 $\{B_1, B_2, \cdots, B_{n+1}\}/B_i$ 所成的 $n-1$ 维单形的面积, $\theta_{ij}$ 表示 $S_i$, $S_j$ 的夹角, 则有

$$\sum_{i<j} a_{ij}^2 S_i S_j \cos\theta_{ij} \geqslant n^3 V(A)^{\frac{2}{n}} V(B)^{2-\frac{2}{n}} \quad (2.4.1)$$

1987 年,苏化明给出了下列形式的 Neuberg-Pedoe 不等式的高维推广[25].

**定理 2** 设 $\Sigma_A$, $\Sigma_B$ 为 $n$ 维欧氏空间中的两个单形 $(n \geqslant 3)$, 其棱长分别为 $a_i$, $b_i$, 其中 $i = 1, 2, \cdots, \frac{1}{2}n \cdot (n+1)$, 体积分别为 $V$, $V'$, 则有

$$\sum_{i=1}^{\frac{1}{2}n(n+1)} b_i^2 \left( \sum_{j=1}^{\frac{1}{2}n(n+1)} a_j^2 - 2a_i^2 \right)$$

$$\geqslant n(n+1)(n^2+n-4)\left(\frac{n!^2}{n+1}\right)^{\frac{2}{n}} (VV')^{\frac{2}{n}} \quad (2.4.2)$$

$$\sum_{i=1}^{\frac{1}{2}n(n+1)} b_i\left(\sum_{j=1}^{\frac{1}{2}n(n+1)} a_j - 2a_i\right)$$
$$\geqslant \frac{1}{2}n(n+1)(n^2+n-4)\left(\frac{n!^2}{n+1}\right)^{\frac{1}{n}}(VV')^{\frac{1}{n}} \tag{2.4.3}$$

1989年,陈计、马援改进了式(2.4.2)(2.4.3),证明了,当 $\theta \in (0,1]$ 时,有

$$\sum_{i=1}^{C_{n+1}^2} b_i^{2\theta}\left(\sum_{i=1}^{C_{n+1}^2} a_j^{2\theta} - nb_i^{2\theta}\right)$$
$$\geqslant 2^{2\theta-2}n^2(n^2-1)\left[\frac{n!^2}{n+1}\right]^{\frac{2\theta}{n}}(V_1V_2)^{\frac{2\theta}{n}} \tag{2.4.4}$$

(2.4.2)—(2.4.4)式中等号当且仅当 $\Sigma_A,\Sigma_B$ 均为正则单形时取到.

当 $\theta=1$ 或 $\theta=\frac{1}{2}$ 时,文[27]中也给出了不等式(2.4.4)的证明.

文[28]中应用距离几何的方法研讨了Neuberg-Pedoe不等式在 $n$ 维欧氏空间 $E^n$ 的推广.

1992年,尹景尧、陈奉孝获得了一个联系两个单形的恒等式[29].

**定理3** 令 $\Sigma_A,\Sigma_B$ 表示 $E^n$ 中的两个单形,$\Sigma_A$(或 $\Sigma_B$)的顶点 $A_i$(或 $B_i$)到 $\Sigma_B$(或 $\Sigma_A$)的侧面 $f_{B_i}$(或 $f_{A_i}$)的有向距离为 $h_{ij}$(或 $h'_{ij}$),则有

$$\det(h_{ij}),\det(h'_{ij}) = \frac{n^{2(n+1)}(VV')^{n+1}}{\pm\prod_{i=1}^{n+1}(V_iV'_i)} \tag{2.4.5}$$

作为式(2.4.5)的应用,本章给出了含有 $h_{ij},h_{ij}'$ 等几

何量的一些不等式.

## 2.5 有关单形宽度的不等式

在 $n$ 维欧氏空间 $E^n$ 中,一个有界凸体 $K$ 的宽度是这样定义的:对于每个单位向量 $\boldsymbol{u}$,将 $K$ 的一对与 $\boldsymbol{u}$ 垂直的支撑超平面之间的距离记作 $\tau(K,\mu)$. 令

$$w(K)=\operatorname*{Min}_{u}\tau(K,\mu)$$

将 $w(K)$ 叫作 $K$ 的宽度.

Sallee 在 1974 年提出猜测说:"内接于球的所有单形中,正则单形具有最大宽度."[30] 随后,这个猜测被 R. Alexander 所证实[31].

1983 年,杨路、张景中在文[9]中证明了如下定理.

**定理 1** 若 $w(\Delta_n)$ 和 $V(\Delta_n)$ 分别表示 $n$ 维单形的宽度和体积,则有

$$w(\Delta_n)\leqslant C_nV(\Delta_n)^{\frac{1}{n}} \tag{2.5.1}$$

其中

$$C_n=\frac{n!^{\frac{1}{n}}(n+1)^{\frac{n-1}{2n}}}{\left[\frac{n+1}{2}\right]^{\frac{1}{2}}\left(n+1-\left[\frac{n+1}{2}\right]\right)^{\frac{1}{2}}}$$

而且式(2.5.1)中的等号当且仅当 $\Delta_n$ 是正则单形时取到.

由不等式(2.5.1)可知:"一切维数相同体积相等

的单形中,正则单形具有最大宽度.”这是比 Sallee 猜测更强的一个结果.

1989 年,在文[9]的基础上,毛其吉、左铨如给出了下列定理[32].

**定理 2**　在 $n$ 维单形的宽度 $w(\Delta_n)$ 与内切球半径 $r(\Delta_n)$,外接球半径 $R(\Delta_n)$ 之间有

$$w(\Delta_n) \leqslant \beta_n r(\Delta_n) \tag{2.5.2}$$

$$w(\Delta_n) \leqslant \alpha_n R(\Delta_n) \tag{2.5.3}$$

其中

$$\alpha_n = \frac{1}{n}\beta_n$$

$$\beta_n = \frac{n^{\frac{1}{2}}(n+1)}{\left[\frac{n+1}{2}\right]^{\frac{1}{2}}\left(n+1-\left[\frac{n+1}{2}\right]\right)^{\frac{1}{2}}}$$

当且仅当 $\Delta_n$ 是正则单形时可以取到等号.

由此可知:“外切于球的所有单形中,正则单形具有最大宽度.”

## 2.6　Oppenheim 不等式的高维推广

设 $\triangle A_1B_1C_1$ 与 $\triangle A_2B_2C_2$ 的边为 $a_1,b_1,c_1$ 和 $a_2,b_2,c_2$,定义 $a_3,b_3,c_3$ 为

$$a_3^2=a_1^2+a_2^2,b_3^2=b_1^2+b_2^2,c_3^2=c_1^2+c_2^2$$

则 $a_3$, $b_3$, $c_3$ 为一个三角形的边. 该三角形记为

$\triangle A_3B_3C_3$. Oppenheim(奥本海姆)给出了$\triangle A_3B_3C_3$的不变量(面积、高)与$\triangle A_iB_iC_i(i=1,2)$的不变量(面积、高)的不等式[33,34].

1975 年,R. Alexander 在文献[35]中给出了两个点集的"度量加"的概念:

**定义 1** 设$\mathscr{A}=\{P_1,P_2,\cdots,P_n\}$和$\mathscr{B}=\{Q_1,Q_2,\cdots,Q_n\}$是欧氏空间或 Hilbert 空间中的两个点集,则在 Hilbert 空间(甚至欧氏空间)中必存在一个点集$\{S_1,S_2,\cdots,S_n\}$,使得

$$|S_i-S_j|^2=|P_i-P_j|^2+|Q_i-Q_j|^2\quad(i,j=1,2,\cdots,n)$$

这个存在性是 I. J. Schocnberg 早就证明了的. 我们将任何一个这样的点集叫作前两者的"度量和",并记为

$$\mathscr{A}\overset{*}{+}\mathscr{B}=\{S_1,S_2,\cdots,S_n\}$$

如果用$V,V',V''$表示$\mathscr{A},\mathscr{B},\mathscr{A}\overset{*}{+}\mathscr{B}$所生成的$n-1$维单形的体积,Alexander 猜想有不等式

$$V''^2\geqslant V^2+V'^2$$

杨路、张景中已经指出 Alexander 猜想不是真的,同时给出了正确的不等式[36]

$$V''^{\frac{2}{n-1}}\geqslant V^{\frac{2}{n-1}}+V'^{\frac{2}{n-1}}\tag{2.6.1}$$

如果考虑$\mathscr{A},\mathscr{B}$及其度量和$\mathscr{A}\overset{*}{+}\mathscr{B}$的外接球半径$R,R'$和$R''$,则有

**定理 1**

$$R''^2\leqslant R^2+R'^2\tag{2.6.2}$$

**定理 2**

$$h''^2_i\geqslant h_i^2+h'^2_i\tag{2.6.3}$$

其中$i=0,1,\cdots,n,h_i,h_i'$或$h_i''$表示$\mathscr{A},\mathscr{B}$或$\mathscr{A}\overset{*}{+}\mathscr{B}$所生成的单形中,经过对应顶点的高线长度(设$i=0,1,\cdots,n$,这时各单形都是$n$维的).

此外,还有:

**定理3**　设$\mathscr{A},\mathscr{B}$和$\mathscr{A}\overset{*}{+}\mathscr{B}$表示两个点集及其度量和,令$R_c,R_c'$和$R_c''$依次表示此三个点集的覆盖半径,则总有

$$R''^2_c\leqslant R_c^2+R'^2_c \tag{2.6.4}$$

其他的有关于“度量和”的参考文献可见[37]—[39].

## 2.7　单形中诸元素间的不等式

本节叙述涉及单形的顶点角、二面角、角平分面、中线等几何元素的一些不等式.

1968年,P. Bortoš在文[40]中引进$n$维单形的“顶点角”的概念:

设$\Sigma_A$是$E^n$中的$n$维单形:$\bar{\boldsymbol{e}}_1,\bar{\boldsymbol{e}}_2,\cdots,\bar{\boldsymbol{e}}_{n+1}$依次是$\sum_A$的$n+1$个界面上的单位法向量,令

$$D_i=\det(\bar{\boldsymbol{e}}_1,\bar{\boldsymbol{e}}_2,\cdots,\bar{\boldsymbol{e}}_{i-1},\bar{\boldsymbol{e}}_{i+1},\cdots,\bar{\boldsymbol{e}}_{n+1})$$

则把$\alpha_i=\arcsin|D_i|$定义为此单形的第$i$个界面所对应的“顶点角”.

1987年,蒋星耀在文[42]中证明了如下定理:

**定理1**　对于$E^n$中$n$维单形$\Sigma_A$的诸顶点角$\alpha_i$,有

不等式

$$\sum_{i=1}^{n+1} \sin^2\alpha_i \leqslant \left(1+\frac{1}{n}\right)^n \qquad (2.7.1)$$

而且当 $\Sigma_A$ 是正则单形时等号成立.

有关不等式(2.7.1)的加强或推广的工作可参考文献[43]—[45]及[17B].

1987 年,在文[46]中,证明了如下定理:

**定理2** 记单形 $\Sigma_A$ 的任意两个侧面 $f_i,f_j$ 所成的内角为 $f_i\wedge f_j=\theta_{ij}(1\leqslant i<j\leqslant n+1)$,则对于任意实数 $x_i(i=1,2,\cdots,n+1)$,成立不等式

$$\sum_{i=1}^{n+1} x_i^2 \geqslant 2\sum_{1\leqslant i<j\leqslant n+1} x_i x_j \cos\theta_{ij} \qquad (2.7.2)$$

其中当且仅当 $x_i$ 与 $f_i$ 的面积成比例时等号成立.

特别取 $x_i=1$,有

$$\sum_{1\leqslant i<j\leqslant n+1} \cos\theta_{ij} \leqslant \frac{1}{2}(n+1) \qquad (2.7.3)$$

有关单形二面角的其他不等式的文章尚可参见[47].

1993 年,苏化明在文[48]中证明了如下定理:

**定理3** 设 $\Sigma$ 为 $E^n(n\geqslant 2)$ 中的单形,它的顶点角为 $\alpha_i$,它的任意两个侧面 $f_i,f_j$ 所成的内二面角为 $\theta_{ij}$,又 $m_i$ 为正数 $(i,j=1,2,\cdots,n+1,i\neq j)$,则有

$$\sum_{i=1}^{n+1}\left(\prod_{\substack{j=1\\ j\neq 1}}^{n+1} m_j^2\right)\sin^2\alpha_i$$

$$\leqslant\left[\frac{2}{n(n-1)}\right]^{\frac{n}{2}}\left[\sum_{1\leqslant i<j\leqslant n+1}(m_i m_j\sin\theta_{ij})^2\right]^{\frac{n}{2}}$$

$$\leqslant \frac{1}{n^n}\left(\sum_{i=1}^{n+1} m_i^2\right)^n \tag{2.7.4}$$

其中等号成立的充要条件是下列各式均成立

$$\frac{m_i^2}{\sum_{i=1}^{n+1} m_i^2} = \frac{\cos\theta_{jk}}{n(\cos\theta_{ij}\cos\theta_{ik} + \cos\theta_{jk})}$$

$$(i,j,k=1,2,\cdots,n+1,i,j,k\text{ 两两不等})$$

1992 年，文[49]中给出了单形的内角平分面面积的几个不等式.

**定理 4**　设单形 $\Sigma_A$ 中两个侧面 $f_i$，$f_j$ 所成的内角平分面面积为 $T_{ij}(1\leqslant i,j\leqslant n+1)$，则有

$$\sum_{1\leqslant i<j\leqslant n+1} T_{ij} \leqslant \sqrt{\frac{n(n+1)}{8}}\sum_{i=1}^{n+1} V_i \tag{2.7.5}$$

$$\sum_{\substack{1\leqslant i<j\leqslant n+1\\ 1\leqslant k<l\leqslant n+1\\ (i,j)\neq(k,l)}} T_{ij}T_{kl} \leqslant \frac{(n-1)(n+1)(n-2)}{8n}\sum_{1\leqslant i<j\leqslant n+1} V_iV_j \tag{2.7.6}$$

$$\sum_{1\leqslant i<j\leqslant n+1} T_{ij}^2 \leqslant \frac{n+1}{4}\sum_{i=1}^{n+1} V_i^2 \tag{2.7.7}$$

$$\prod_{1\leqslant i<j\leqslant n+1} T_{ij} \leqslant \left(\frac{n+1}{2n}\right)^{\frac{1}{4}n(n+1)}\left(\prod_{i=1}^{n+1} V_i\right)^{\frac{n}{2}} \tag{2.7.8}$$

其中式(2.7.5)(2.7.6)(2.7.8)中当且仅当 $\Sigma_A$ 为正则单形时等号成立，式(2.7.7)中当且仅当诸 $V_i$ 相等时等号成立.

1989 年，文[50]中给出几个与重心有关的不等式.

**定理 5**　设 $G$ 是单形 $\Sigma_A$ 的重心，$A_iG$ 交单形的外

接超球面于 $A'_i(i=0,1,\cdots,n)$，记中线长 $m_i=\overline{A_iG_i}$ $(i=0,1,\cdots,n)$，则有

$$(1)\ \sum_{i=0}^{n}\overline{A_iA'_i}\geqslant\frac{2n}{n+1}\sum_{i=0}^{n}m_i \tag{2.7.9}$$

$$(2)\ \sum_{i=0}^{n}\overline{A_iA'_i}\geqslant\frac{2\sqrt{2}}{\sqrt{n(n+1)}}\sum_{0\leqslant i<j\leqslant n}\rho_{ij} \tag{2.7.10}$$

$$(3)\ \sum_{i=0}^{n}(\overline{A_iA'_i})^2\geqslant\frac{4}{n+1}\sum_{0\leqslant i<j\leqslant n}\rho_{ij}^2=\frac{4n^2}{(n+1)^2}\sum_{i=0}^{n}m_i^2 \tag{2.7.11}$$

当且仅当单形 $\Sigma_A$ 的重心 $G$ 与它的外心 $O$ 重合时，(2.7.9)(2.7.11) 中等号成立；又当且仅当 $\Sigma_A$ 为正则单形时，式(2.7.10) 中等号成立.

其他的有关几何不等式尚可参见[51]—[56].

## 2.8 与伪对称集相关的不等式

自杨路、张景中的论文[10] 问世以来，有关伪对称集的几何不等式引起了人们的兴趣与关注.

1988 年，周加农在文[57]中证明了如下定理：

**定理 1** 设 $\mathfrak{S}=\{P_1,P_2,\cdots,P_N\}\subset S^{n-1}(R)\subset E^n$ $(N>n)$，$a_{ij}=d(P_i,P_j)(i,j=1,2,\cdots,N)$，那么下列不等式成立

$$\left(\sum_{1\leqslant i<j\leqslant N} a_{ij}^{4}\right)^{3} \geqslant \frac{9n(n+1)}{2(n-1)^{2}}\left(\sum_{1\leqslant i<j<k\leqslant N} a_{ij}^{2}a_{jk}^{2}a_{ki}^{2}\right)^{2} \tag{2.8.1}$$

等号成立的充分必要条件是矩阵 $\boldsymbol{A}=(a_{ij}^{2})$ 的负特征值相等. 上述不等式(2.8.1)在文[58]中被推广到质点系的情形.

**定理 2**　设质点系 $\delta(m)=\{P_i(m_i), i=1,2,\cdots,N\}$,共超球面 $S_{n-1,R}\subset E^n(N>n)$,$S_{n-1,R}$ 之中心为坐标原点,$a_{ij}=d(P_i,P_j)(i,j=1,2,\cdots,N)$,则成立不等式

$$\left(\sum_{1\leqslant i<j\leqslant N} m^{i}m_{j}a_{ij}^{4}\right)^{3} \geqslant \frac{9n(n+1)}{2(n-1)^{2}}\left(\sum_{1\leqslant i<j<k\leqslant N} m_{i}m_{j}m_{k}a_{ij}^{2}a_{jk}^{2}a_{ki}^{2}\right)^{2} \tag{2.8.2}$$

等号成立当且仅当矩阵 $\boldsymbol{A}=(\sqrt{m_i}\sqrt{m_j}a_{ij}^{2})^{2}$ 的所有负特征值皆相等.

文[59]中,给出了伪对称集的一个充分必要条件.

**定理 3**　设 $\mathfrak{S}=\{P_1,P_2,\cdots,P_N\}\subset S^{n-1}(R)\subset E^n(N>n)$,$a_{ij}=d(P_i,P_j)(i,j=1,2,\cdots,N)$,则有

$$\sum_{1\leqslant i<j<k\leqslant N} a_{ij}^{2}a_{jk}^{2}a_{ki}^{2} \leqslant \frac{4N^{3}(n^{2}-1)R^{6}}{3n^{2}} \tag{2.8.3}$$

等号成立的充分必要条件是点集 $\mathfrak{S}$ 为 $E^n$ - 伪对称集.

1992 年,杨世国在文[60]中,也给出了伪对称集的一些充分必要条件.

**定理 4**　设 $\sigma=\{A_1,A_2,\cdots,A_N\}\subset S_{n-1,r}(N>n)$,点 $A_i$ 与 $A_j$ 间的球面距离为 $\overset{\frown}{A_iA_j}=\varphi_{ij}(1\leqslant i<j\leqslant N)$,则 $\sigma$ 是伪对称集的充分必要条件是下面两式同时成立

$$\begin{cases}\sum\limits_{1\leqslant i<j\leqslant N}\sin^2\dfrac{\varphi_{ij}}{2r}=\dfrac{N^2}{4}\\ \sum\limits_{1\leqslant i<j\leqslant N}\sin^4\dfrac{\varphi_{ij}}{2r}=\dfrac{(n+1)N^2}{8n}\end{cases}\tag{2.8.4}$$

**定理 5** 设 $\sigma=\{A_1,A_2,\cdots,A_N\}\subset S_{n-1,r}(N>n)$，点 $A_i$ 与 $A_j$ 间的球面距离为 $\overset{\frown}{A_iA_j}=\varphi_{ij}(1\leqslant i<j\leqslant N)$，则有不等式

$$\frac{N^4}{16}\geqslant\sum_{\substack{1\leqslant l<k\leqslant N\\1\leqslant i<j\leqslant N\\i\neq j\text{或}j\neq k}}\sin^2\frac{\varphi_{ij}}{2r}\sin^2\frac{\varphi_{lk}}{2r}+\left[\frac{9n(n+1)}{2(n-1)^2}\right]^{\frac{1}{3}}\cdot\left(\sum_{1\leqslant i<j<k\leqslant N}\sin^2\frac{\varphi_{ij}}{2r}\sin^2\frac{\varphi_{jk}}{2r}\sin^2\frac{\varphi_{ki}}{2r}\right)^2\tag{2.8.5}$$

当且仅当 $\sigma$ 是伪对称集时等号成立.

联系伪对称集的问题，文[61]中证明了如下定理：

**定理 6** 在 $E^n$ 中，当 $n$ 为偶数时，$n+2$ 个点必能成 $E^n$ 伪对称的；当 $n$ 为奇数时，$n+2$ 个点不可能成 $E^n$ 伪对称的.

## 参考文献

[1] 杨路，张景中. 关于有限点集的一类几何不等式. 数学学报，1980，5.

[2] 张景中，杨路. 关于质点组的一类几何不等式. 中国科学技术大学学报，1981，2.

[3] MITRINOVIĆ D S. 几何不等式的新进展. 陈计等，译. 北京：北京大学出版社，1994.

[4] 杨路，张景中. 非欧双曲几何的若干度量问题 I 等角嵌入和度量方程. 中国科学技术大学学

报,1983.

[5] 杨路,张景中.抽象距离空间的秩的概念.中国科学技术大学学报,1980,4.

[6] BLUMENTHAL L M. Theory and Applications of Distance Geometry. Oxford: Oxford University Press,1953.

[7] 杨路,张景中.双曲型空间紧致集的覆盖半径.中国科学(A辑),1982,8.

[8] 杨路,张景中. Neuberg-Pedoe不等式的高维推广及其应用.数学学报,1981,3.

[9] 杨路,张景中.度量方程应用于Sallee猜想.数学学报,1983,4.

[10] 杨路,张景中.伪对称集与有关的几何不等式.数学学报,1986,6.

[11] 张垚. Veljan-Korchmaros不等式的改进.数学杂志,1990,4.

[12] 苏化明.一个涉及单形体积、棱长及侧面面积的不等式.数学杂志,1993,4.

[13] 苏化明.关于单形的一个不等式,数学通报,1985,5.

[14] 刘根洪.关于n维单形体积不等式的一个定理.数学的实践与认识,1986,4.

[15] 毛其吉,左铨如.切点单形的一个几何不等式.数学的实践与认识,1987,4.

[16] 苏化明.关于切点单形的两个不等式.数学研究与评论,1990,2.

[17A] 张垚. 关于单形的一个猜想. 湖南教育学院学报,1990,5.

[17B] 张垚. 关于垂足单形的一个猜想. 系统科学与数学,1992,4.

[18] 杨路,张景中. 一个代数定理的几何证明(英). 中国科学技术大学学报,1981,4.

[19] TANNER R M. Some content maximizing properties theregular simples. Pac. J. Math. ,1974,52.

[20] KLAMKIN M S. The circumradins – inradius inequality fora simplex. Math. Magazine,1979,52.

[21] KLAMKIN M S. Problem 85.26,Inequaliey for a simples. SIAM Rev. ,1985,27.

[22] 左铨如,毛其吉. M. S. Klamkin 问题的推广. 科学通报,1987,1.

[23] 杨世国. $E^n$ 中 Euler 不等式的推广. 数学杂志,1991,4.

[24] 杨世国. Klamkin 定理的推广. 东北数学,1991,4.

[25] 苏化明. 关于单形的两个不等式. 科学通报,1987,1.

[26] 陈计,马援. 涉及两个单形的一类不等式. 数学研究与评论,1989,2.

[27] 毛其吉. 联系两个单形的不等式. 数学的实践与认识,1989,3.

[28] 熊倩,关于 Neuberg-Pedoe 不等式高维推广的一个注记,数学季刊,1991,3.

[29] 尹景尧,陈奉孝.关于联系两个单形的几何恒等式及应用.数学进展,1992,3.

[30] GUY R K. Lecture Notes in Math. ,490. Berlin:Springer Verlag,1975.

[31] ALEXANDER R. The width and diameter of a simplex. Geom. Dedicata,1977,6:1.

[32] 毛其吉,左铨如.切于已知球的单形的宽度.数学研究与评论,1989,1.

[33] OPPENHEIM A. Amer. Math. Monthly,1964,71,444.

[34] BOTTEMA O, et al. 几何不等式.单墫,译.北京:北京大学出版社,1991.

[35] ALEXANDER R. The Geometry of Metric and Linear Space. Berlin:Springer-Verlag,1975.

[36] 杨路,张景中.高维度量几何的两个不等式.成都科技大学学报,1981,4.

[37] 杨路,张景中.关于 Alexander 的一个猜想.科学通报,1982,27.

[38] 毛其吉.关于"度量加"的一个不等式.数学杂志,1988,2.

[39] 苏化明.关于度量加的一个定理及一个矩阵不等式.数学研究与评论,1994,2.

[40] BORTOŠ,ČASOPIS P. Pest Mat. ,1968,93.

[41] ERIKSSON F. The law of sines for tetrahedra and n-simplices. Geom. Dedicata,1978,7.

[42] 蒋星耀.关于高维单形顶点角的不等式.数学

年刊(8A),1987,6.

[43] 刘根洪. $E^n$ 中的正弦定理及其应用数学研究与评论,1989,1.

[44] 张垚. $E^n$ 中 $S$ 面空间角的正弦定理及其应用. 湖南教育学院学报,1993,5.

[45] 尹景尧,冯渭川. 关于空间角正弦的一个不等式及其应用. 数学的实践与认识,1988,3.

[46] 苏化明. 预给二面角的单形嵌入 $E^n$ 的充分必要条件的一个应用,数学杂志,1987,1.

[47] 冷岗松. 高维单形二面角的正弦定理及平分面的两个不等式. 数学研究与评论,1994,1.

[48] 苏化明. 关于单形的三角不等式. 数学研究与评论,1993,4.

[49] 苏化明. 关于单形二面角平分面面积的不等式. 数学杂志,1992,3.

[50] 苏化明. 与单形重心有关的几个几何不等式. 数学季刊,1989,1.

[51] 苏化明. 单形内顶角的不等式及其应用. 数学杂志,1994,3.

[52] 冷岗松. 关于 $n$ 维单形的一个不等式. 数学研究与评论,1990,4.

[53] 张晗方. 关于一个不等式的证明的简化与加强. 数学的实践与认识,1990,3.

[54] 尹景尧,冯渭川. 两个不等式的推广. 数学的实践与认识,1993,4.

[55] 郭曙光. 关于单形的一个猜想及两个不等式.

扬州师范学院学报,1992,4.
[56] 林祖成.关于N维单形的一类不等式.数学的实践与认识,1994,2.
[57] 周加农.共球诸点相互距离之间的一个不等式.科学通报,1988,14.
[58] 杨世国.共超球质点系的一个结果及其应用.数学杂志,1994,1.
[59] 周加农.伪对称集的一个充分必要条件.数学研究与评论,1990,1.
[60] 杨世国.球面型空间中伪对称集的两个几何特征与有关的一个几何不等式.数学杂志,1992,4.
[61] 左铨如,毛其吉.关于伪对称集的一个注记.科学通报,1987,19.
[62] 刘立,周加农.一个经典不等式的高维推广.数学季刊,1988,2.
[63] 苏化明.共球有限点集的一类几何不等式.数学年刊,1994,1.
[64] 单墫.几何不等式.上海:上海教育出版社,1980.
[65] 陈计.专著《几何不等式新进展》的补遗(I).宁波大学学报,1991,2.
[66] 哈代 G H,等著.不等式.北京:科学出版社,1965.
[67] BECKENBACH E F. BELLMAN R. Inequalities. Berlin:Springer-Verlag,1961.

# Pedoe 不等式在常曲率空间中的推广

# 第3章

自 1942 年以来,人们给 Pedoe 不等式以许许多多的证法和形形色色的推广.扬州大学师范学院数学与计算机科学系的左铨如教授在《抽象距离空间的秩的概念》的基础上给出一种更强的推广,并且其证法十分简捷.

设常曲率空间中 $n$ 维单形 $\sum_P=\{P_0, P_1,\cdots,P_n\}$ 的顶点 $P_i$ 与 $P_j$ 间的距离为 $\rho_{ij}$,行列式

$$D(P)=\det(g_{ij}) \quad (3.1)$$

中元素 $g_{ij}$ 的代数余子式记为 $D_{ij}(P)$.对应于欧氏空间、球面空间或双曲空间,行列式(3.1)中的元素 $g_{ij}$ 分别为 $\frac{1}{2}(\rho_{ni}^2-\rho_{nj}^2-\rho_{ij}^2)$, $\cos\sqrt{K}\rho_{ij}$ 或 $\mathrm{ch}\sqrt{-K}\rho_{ij}$.将(3.1)中去

掉第 $i,j$ 行和第 $i,j$ 列所得行列式记作 $D_{ij,ij}$，则我们有下列结果：

**定理1**　对于常曲率空间中的两个单形 $\Sigma_P,\Sigma_Q$，有

$$\frac{[D_{ii}(P)D_{jj}(P)D_{ii}(Q)D_{jj}(Q)]^{\frac{1}{2}}-D_{ij}(P)D_{ij}(Q)}{[D_{ij,ij}(P)D_{ij,ij}(Q)]^{\frac{1}{2}}}$$

$$\geqslant[D(P)D(Q)]^{\frac{1}{2}} \tag{3.2}$$

式中等号成立的充分必要条件是单形 $\Sigma_P$ 的两顶点 $P_i$ 与 $P_j$ 所对的 $n-1$ 维侧面 $f_i$ 与 $f_j$ 所成的内二面角 $\theta_{ij}(P)$ 与单形 $\Sigma_Q$ 相应的内二面角 $\theta_{ij}(Q)$ 相等.

**证明**　由余弦定理

$$\cos\theta_{ij}=\frac{D_{ij}}{\sqrt{D_{ii}D_{jj}}} \tag{3.3}$$

(对于非欧空间此式有时相差一个负号，但不影响最后结果)和恒等式

$$D_{ii}D_{jj}-D_{ij}^2=D_{ij,ij}D$$

即得

$$\sin\theta_{ij}=\frac{\sqrt{D_{ij,ij}D}}{\sqrt{D_{ii}\cdot D_{jj}}} \tag{3.4}$$

对单形 $\Sigma_P$ 和 $\Sigma_Q$ 的内二面角 $\theta_{ij}(P)$ 和 $\theta_{ij}(Q)$，运用不等式

$$\cos\theta_{ij}(P)\cos\theta_{ij}(Q)+\sin\theta_{ij}(P)\sin\theta_{ij}(Q)\leqslant 1$$

得

$$D_{ij}(P)D_{ij}(Q)+\sqrt{D_{ij,ij}(P)D(P)D_{ij,ij}(Q)D(Q)}$$

$$\leqslant\sqrt{D_{ii}(P)D_{jj}(P)D_{ii}(Q)D_{jj}(Q)}$$

变形即得(3.2).

特别地,对于 $n$ 维欧氏空间 $E^n$,这里的

$$D=\det(g_{ij})=-\begin{vmatrix}0 & 1\cdots1\\ \begin{matrix}1\\ \vdots\\ 1\end{matrix} & \boxed{-\frac{1}{2}\rho_{ij}^2}\end{vmatrix}=(n!\ V)^2$$

$$D_{ii}=[(n-1)!\ V_i]^2$$

$$D_{ij,ij}=[(n-2)!\ V_{ij}]^2\quad(\text{当 } n=2 \text{ 时}, V_{ij}=1).$$

这里的 $V$ 是 $n$ 维单形的体积,$V_i$ 是顶点 $P_i$ 所对侧面 $f_i$ 的 $n-1$ 维体积,$V_{ij}$是侧面 $f_i$ 与 $f_j$ 的交集的 $n-2$ 维体积. 将它们代入(3.2)可得下述定理 2.

**定理 2** 对于 $E^n$ 中的两个单形 $\Sigma_P,\Sigma_Q$ ,有

$$\frac{V_i(P)V_j(P)V_i(Q)V_j(Q)[1-\cos\theta_{ij}(P)\cos\theta_{ij}(Q)]}{V_{ij}(P)V_{ij}(Q)}$$

$$\geqslant\left(\frac{n}{n-1}\right)^2V(P)V(Q)\tag{3.5}$$

式中等号成立的充分必要条件是

$$\theta_{ij}(P)=\theta_{ij}(Q)\quad(i\neq j)$$

**推论 1** 对于常曲率空间中的两个单形 $\Sigma_P$, $\Sigma_Q$ ,有

$$\sum_{0\leqslant i<j\leqslant n}\frac{[D_{ii}(P)D_{jj}(P)D_{ii}(Q)D_{jj}(Q)]^{\frac{1}{2}}-D_{ij}(P)D_{ij}(Q)}{[D_{ij,ij}(P)D_{ij,ij}(Q)]^{\frac{1}{2}}}$$

$$\geqslant\frac{n(n+1)}{2}[D(P)D(Q)]^{\frac{1}{2}}\tag{3.6}$$

式中等号成立的充分必要条件是对于所有的 $i,j$, $\theta_{ij}(P)=\theta_{ij}(Q)$.

**推论 2**　对于 $E^n$ 中的两个单形 $\Sigma_P,\Sigma_Q$，有

$$\sum_{0\leqslant i<j\leqslant n}\frac{V_i(P)V_j(P)V_i(Q)V_j(Q)}{V_{ij}(P)V_{ij}(Q)}[1-\cos\theta_{ij}(P)\cos\theta_{ij}(Q)]$$

$$\geqslant\frac{n(n+1)}{2}\left(\frac{n}{n-1}\right)^2V(P)V(Q)\tag{3.7}$$

式中等号成立的充分必要条件是 $\Sigma_P$ 相似于 $\Sigma_Q$，且诸顶点 $P_i$ 相似对应于 $Q_i$.

在(3.7)中取

$$n=2,\cos\theta_{12}=\frac{a^2+b^2-c^2}{2ab},\cdots$$

便得到加强了的 Neuberg-Pedoe 不等式

$$\begin{aligned}&a'^2(b^2+c^2-a^2)+b'^2(c^2+a^2-b^2)+\\&c'^2(a^2+b^2-c^2)-\frac{2}{3}[(b'c-c'b)^2+\\&(c'a-a'c)^2+(a'b-b'a)^2]\\\geqslant&16\Delta\Delta'\end{aligned}$$

# Neuberg-Pedoe 不等式的高维推广及其应用

第 4 章

## 4.1 引　　言

如果说前面的论述大多局限于二维平面上,那么从现在开始就要正式进入到高维空间中,即由初等数学领地进入到高等数学领地.研究的手段也变成了矩阵与积分,名称也换为了单形.在大学生数学竞赛中经常会出现涉及 $n$ 维单形的试题.下面我们举的两个例子分别来自中国大学生数学夏令营和国际大学生数学竞赛.

1. Pedoe 不等式

**试题1** （第三届全国大学生数学夏令营数学竞赛第二题）证明：$n+1$ 面体

$$A=\left\{(x_1,\cdots,x_n)\in \mathbf{R}^n \mid \sum_{i=1}^{n} x_i^{\frac{1}{\alpha}}\leqslant 1,\ x_i\geqslant 0, i=1,\cdots,n\right\}$$

的体积为

$$V_A=\frac{[\Gamma(\alpha+1)]^n}{\Gamma(\alpha n+1)}$$

其中 $\alpha$ 为正数，$\Gamma(t)=\int_0^{\infty} \mathrm{e}^{-x}x^{t-1}\mathrm{d}x$ 为 Euler 积分 $\Gamma$ 函数.

提示：利用公式

$$\begin{aligned}B(p,q)&=\int_0^1(1-t)^{p-1}t^{q-1}\mathrm{d}t\\&=\frac{\Gamma(p)\Gamma(q)}{\Gamma(p+q)}\quad (p>0,q>0)\end{aligned}$$

**分析** 显然，$\alpha=1$ 是最简单的情形. 从此情形着手，看看能得到些什么启示. 我们知道，此时 $A$ 是 $n$ 维单形，记其体积为 $V^{(n)}$，则

$$\begin{aligned}V^{(n)}&=\int\cdots\int_{\substack{x_1,\cdots,x_n\geqslant 0\\ \sum_{i=1}^n x_i\leqslant 1}}\mathrm{d}x_1\cdots\mathrm{d}x_n\\&=\int_0^1\mathrm{d}x_1\int\cdots\int_{\substack{x_2,\cdots,x_n\geqslant 0\\ x_2+\cdots+x_n\leqslant 1-x_1}}\mathrm{d}x_2\cdots\mathrm{d}x_n\\&\quad(\text{令 } x_j=(1-x_1)\xi_j, j=3,\cdots,n)\\&=\int_0^1\mathrm{d}x_1\int\cdots\int_{\substack{\xi_2,\cdots,\xi_n\geqslant 0\\ \xi_2+\cdots+\xi_n\leqslant 1}}(1-x_1)^{n-1}\mathrm{d}\xi_2\cdots\mathrm{d}\xi_n\\&=\int_0^1(1-x_1)^{n-1}\mathrm{d}x_1\cdot V^{(n-1)}=\frac{1}{n}\cdot V^{(n-1)}\end{aligned}$$

因而,由于 $V^{(1)}=\text{meas}\{x\in\mathbf{R}\mid 0\leqslant x\leqslant 1\}=1$,所以

$$V^{(n)}=\frac{1}{n!}=\frac{(\Gamma(2))^n}{\Gamma(n+1)}$$

由此可以想到,对于一般的 $\alpha>0$,由 $n$ 重积分所表示的 $A$ 的体积亦可如求 $n$ 维单形体积那样,先求 $n-1$维积分,再求一维积分. 可作变数变换把 $n-1$ 维积分化为一个 $x_1$ 的函数乘以 $n-1$ 维的 $A$ 的体积,求出此 $x_1$ 的函数的积分,则得到 $n$ 维 $A$ 的体积与 $n-1$ 维 $A$ 的体积之间的一个递推关系,最终可求得 $n$ 维 $A$ 的体积.

**证明** 记 $n+1$ 面体 $A$ 的体积为 $V^{(n)}$,则

$$\begin{aligned}V^{(n)}&=\int\cdots\int_{\substack{x_1,\cdots,x_n\geqslant 0\\ x_1^{\frac{1}{\alpha}}+\cdots+x_n^{\frac{1}{\alpha}}\leqslant 1}}\mathrm{d}x_1\cdots\mathrm{d}x_n\\&=\int_0^1\mathrm{d}x_1\int\cdots\int_{\substack{x_2,\cdots,x_n\geqslant 0\\ x_2^{\frac{1}{\alpha}}+\cdots+x_n^{\frac{1}{\alpha}}\leqslant 1-x_1^{\frac{1}{\alpha}}}}\mathrm{d}x_2\cdots\mathrm{d}x_n\\&\quad(\text{令 } x_j=(1-x_1^{\frac{1}{\alpha}})^{\alpha}\xi_j,j\geqslant 2)\\&=\int_0^1\mathrm{d}x_1\int\cdots\int_{\substack{\xi_2,\cdots,\xi_n\geqslant 0\\ \xi_2^{\frac{1}{\alpha}}+\cdots+\xi_n^{\frac{1}{\alpha}}\leqslant 1}}(1-x_1^{\frac{1}{\alpha}})^{(n-1)\alpha}\mathrm{d}\xi_2\cdots\mathrm{d}\xi_n\\&=\int_0^1(1-x_1^{\frac{1}{\alpha}})^{(n-1)\alpha}\mathrm{d}x_1\cdot V^{(n-1)}\end{aligned}$$

然而

$$\begin{aligned}&\int_0^1(1-x_1^{\frac{1}{\alpha}})^{(n-1)\alpha}\mathrm{d}x_1\\=&\int_0^1(1-t)^{(n-1)\alpha}\cdot\alpha t^{\alpha-1}\mathrm{d}t\\=&\alpha\int_0^1(1-t)^{[(n-1)\alpha+1]-1}t^{\alpha-1}\mathrm{d}t\end{aligned}$$

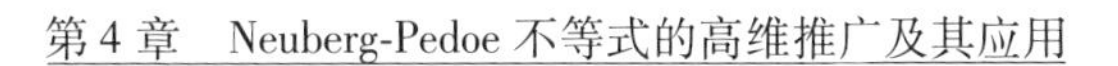

$$= \frac{\alpha\Gamma(\alpha)\Gamma((n-1)\alpha+1)}{\Gamma(n\alpha+1)}$$

$$= \frac{\Gamma(\alpha+1)\Gamma((n-1)\alpha+1)}{\Gamma(n\alpha+1)}$$

(由分部积分易知

$$\Gamma(\alpha+1) = \int_0^{+\infty} e^{-x}x^{(\alpha+1)-1}dx = \alpha\Gamma(\alpha))$$

所以

$$V^{(n)} = \frac{\Gamma(\alpha+1)\Gamma((n-1)\alpha+1)}{\Gamma(n\alpha+1)}V(n-1)$$

$$= \frac{\Gamma(\alpha+1)\Gamma((n-1)\alpha+1)}{\Gamma(n\alpha+1)} \cdot \frac{\Gamma(\alpha+1)\Gamma((n-2)\alpha+1)}{\Gamma((n-1)\alpha+1)} \cdot V^{(n-2)}$$

$$= \cdots$$

$$= (\Gamma(\alpha+1))^{n-1} \cdot V^{(1)} \cdot \frac{\Gamma((n-1)\alpha+1) \cdot \Gamma((n-2)\alpha+1)\cdots\Gamma(\alpha+1)}{\Gamma(n\alpha+1) \cdot \Gamma((n-1)\alpha+1)\cdots\Gamma(2\alpha+1)}$$

$$= \frac{(\Gamma(\alpha+1))^n}{\Gamma(n\alpha+1)}$$

由于 $V^{(1)} = \text{meas}\{x \in \mathbf{R} \mid x \geqslant 0, x^{\frac{1}{\alpha}} \leqslant 1\} = \text{meas}\{x \in \mathbf{R} \mid 0 \leqslant x \leqslant 1\} = 1.$

**说明** 由于题中已有了 $n+1$ 面体 $A$ 的体积的表达式,则也可用数学归纳法来证明它.

显然,$V^{(1)} = 1 = \frac{\Gamma(\alpha+1)}{\Gamma(\alpha+1)}$.

现设 $V^{(n-1)} = \frac{(\Gamma(\alpha+1))^{n-1}}{\Gamma((n-1)\alpha+1)}$,则由证明中可知

$$V^{(n)} = \frac{\Gamma(\alpha+1)\Gamma((n-1)\alpha+1)}{\Gamma(n\alpha+1)}V^{(n-1)}$$

$$=\frac{\Gamma(\alpha+1)\Gamma((n-1)\alpha+1)}{\Gamma(n\alpha+1)}\cdot\frac{(\Gamma(\alpha+1))^{n-1}}{\Gamma((n-1)\alpha+1)}$$

$$=\frac{(\Gamma(\alpha+1))^{n}}{\Gamma(n\alpha+1)}$$

即题中 $n+1$ 面体 $A$ 的体积表达式是正确的.

当然,这两种证法本质上是一样的.

**试题 2** (第 16 届国际大学生数学竞赛题)设 $n$ 是正整数,$\mathbf{R}^n$ 中的一个 $n$ - 单形由 $n+1$ 个不在同一个超平面上的点 $P_0,P_1,\cdots,P_n$(称为顶点)给定. 对每一个 $n$ - 单形 $S$,我们用 $v(S)$ 表示 $S$ 的体积,$C(S)$ 表示包含 $S$ 的所有顶点的唯一球面的中心.

设 $P$ 为 $n$ - 单形 $S$ 内的点,$S_i$ 为用 $P$ 替代 $S$ 的第 $i$ 个顶点得到的 $n$ - 单形. 证明

$$v(S_0)C(S_0)+v(S_1)C(S_1)+\cdots+v(S_n)C(S_n)=v(S)C(S)$$

**解法 1** 对 $n$ 用数学归纳法,从 $n=1$ 开始,在这种情形,给定了区间 $[a,b]$ 和一点 $p\in(a,b)$,我们要验证

$$(b-p)\frac{b+p}{2}+(p-a)\frac{p+a}{2}=(b-a)\frac{b+a}{2}$$

这显然是正确的.

现设当 $n-1$ 时结论成立,要证明当 $n$ 时结论也成立. 我们要证明点

$$X=\sum_{j=0}^{n}\frac{v(S_j)}{v(S)}O(S_j)$$

到点 $P_0,P_1,\cdots,P_n$ 的距离相等. 设 $i\in\{0,1,2,\cdots,n\}$,定义

$$M_i=\{P_0,P_1,\cdots,P_{i-1},P_{i+1},\cdots,P_n\}$$

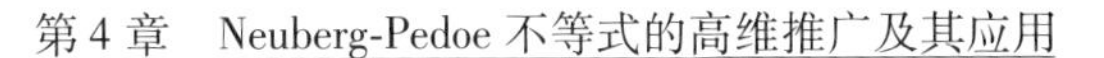

到 $M_i$ 所有的点距离相等的点集为垂直于由 $M_i$ 中的点确定的超平面 $E_i$ 的一条直线 $h_i$. 我们将证明 $X$ 在所有的 $h_i$ 上. 为此,固定某一指标 $i$,注意到

$$X=\frac{v(S_i)}{v(S)}O(S_i)+\frac{v(S)-v(S_i)}{v(S)}\cdot\underbrace{\sum_{j\neq i}\frac{v(S_j)}{v(S)-v(S_i)}O(S_j)}_{Y}$$

$O(S_i)$ 在 $h_i$ 上,因此只需证明 $Y$ 在 $h_i$ 上.

映射 $f:\mathbf{R}>0\to\mathbf{R}^n$ 称为仿射的,若存在点 $A,B\in\mathbf{R}^n$,使得 $f(\lambda)=\lambda A+(1-\lambda)B$. 考虑从 $P_i$ 出发通过 $P$ 的射线 $g$. 对 $\lambda>0$,令 $P_\lambda=(1-\lambda)P+\lambda P_i$,则 $P_\lambda$ 为仿射函数,表示射线 $g$ 上的点. 对每个这样的 $\lambda$,令 $S_j^\lambda$ 为用 $P_\lambda$ 替代 $S$ 的第 $j$ 个顶点得到的 $n$ - 单形. 点 $O(S_j^\lambda)$ 为定直线 $h_j$ 与过由仿射函数给出的线段 $\overline{P_iP_\lambda}$ 的中点且垂直于 $g$ 的超平面的交点. 故 $O(S_j^\lambda)$ 也是仿射函数.

令 $\varphi_j=\dfrac{v(S_j)}{v(S)-v(S_i)}$,则

$$Y_\lambda=\sum_{j\neq i}\varphi_jO(S_j^\lambda)$$

是仿射函数. 我们要证明对于所有的 $\lambda$(特别取 $\lambda=1$ 得到所需的结论),$Y_\lambda\in h_i$. 只需对 $\lambda$ 的两个不同值证明即可.

设 $g$ 与包含 $S$ 的顶点的球面相交于点 $Z$,则存在 $\lambda>0$,使得 $Z=P_\lambda$,且对所有的 $j$,有 $O(S_j^\lambda)=O(S)$,因此 $Y_\lambda=O(S)\in h_i$. 现在令 $g$ 与超平面 $E_i$ 交于点 $Q$,则存在 $\lambda>0$,使得 $Q=P_\lambda$,且 $Q$ 与 $Z$ 不同. 令 $T$ 为以 $M_i$ 作为顶点集的 $(n-1)$ - 单形,$T_j$ 为用 $Q$ 替代 $T$ 的顶点 $P_j$ 得到的 $(n-1)$ - 单形. 如果我们记 $v'$ 为超平面 $E_i$

中$(n-1)$-单形的体积,则

$$\frac{v'(T_j)}{v'(T)}=\frac{v(S_j^\lambda)}{v(S)}=\frac{v(S_j^\lambda)}{\sum_{k\neq i}v(S_k^\lambda)}=\frac{\lambda v(S_j)}{\sum_{k\neq i}\lambda v(S_k)}=\frac{v(S_j)}{v(S)-v(S_i)}=\varphi_j$$

如果 $p$ 表示到 $E_i$ 的正交投影,则 $p(O(S_j^\lambda))=O(T_j)$,因此,由归纳假设,$p(Y_\lambda)=\sum_{j\neq i}\varphi_j O(T_j)$ 与 $O(T)$ 相等. 所以 $Y_\lambda\in p^{-1}(O(T))=h_i$,证毕.

**解法 2** 对 $n=1$,容易验证结论是正确的.

假设 $n\geqslant 2$. 将 $O(S_j)-O(S)$ 记作 $q_j$,$P_j-P$ 记作 $p_j$. 对所有不同的 $j,k\in\{0,\cdots,n\}$,点 $O(S_j)$ 在垂直于 $p_k$ 的超平面上,而 $P_j$ 在垂直于 $q_k$ 的超平面上,因此,我们有

$$\begin{cases}\langle p_i,q_j-q_k\rangle=0\\ \langle q_i,p_j-p_k\rangle=0\end{cases}$$

其中 $j\neq i\neq k$. 这表明当 $j\neq i$ 时,值 $\langle p_i,q_j\rangle$ 与 $j$ 无关,记作 $\lambda_i$. 同理,可设 $\langle q_i,p_j\rangle=:\mu_i$. 因为 $n\geqslant 2$,这些等式表明所有的 $\lambda_i$ 及 $\mu_i$ 值相等,特别地,对于任意的 $i$ 和 $j$,有 $\langle p_i,q_j\rangle=\langle p_j,q_i\rangle$.

我们断言对这些 $p_i$ 和 $q_i$,体积

$$V_j=|\det(p_0,\cdots,p_{j-1},p_{j+1},\cdots,p_n)|$$

和

$$W_j=|\det(q_0,\cdots,q_{j-1},q_{j+1},\cdots,q_n)|$$

是成比例的. 事实上,先假设 $\boldsymbol{p}_0,\cdots,\boldsymbol{p}_{n-1}$ 和 $\boldsymbol{q}_0,\cdots,\boldsymbol{q}_{n-1}$ 为 $\mathbf{R}^n$ 的基,则我们有

$$V_j=\frac{1}{|\det(\boldsymbol{q}_0,\cdots,\boldsymbol{q}_{n-1})|}|\det(\langle\boldsymbol{p}_k,\boldsymbol{q}_l\rangle)_{\substack{k\neq j\\ l<n}}|$$

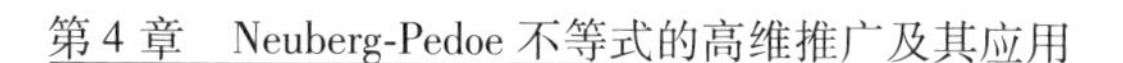

$$= \frac{1}{|\det(\boldsymbol{q}_0, \cdots, \boldsymbol{q}_{n-1})|} |\det(\langle \boldsymbol{p}_k, \boldsymbol{q}_l \rangle)_{\substack{l \neq j \\ k < n}}|$$

$$= \left|\frac{\det(\boldsymbol{p}_0, \cdots, \boldsymbol{p}_{n-1})}{\det(\boldsymbol{q}_0, \cdots, \boldsymbol{q}_{n-1})}\right| W_j$$

若任意改变向量 $\boldsymbol{p}_i$ 和 $\boldsymbol{q}_i$ 的指标后我们的假设不成立，则 $\boldsymbol{p}_i$ 和 $\boldsymbol{q}_i$ 都将张成维数至多为 $n-1$ 的子空间，故所有的体积为0.

最后，显然 $\frac{\sum \boldsymbol{q}_j W_j}{\det(\boldsymbol{q}_0, \cdots, \boldsymbol{q}_n)} = 0$：$\boldsymbol{p}_j$ 的权重是0，在其余的向量 $\boldsymbol{q}_k$ 张成的超平面的高度相当于 $\boldsymbol{p}_j$ 到同一超平面的高度，因此，这个和平行于由 $\boldsymbol{q}_0, \cdots, \boldsymbol{q}_n$ 张成单形的所有的面. 综上所述，我们可以将权重改成与权重 $\frac{V_j}{\det(p_0, \cdots, p_n)}$ 成比例的集，其和仍将为0，即

$$\begin{aligned}
0 &= \sum q_j \frac{V_j}{\det(p_0, \cdots, p_n)} \\
&= \sum (O(S_j) - O(S)) \frac{v(S_j)}{v(S)} \\
&= \frac{1}{v(S)} \left(\sum O(S_j) v(S_j) - O(S) \sum v(S_j)\right) \\
&= \frac{1}{v(S)} \left(\sum O(S_j) v(S_j) - O(S) v(S)\right)
\end{aligned}$$

## 4.2　Neuberg-Pedoe不等式的高维推广及应用

本节中我们用 $\Sigma_A, \Sigma_B$ 表示 $n$ 维欧氏空间 $E^n$ 中的

单形;其顶点分别为 $a_1, a_2, \cdots, a_{n+1}$ 和 $b_1, b_2, \cdots, b_{n+1}$;其棱长分别为 $a_{ij} = |a_i a_j|$ 和 $b_{ij} = |b_i b_j|$;其体积分别为 $V(A), V(B)$.

令 $\boldsymbol{\Sigma}_A, \boldsymbol{\Sigma}_B$ 的顶点集 $\{a_i\}, \{b_i\}$ 的 Cayley-Menger 阵分别为 $n+2$ 阶方阵 $\boldsymbol{U}, \boldsymbol{B}$,即

$$\boldsymbol{U} = \begin{pmatrix} 0 & 1 & \cdots & 1 \\ 1 & & & \\ \vdots & & -\frac{1}{2}a_{ij}^2 & \\ 1 & & & \end{pmatrix}, \boldsymbol{B} = \begin{pmatrix} 0 & 1 & \cdots & 1 \\ 1 & & & \\ \vdots & & -\frac{1}{2}b_{ij}^2 & \\ 1 & & & \end{pmatrix}$$

这个定义和一般文献略有出入——每个柱心元素多乘了一个因子 $-\frac{1}{2}$.

记 $\det\boldsymbol{U} = A, \det\boldsymbol{B} = B$,分别叫作点集 $\{a_i\}$ 和 $\{b_i\}$ 的 Cayley-Menger 行列式. 同通常一致,用 $A_{ij}, B_{ij}$ 分别记对应于 $A, B$ 的代数余子式,$i, j = 0, 1, \cdots, n+1$.

中国科技大学数学系的杨路,张景中两位教授 1981 年证明了下列一般形式的不等式:

**定理 1** 对 $E^n$ 中的两个单形 $\boldsymbol{\Sigma}_A, \boldsymbol{\Sigma}_B$,有

$$\sum_{i=1}^{n+1} \sum_{j=1}^{n+1} a_{ij}^2 b_{ij} \geqslant 2n(n!)^2 V(A)^{\frac{2}{n}} V(B)^{2-\frac{2}{n}} \tag{4.2.1}$$

而且,当且仅当 $\boldsymbol{\Sigma}_A$ 相似于 $\boldsymbol{\Sigma}_B$ 且诸顶点 $a_i$ 相似对应于 $b_i$ 时,等式成立.

在定理 1 中取 $n = 2$,得到 Neuberg-Pedoe 不等式

$$a'^2(-a^2+b^2+c^2)+b'^2(a^2-b^2+c^2)+$$
$$c'^2(a^2+b^2-c^2)\geqslant 16\Delta\Delta' \tag{*}$$

这里$\Delta,\Delta'$表示两个三角形的面积,$a,b,c$ 和 $a',b',c'$分别表示两个三角形的边;而等式成立的充分必要条件是这两个三角形相似.

不等式(*)被称为“第一个有趣的关于两个三角形的不等式”. 1942 年 Pedoe 在 Finsler 和 Hadwiger 的一篇文章启发之下找到了式(*)第一个证明. 此后数十年中 Pedoe 本人和别人又提供了许多新的证明,几何的或纯代数的,Pedoe 的最近的一个证明发表于1976 年.

定理 1 是 Neuberg-Pedoe 不等式在高维空间的直接推广. 作为定理 1 的一个有趣的应用,我们将考虑下述问题:

我们知道,若单形 $\Sigma_A$ 的诸棱长 $a_{ij}$ 各自不超过单形 $\Sigma_B$ 的对应的棱长 $b_{ij}$ 时,一般而言,不能断言有 $V(A)\leqslant V(B)$. 那么,在 $a_{ij}\leqslant b_{ij}$ 之外再附加什么条件才能使 $V(A)\leqslant V(B)$一定成立呢?

当 $n=2$,即 $\Sigma_A,\Sigma_B$ 是三角形时,问题是平凡的:只要 $\Sigma_B$ 是非钝角三角形就够了. 在 $n\geqslant 3$ 的一般情况,可以引入非钝角单形的概念:如果某单形的每个(由单形的两个 $n-1$ 维棱所成的二面角)内角皆非钝角,则称之为非钝角的. 这样,应用定理 1 及某些属于距离几何的结果和方法,可得:

**定理 2**　设 $E^n$ 中两单形 $\Sigma_A,\Sigma_B$ 满足:

(1) $a_{ij} \leqslant b_{ij}(i,j=1,2,\cdots,n+1)$;

(2) $\Sigma_B$是非钝角的,

则必有

$$V(A) \leqslant V(B)$$

在证明定理 2 的过程中,我们可以看到定理 1 也可写成另一种形式. 令 $S_i(B)$ 表示 $\Sigma_B$ 的顶点 $b_i$ 所对的$n-1$维棱的 $n-1$ 维体积,$\theta_{ij}(B)$ 表示 $b_i$ 所对的 $n-1$ 维棱与 $b_j$ 所对的 $n-1$ 维棱所成的内角,于是有:

**定理 1′** 对 $E^n$ 中的两个单形 $\Sigma_A,\Sigma_B$ 有:

$$\sum_{i=1}^{n+1}\sum_{j=1}^{n+1} a_{ij}^2 S_i(B) S_j(B) \cos\theta_{ij}(B) \geqslant 2n^3 V(A)^{\frac{2}{n}} V(B)^{2-\frac{2}{n}} \tag{4.2.2}$$

(或 $\sum_{i<j} a_{ij}^2 S_i(B) S_j(B) \cos\theta_{ij}(B) \geqslant n^3 V(A)^{\frac{2}{n}} V(B)^{2-\frac{2}{n}}$),

而且当且仅当诸顶点 $a_i$ 相似对应于 $b_i$ 时等式成立.

(4.2.2)与(4.2.1)的等价性将于下面证明. 二者对比起来. (4.2.2)具有鲜明的几何意义,而(4.2.1)则具有代数的简捷性.

附带提一下:有些文献中提到另外的"锐角单形"的概念,与上述"非钝角单形"的概念有实质上的不同. 例如,Alexander 在 *Two Notes on Metric Geometry* 中引进的锐角单形概念同我们的概念互不蕴含. 在我们看来 Alexander 的概念与直观上锐角的概念颇有距离(这是可以用反例证明的),但他那样做是为了该文的特殊需要.

最后一节,讨论了定理 2 的非欧情况,并提出了一个猜想.

**定理1的证明**

引入记号

$$\begin{cases} q_{ij}=\frac{1}{2}(a_{i,n+1}^2+a_{j,n+1}^2-a_{ij}^2) \\ r_{ij}=\frac{1}{2}(b_{i,n+1}^2+b_{j,n+1}^2-b_{i,j}^2) \end{cases} \quad (i,j=1,2,\cdots,n+1) \tag{4.2.3}$$

$$\boldsymbol{Q}=(q_{ij}),\boldsymbol{R}=(r_{i,j}) \quad (\boldsymbol{Q},\boldsymbol{R}\text{ 为 }n\times n\text{ 方阵},i,j=1,2,\cdots,n) \tag{4.2.4}$$

$$s_{ij}(\lambda)=q_{i,j}+\lambda r_{i,j} \tag{4.2.5}$$

$$\boldsymbol{S}(\lambda)=(s_{i,j}(\lambda))$$

$$(\boldsymbol{S}(\lambda)\text{ 为 }n\times n\text{ 方阵},i,j=1,2,\cdots,n)$$

$$f_{i,j}(\lambda)=-\frac{1}{2}(a_{ij}^2+\lambda b_{ij}^2) \tag{4.2.6}$$

$$\boldsymbol{F}(\lambda)=\begin{pmatrix} 0 & 1 & \cdots & 1 \\ 1 & & & \\ \vdots & & f_{ij}(\lambda) & \\ 1 & & & \end{pmatrix}$$

($\boldsymbol{F}(\lambda)$为$(n+2)\times(n+2)$方阵,$i,j=1,2,\cdots,n+1.$)

我们的方法是从考虑方程 $\det\boldsymbol{F}(\lambda)=0$ 的根入手,对 $\det\boldsymbol{F}(\lambda)$作不改变值的行列变换:约定 $\boldsymbol{F}(\lambda)$的行(列)号是由 0 至 $n+1$,把第 0 行(列)乘以 $-f_{i,n+1}(\lambda)(-f_{n+1,j}(\lambda))$后加到第 $i$ 行($j$ 列),即得

$$\det \boldsymbol{F}(\lambda)=\begin{vmatrix}0 & 1 & \cdots & 1\\1 & & & \\\vdots & & f_{ij}(\lambda) & \\1 & & & \end{vmatrix}=\begin{vmatrix}0 & 1 & \cdots & 1 & 1\\1 & & & & 0\\\vdots & & S_{ij}(\lambda) & & \vdots\\1 & & & & 0\\1 & 0 & \cdots & 0 & 0\end{vmatrix}$$

$$=-\left|s_{ij}(\lambda)\right|=-\det \boldsymbol{S}(\lambda)$$

$$=-\det(\boldsymbol{Q}+\lambda \boldsymbol{R})$$

于是可令

$$-\det \boldsymbol{F}(\lambda)=\det(\boldsymbol{Q}+\lambda \boldsymbol{R})=c_0\lambda^n+c_1\lambda^{n-1}+\cdots+c_n \tag{4.2.7}$$

由于 $\boldsymbol{Q},\boldsymbol{R}$ 都是实的对称正定方阵,从而知诸系数 $c_0$,$c_1,\cdots,c_n$ 都是非负的,而且此方程的根都是非正的实根. 由 Maclaurin 不等式

$$\frac{1}{n}\frac{c_1}{c_0}\geqslant\left(\frac{2}{n(n-1)}\cdot\frac{c_2}{c_0}\right)^{\frac{1}{2}}\geqslant\left(\frac{6}{n(n-1)(n-2)}\frac{c_3}{c_0}\right)^{\frac{1}{3}}$$

$$\geqslant\cdots\geqslant\left(\frac{c_n}{c_0}\right)^{\frac{1}{n}} \tag{4.2.8}$$

这里只用其两端

$$c_1\geqslant nc_0^{1-\frac{1}{n}}c_n^{\frac{1}{n}} \tag{4.2.9}$$

另一方面,将多项式(4.2.7)按行列式展开得到

$$\begin{cases}c_0=-\det \mathfrak{B}=-B\\c_n=-\det \mathfrak{U}=-A\\c_1=\sum\limits_{i=1}^{n+1}\sum\limits_{j=1}^{n+1}\frac{a_{ij}^2}{2}\cdot B_{i,j}\end{cases} \tag{4.2.10}$$

根据熟知的单纯形体积公式

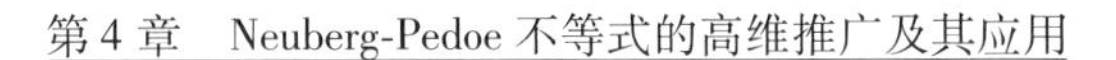

$$V(A)^2=-\frac{1}{(n!)^2}A, V(B)^2=-\frac{1}{(n!)^2}B \tag{4.2.11}$$

把(4.2.10)(4.2.11)代入(4.2.9),就得到

$$\sum_{i=1}^{n+1}\sum_{j=1}^{n+1}\frac{a_{ij}^2}{2}B_{ij}\geqslant n(n!)^2V(A)^{\frac{2}{n}}V(B)^{2-\frac{2}{n}}$$

亦即

$$\sum_{i=1}^{n+1}\sum_{j=1}^{n+1}a_{ij}^2B_{ij}\geqslant 2n(n!)^2V(A)^{\frac{2}{n}}V(B)^{2-\frac{2}{n}}$$

剩下的是证明等式成立的充要条件.

先证条件的充分性. 假设 $\boldsymbol{\Sigma}_A$ 与 $\boldsymbol{\Sigma}_B$ 按顶点编号顺序相似,可令

$$a_{ij}=\mu_0 b_{ij}\quad(\mu_0>0,i,j=1,2,\cdots,n+1) \tag{4.2.12}$$

于是从(4.2.3)和(4.2.4)知

$$q_{i,j}=\mu_0 r_{i,j},\boldsymbol{Q}=\mu_0\boldsymbol{R} \tag{4.2.13}$$

所以

$$\begin{aligned}-\det\boldsymbol{F}(\lambda)&=\det(\boldsymbol{Q}+\lambda\boldsymbol{R})=\det(\mu_0\boldsymbol{R}+\lambda\boldsymbol{R})\\&=\det((\lambda+\mu_0)\boldsymbol{R})\\&=(\lambda+\mu_0)^n\det\boldsymbol{R}\end{aligned}$$

可见, $-\mu_0$ 是 $\det\boldsymbol{F}(\lambda)=0$ 的 $n$ 重根. 而诸根两两相等是 Maclaurin 不等式的等号成立的充要条件,故

$$\frac{1}{n}\cdot\frac{c_1}{c_0}=\left(\frac{c_n}{c_0}\right)^{\frac{1}{n}} \tag{4.2.14}$$

从而(4.2.1)中的等式成立,充分性证毕.

反之,若式(4.2.2)的等号成立,即(4.2.14)成立,那么, $\det(\boldsymbol{Q}+\lambda\boldsymbol{R})=0$ 有 $n$ 重根. 但由于 $\boldsymbol{Q},\boldsymbol{R}$ 是对

称阵，$\boldsymbol{R}$ 正定，故有合同变换 $\boldsymbol{T}$，使

$$\boldsymbol{TRT}^{\tau}=\boldsymbol{E},\boldsymbol{TQT}^{\tau}=\begin{bmatrix}\mu_1 & & 0\\ & \ddots & \\ 0 & & \mu_n\end{bmatrix}$$

于是

$$\det(\boldsymbol{Q}+\lambda\boldsymbol{R})=\frac{1}{(\det\boldsymbol{T})^2}(\lambda+\mu_1)\cdots(\lambda+\mu_n)$$

由 $\det(\boldsymbol{Q}+\lambda\boldsymbol{R})=0$ 有 $n$ 重根推知

$$\mu_1=\mu_2=\cdots=\mu_n=\mu$$

故

$$\boldsymbol{TQT}^{\tau}=\mu\boldsymbol{TRT}^{\tau}$$

即 $\boldsymbol{Q}=\mu\boldsymbol{R}$，再由(4.2.3)得

$$a_{ij}=\mu b_{ij}\quad(i,j=1,2,\cdots,n+1)$$

即 $\Sigma_A$ 与 $\Sigma_B$ 按顶点编号顺序相似. 必要性证毕.

不难看出，把(4.2.8)中的 $c_2,c_3,\cdots,c_{n-1}$ 等计算出来之后，还可以从中得出许多几何不等式，其中每一个都可以看成 Neuberg-Pedoe 不等式的推广. 如果仅仅为了导出(4.2.2)，当然只用熟知的算术—几何平均不等式已经足够了.

**定理 2 的证明**

令 $\theta_{ij}(B)$ 表示单形 $\Sigma_B$ 的顶点 $b_i$ 所对的 $n-1$ 维棱与 $b_j$ 所对的 $n-1$ 维棱所成的内角，为证明定理 2，需要下述引理：

**引理 1** 在前面约定的记号之下

$$\cos\theta_{ij}(B)=\frac{B_{ij}}{\sqrt{B_{ii}B_{jj}}}\quad(i,j=1,2,\cdots,n+1)\tag{4.2.15}$$

这个引理(高维余弦定律)的证明作者已在《关于有限点集的一类几何不等式》中给出. 由于篇幅较大,此处不再重复.

按前面所约定记号,$S_i(B)$ 和 $S_j(B)$ 分别表顶点 $b_i$,$b_j$ 所对的 $n-1$ 维棱的 $n-1$ 维体积,由体积公式知

$$S_i(B)^2=-\frac{1}{((n-1)!)^2}B_{ii},S_j(B)^2=-\frac{1}{((n-1)!)^2}B_{jj}\tag{4.2.16}$$

把它代入(4.2.1)中就有

$$\sum_{i=1}^{n+1}\sum_{j=1}^{n+1}a_{ij}^2S_i(B)S_j(B)\cos\theta_{ij}(B)\geqslant 2n^3V(A)^{\frac{2}{n}}V(B)^{2-\frac{2}{n}}\tag{4.2.17}$$

这就是定理1′. 现在往证定理2.

考虑等式

$$\lambda^nB=\frac{1}{\lambda}\begin{vmatrix}0 & \lambda & \cdots & \lambda\\ 1 & & & \\ \vdots & & -\frac{1}{2}\lambda b_{ij}^2 & \\ 1 & & & \end{vmatrix}=\begin{vmatrix}0 & 1 & \cdots & 1\\ 1 & & & \\ \vdots & & -\frac{1}{2}\lambda b_{ij}^2 & \\ 1 & & & \end{vmatrix}$$

两端对 $\lambda$ 求微商再令 $\lambda=1$,同时把右端由于分行微商所产生的行列式按求微商的那一行展开,即得

$$\sum_{i=1}^{n+1}\sum_{j=1}^{n+1}\frac{b_{ij}^2}{2}B_{ij}=-nB=n(n!)^2V(B)^2\tag{4.2.18}$$

由于定理2的假设条件(2),$\Sigma_B$是非钝角的,即 $\cos\theta_{ij}(B)\geqslant 0$,从而

$$B_{ij}\geqslant 0\quad(i,j=1,2,\cdots,n+1)\tag{4.2.19}$$

再加上条件(1),$a_{ij}\leqslant b_{ij}$,由(4.2.18)可推出

$$\begin{aligned} V^2(B) &= \frac{1}{n(n!)^2}\sum_{i=1}^{n+1}\sum_{j=1}^{n+1}\frac{b_{ij}^2}{2}B_{ij} \\ &\geqslant \frac{1}{n(n!)^2}\sum_{i=1}^{n+1}\sum_{j=1}^{n+1}\frac{a_{ij}^2}{2}B_{ij} \geqslant V(A)^{\frac{2}{n}}V(B)^{2-\frac{2}{n}} \end{aligned} \tag{4.2.20}$$

化简即得

$$V(A)\leqslant V(B)$$

定理 2 证毕.

这个定理也可以写成下列形式而不必假定$a_{ij}\leqslant b_{ij}$:

**定理 2′** 如果 $\Sigma_B$ 是非钝角的,则成立着不等式

$$\frac{V(A)}{V(B)}\leqslant\left(\max_{i,j}\frac{a_{ij}}{b_{ij}}\right)^n \tag{4.2.21}$$

显然此定理中的 $\Sigma_B$ 非钝角这一要求是不能取消的.

**关于非欧情况的讨论**

下面考虑将定理 2 推广到非欧常曲率空间的可能性问题.

定理 2 在罗巴切夫斯基空间中并不成立. 即使在 2 维情形也存在反例. 事实上,有:

**定理 3** 在罗巴切夫斯基平面上存在着两个这样的三角形$\triangle_A$,$\triangle_B$:

(1) $\triangle_A$ 的各边长不超过$\triangle_B$ 的对应边长;

(2) $\triangle_B$ 是非钝角的,

但是

$$\text{area}\triangle_A > \text{area}\triangle_B$$

**证明**　令$\triangle_A$是三个角都等于$\frac{\pi}{6}$的等边三角形，而$\triangle_B$是等腰直角三角形，夹直角的两边与$\triangle_A$的边等长.

由于罗氏平面上直角三角形仍然是斜边最长，因此有：

(1) $\triangle_A$的各边长不超过$\triangle_B$的对应边长.

此外，既然$\triangle_B$是直角三角形，它就不可能再有一个钝角，所以：

(2) $\triangle_B$是非钝角的.

最后来比较$\triangle_A$与$\triangle_B$的面积. 设这个罗氏平面曲率为$K$，由于$\triangle_A$的欠角为$\frac{\pi}{2}$，故有

$$\text{area}\triangle_A = \frac{1}{|K|} \cdot \frac{\pi}{2}$$

另一方面，$\triangle_B$的三内角和大于$\frac{\pi}{2}$，于是它的欠角小于$\frac{\pi}{2}$，故有

$$\text{area}\triangle_B < \frac{1}{|K|}\ \frac{\pi}{2}$$

从而定理3得证.

但是，定理2在球面上(具有正曲率的二维常曲率空间)却是真确的. 亦即有：

**定理4**　在同一球面上的两个三角形$\triangle_A$与$\triangle_B$如果满足两个条件：

(1) $\triangle_A$的各边长不超过$\triangle_B$的对应边长；

(2) $\triangle_B$ 是非钝角的,
则有不等式

$$\text{area}\triangle_A \leqslant \text{area}\triangle_B$$

**证明** 不妨设球半径为 1, $\triangle_A$, $\triangle_B$ 的对应各边设为 $a_{ij}$, $b_{ij}$ $(i,j=1,2,3)$,各边所对的内角设为 $\alpha_{ij}$, $\beta_{ij}$. 又令

$$\boldsymbol{U}^*=\begin{pmatrix}1 & \cos a_{12} & \cos a_{13}\\ \cos a_{21} & 1 & \cos a_{23}\\ \cos a_{31} & \cos a_{32} & 1\end{pmatrix}$$

$$\boldsymbol{B}^*=\begin{pmatrix}1 & \cos b_{12} & \cos b_{13}\\ \cos b_{21} & 1 & \cos b_{23}\\ \cos b_{31} & \cos b_{32} & 1\end{pmatrix}$$

$$A^*=\det\boldsymbol{U}^*, B^*=\det\boldsymbol{B}^*$$

由于 $\boldsymbol{U}^*$, $\boldsymbol{B}^*$ 都是正定方阵,方程

$$\det(\boldsymbol{U}^*+\lambda\boldsymbol{B}^*)=0 \qquad (4.2.22)$$

只能有负实根,将(4.2.22)展开得到

$$B^*\lambda^3+\left(\sum_{i=1}^{3}\sum_{j=1}^{3}B_{ij}^*\cos a_{ij}\right)\lambda^2+\left(\sum_{i=1}^{3}\sum_{j=1}^{3}A_{ij}^*\cos b_{ij}\right)\lambda+A^*=0$$

$$(4.2.23)$$

对方程(4.2.23)的根用算术—几何平均不等式得

$$\frac{1}{3B^*}\sum_{i=1}^{3}\sum_{j=1}^{3}B_{ij}^*\cos a_{ij}\geqslant\left(\frac{A^*}{B^*}\right)^{\frac{1}{3}} \qquad (4.2.24)$$

亦即

$$\sum_{i=1}^{3}\sum_{j=1}^{3}B_{ij}^*\cos a_{ij}\geqslant 3A^{*\frac{1}{3}}B^{*\frac{2}{3}} \qquad (4.2.25)$$

由球面上的余弦公式得到

$$B_{ij}^{*}=-\sqrt{B_{ii}^{*}}\sqrt{B_{jj}^{*}}\cos\beta_{ii}\quad(i\neq j)$$

(4.2.26)

于是可将(4.2.25)改写为

$$\sum_{k=1}^{3}B_{kk}^{*}-\sum_{i\neq j}\sqrt{B_{ii}^{*}}\sqrt{B_{jj}^{*}}\cos a_{ij}\cos\beta_{ij}\geqslant 3A^{*\frac{1}{3}}B^{*\frac{2}{3}}$$

(4.2.27)

由于条件(1),$a_{ij}\leqslant b_{ij}$,则 $\cos a_{ij}\geqslant\cos b_{ij}$,又因为条件(2),$\triangle_B$ 是非钝角的,则 $\cos\beta_{ij}\geqslant 0$. 于是在(4.2.27)中用 $\cos b_{ij}$代替 $\cos a_{ij}$时左端不会减少,即

$$\sum_{k=1}^{3}B_{kk}^{*}-\sum_{i\neq j}\sqrt{B_{ii}^{*}}\sqrt{B_{jj}^{*}}\cos b_{ij}\cos\beta_{ij}\geqslant 3A^{*\frac{1}{3}}B^{*\frac{2}{3}}$$

亦即

$$\sum_{i=1}^{3}\sum_{j=1}^{3}B_{ij}^{*}\cos b_{ij}\geqslant 3A^{*\frac{1}{3}}B^{*\frac{2}{3}}\quad(4.2.28)$$

另一方面,从直接展开得到

$$\sum_{i=1}^{3}\sum_{j=1}^{3}B_{ij}^{*}\cos b_{ij}=3B^{*}\quad(4.2.29)$$

比较(4.2.28)与(4.2.29)即得

$$A^{*}\leqslant B^{*}\quad(4.2.30)$$

另一方面,因 $\cos\frac{a_{ij}}{2}\geqslant\cos\frac{b_{ij}}{2}$,$(i,j=1,2,3)$于是有

$$\frac{\sqrt{A^{*}}}{\cos\frac{a_{23}}{2}\cos\frac{a_{31}}{2}\cos\frac{a_{12}}{2}}\leqslant\frac{\sqrt{B^{*}}}{\cos\frac{b_{23}}{2}\cos\frac{b_{31}}{2}\cos\frac{b_{12}}{2}}$$

(4.2.31)

由球面三角形面积公式

Pedoe 定理

$$\sin\left(\frac{1}{2}\text{area}\triangle_A\right)=\frac{\sqrt{A^*}}{4\cos\frac{a_{23}}{2}\cos\frac{a_{31}}{2}\cos\frac{a_{12}}{2}}$$

$$\sin\left(\frac{1}{2}\text{area}\triangle_B\right)=\frac{\sqrt{B^*}}{4\cos\frac{b_{23}}{2}\cos\frac{b_{31}}{2}\cos\frac{b_{12}}{2}}$$

(4.2.32)

最后得到

$$\sin\left(\frac{1}{2}\text{area}\triangle_A\right)\leqslant\sin\left(\frac{1}{2}\text{area}\triangle_B\right)$$

即 $\text{area}\triangle_A\leqslant\text{area}\triangle_B$. 定理 4 证毕.

由于在高维非欧常曲率空间中,单形的体积一般不能表示为其诸棱长的初等函数,这里所用的方法不能直接推广于高维. 于是提出下列猜想,希望得到证实或否定:

**猜想** 对于 $n$ 维球面型空间中的两个单形 $\Sigma_A^*$, $\Sigma_B^*$,如果满足条件:

(1) $a_{ij}\leqslant b_{ij}(i,j=1,2,\cdots,n+1)$;

(2) $\Sigma_B^*$ 是非钝角的,

则有

$$V^*(A)\leqslant V^*(B)$$

## 4.3 关于单形的两个不等式

杨路、张景中将 Neuberg-Pedoe 不等式推广到高维

空间,给出了一个涉及两个单形的不等式. 合肥工业大学应用数学力学系的苏化明教授在1986年得到了另外两个涉及两个单形的不等式.

**定理1**　设$\Sigma_A,\Sigma_{A'}$为$n$维欧氏空间$E^n(n\geqslant 3)$中的两个单形,其棱长分别为$a_i,a_j\left[i=1,2,\cdots,\frac{1}{2}n(n+1)\right]$,其体积分别为$V,V'$,则有

$$\sum_{i=1}^{\frac{1}{2}n(n+1)} a'^2_i\left(\sum_{i=1}^{\frac{1}{2}n(n+1)} a_i^2-2a_i^2\right)$$

$$\geqslant n(n+1)(n^2+n-4)\left(\frac{n!^2}{n+1}\right)^{\frac{2}{n}}(VV')^{\frac{2}{n}} \tag{4.3.1}$$

$$\sum_{i=1}^{\frac{1}{2}n(n+1)} a'_j\left(\sum_{i=1}^{\frac{1}{2}n(n+1)} a_j-2a_i\right)$$

$$\geqslant \frac{1}{2}n(n+1)(n^2+n-4)\left(\frac{n!^2}{n+1}\right)^{\frac{1}{n}}(VV')^{\frac{1}{n}} \tag{4.3.2}$$

(4.3.1)(4.3.2)两式中的等号当且仅当$\Sigma_A,\Sigma_{A'}$均为正则单形时成立.

**引理1**　设$a,b,c$与$a',b',c'$分别表示$\triangle ABC$与$\triangle A'B'C'$的三边,$\Delta$与$\Delta'$分别表示它们的面积,则有不等式

$$a'^2(b^2+c^2-a^2)+b'^2(c^2+a^2-b^2)+c'^2(a^2+b^2-c^2)$$

$$\geqslant 16\Delta\Delta' \tag{4.3.3}$$

$$a'(b+c-a)+b'(c+a-b)+c'(a+b-c)\geqslant\sqrt{48\Delta\Delta'} \tag{4.3.4}$$

其中(4.3.3)中当且仅当$\triangle ABC$与$\triangle A'B'C'$相似时等号成立;(4.3.4)中当且仅当$\triangle ABC$与$\triangle A'B'C'$均为正三角形时等号成立.

**引理2** 在$n$维单形的体积$V$和它的诸棱长$\rho_{ij}$之间有不等式

$$n!V\leqslant\left(\frac{n+1}{2^n}\right)^{\frac{1}{2}}\prod_{1\leqslant i<j\leqslant n+1}\rho_{ij}^{\frac{2}{n+1}} \tag{4.3.5}$$

且当该单形为正则时等号成立.

**引理3** 在$n$维单形的体积$V$及其诸侧面积$V_i$之间有不等式

$$V\leqslant\sqrt{n+1}\left[\frac{(n-1)!^2}{n^{3n-2}}\right]^{\frac{1}{2(n-1)}}\left(\prod_{i=1}^{n+1}V_i\right)^{\frac{n}{n^2-1}} \tag{4.3.6}$$

且当该单形为正则时等号成立.

**引理4** 由$n$维单形($n\geqslant3$)的$n+1$个顶点所作成共$\frac{n+1}{3}$个三角形的面积$\Delta_i$与单形的体积$V$之间有不等式

$$\prod_{i=1}^{\frac{1}{6}n(n^2-1)}\Delta_i\geqslant\left[\frac{3^{\frac{n}{2}}n!^2}{(n+1)2^n}\right]^{\frac{1}{6}(n^2-1)}V^{\frac{1}{3}(n^2-1)} \tag{4.3.7}$$

且当该单形为正则时等号成立.

**证明** 用数学归纳法.

在(4.3.6)中取$n=3$,即知(4.3.7)在$n=3$时

成立.

设 $n=1$ 时(4.3.7)成立,即有

$$\prod_{j=1}^{\frac{1}{6}n(n-1)(n-2)}\Delta_j\geqslant\left[\frac{3^{\frac{n-1}{2}}(n-1)!^2}{n2^{n-1}}\right]^{\frac{1}{6}n(n-2)}V_k^{\frac{1}{3}n(n-2)}$$

这里 $V_k$ 表示某一 $n-1$ 维单形的体积.

对于一个 $n$ 维单形来说,它的 $n+1$ 个侧面都是 $n-1$维单形,类似于上面的不等式共有 $n+1$ 个,将这 $n+1$ 个不等式相乘,得

$$\left(\prod_{i=1}^{\frac{1}{6}n(n^2-1)}\Delta_i\right)^{n-2}\geqslant\left[\frac{3^{\frac{n-1}{2}}(n-1)!^2}{n2^{n-1}}\right]^{\frac{1}{6}n(n+1)(n-2)}\prod_{i=1}^{n+1}V_i^{\frac{1}{3}n(n-2)}$$

即

$$\prod_{i=1}^{\frac{1}{6}n(n^2-1)}\Delta_i\geqslant\left[\frac{3^{\frac{n-1}{2}}(n-1)!^2}{n2^{n-1}}\right]^{\frac{1}{6}n(n+1)}\prod_{i=1}^{n+1}V_i^{\frac{1}{3}n}$$

再利用(4.3.6),即可得(4.3.7),从而引理4得证.

不等式(4.3.1)的证明.

由 $n$ 维单形 $\Sigma_A$ 的 $n+1$ 个顶点可作成$\frac{1}{6}n(n^2-1)$个三角形,并且 $n$ 维单形 $\Sigma_{A'}$ 中也有$\frac{1}{6}n(n^2-1)$个三角形与之对应,对这些三角形分别运用不等式(4.3.3)可得$\frac{1}{6}n(n^2-1)$个不等式,将这些不等式相加并凑项,可得

$$\sum_{i=1}^{\frac{1}{2}n(n+1)}a'^2_i\left(\sum_{j=1}^{\frac{1}{2}n(n+1)}a_j^2-2a_i^2\right)\geqslant(\text{Ⅰ})+(\text{Ⅱ})\tag{4.3.8}$$

其中(Ⅰ)为含有 $a'^2_i a^2_j\left(i,j=1,2,\cdots,\frac{1}{2}n(n+1)\right)$的那些项之和,其项数为$\frac{1}{4}\times(n-2)n(n+1)^2$(相同的项按重复数计算),由对称性,每一 $a^2_i$,$a'^2_i\left(i=1,2,\cdots,\frac{1}{2}n(n+1)\right)$各出现$\frac{1}{2}(n-2)(n+1)$次;而(Ⅱ)即为 $16\sum_{i=1}^{\frac{1}{6}n(n^2-1)}\Delta_i\Delta'_i$.

利用算术—几何平均不等式

$$(\text{Ⅰ})\geqslant\frac{1}{4}(n-2)n(n+1)^2\left[\sum_{i=1}^{\frac{1}{2}n(n+1)}a^2_i a'^2_i\right]^{\frac{\frac{1}{2}(n-2)(n+1)}{\frac{1}{4}(n-2)n(n+1)^2}}$$

$$=\frac{1}{4}(n-2)n(n+1)^2\left[\sum_{i=1}^{\frac{1}{2}n(n+1)}a_i a'_i\right]^{\frac{4}{n(n+1)}}\tag{4.3.9}$$

再由(4.3.5)知

$$\prod_{i=1}^{\frac{1}{2}n(n+1)}(a_i a'_i)\geqslant\left[n!\left(\frac{2^n}{n+1}\right)^{\frac{1}{2}}\right]^{n+1}(VV')^{\frac{n+1}{2}}$$

代入(4.3.9),从而有

$$(\text{Ⅰ})\geqslant\frac{1}{4}(n-2)n(n+1)^2\left[n!\left(\frac{2^n}{n+1}\right)^{\frac{1}{2}}\right]^{\frac{4}{n}}(VV')^{\frac{2}{n}}\tag{4.3.10}$$

仍由算术—几何平均不等式

$$(\text{Ⅱ})\geqslant\frac{16}{6}n(n^2-1)\left[\sum_{i=1}^{\frac{1}{6}n(n^2-1)}(\Delta_i\Delta'_i)\right]^{\frac{6}{n(n^2-1)}}$$

$$= \frac{8}{3}n(n^2-1)\left[\sum_{i=1}^{\frac{1}{6}n(n^2-1)}(\Delta_i\Delta'_i)\right]^{\frac{6}{n(n^2-1)}} \tag{4.3.11}$$

由(4.3.7),知

$$\prod_{i=1}^{\frac{1}{6}n(n^2-1)}(\Delta_i\Delta'_i) \geqslant \left[\frac{3^{\frac{n}{2}}n!^2}{(n+1)2^n}\right]^{\frac{1}{3}(n^2-1)}(VV')^{\frac{1}{3}(n^2-1)}$$

代入(4.3.11),从而有

$$(\text{Ⅱ}) \geqslant \frac{8}{3}n(n^2-1)\left[\frac{3^{\frac{n}{2}}n!^2}{(n+1)2^n}\right]^{\frac{2}{n}}(VV')^{\frac{2}{n}} \tag{4.3.12}$$

将(4.3.10)(4.3.12)代入(4.3.8)即可得(4.3.1).

由证题过程不难看出,(4.3.1)中当且仅当单形$\Sigma_A$,$\Sigma_{A'}$均为正则单形时等号成立.

利用(4.3.4),并采用类似的方法即可证得(4.3.12)(其过程从略),于是定理证毕.

附注:当$n=2$时,不等式(4.3.1)(4.3.2)是作为已知结论不等式(4.3.3)(4.3.4)出现的,但这时(4.3.1)中等号成立条件应改为(4.3.3)中等号成立条件.

## 4.4　联系两个单形的不等式

关于联系两个单形的不等式的内容,4.2节将

Neuberg-Pedoe不等式推广到高维空间，4.3 节得到另外的两个涉及两个单形的不等式. 扬州师范大学的毛其吉教授在4.3 节的基础上，获得了进一步的结果.

设 $\Sigma_A,\Sigma_{A'}$ 为 $n$ 维欧氏空间 $E^n(n\geqslant 3)$ 中的两个单形，其棱长分别为

$$a_i,a'_i\quad\left(i=1,2,\cdots,\frac{1}{2}n(n+1)\right)$$

其体积分别为 $V,V'$.

本节进行证明：

**定理** 1　设 $\beta$ 表示某个适合 $2\leqslant\beta\leqslant n$ 的实数，则有

$$\sum_{i=1}^{\frac{1}{2}n(n+1)}a'^2_i\left(\sum_{j=1}^{\frac{1}{2}n(n+1)}a_j^2-\beta a_j^2\right)\geqslant n(n+1)\cdot(n^2+n-2\beta)\left(\frac{n!^2}{n+1}\right)^{\frac{2}{n}}(VV')^{\frac{2}{n}}\quad(4.4.1)$$

$$\sum_{i=1}^{\frac{1}{2}n(n+1)}a'_i\left(\sum_{j=1}^{\frac{1}{2}n(n+1)}a_j-\beta a_j\right)\geqslant \frac{1}{2}n(n+1)\cdot(n^2+n-2\beta)\left(\frac{n!^2}{n+1}\right)^{\frac{1}{n}}(VV')^{\frac{1}{n}}\quad(4.4.2)$$

(4.4.1)(4.4.2)两式中的等号当且仅当 $\Sigma_A,\Sigma_{A'}$ 均为正则单形时成立.

取 $\beta=2$，即得到 4.3 节中的结果. 另一特例是当 $\beta=n$时，此时 $n$ 具有单形的维数的几何意义. 而有：

**推论** 1

$$\sum_{i=1}^{\frac{1}{2}n(n+1)}a'^2_i\left(\sum_{j=1}^{\frac{1}{2}n(n+1)}a_j^2-na_i^2\right)\geqslant n^2(n^2-1)\left(\frac{n!^2}{n+1}\right)^{\frac{2}{n}}(VV')^{\frac{2}{n}}$$

$$\sum_{i=1}^{\frac{1}{2}n(n+1)} a'_i\left(\sum_{j=1}^{\frac{1}{2}n(n+1)} a_j - na_i\right) \geqslant \frac{1}{2}n^2(n^2-1)\left(\frac{n!^2}{n+1}\right)^{\frac{2}{n}}(VV')^{\frac{2}{n}}$$

以上两式中的等号当且仅当 $\Sigma_A, \Sigma_{A'}$ 均为正则单形时成立.

**定理的证明**　首先对适合 $2 \leqslant \beta \leqslant n$ 的正整数 $\beta = k$ 的情形，证明不等式(4.4.1)成立. 记

$$s^k = \sum_{i=1}^{\frac{1}{2}n(n+1)} a'^2_i\left(\sum_{j=1}^{\frac{1}{2}n(n+1)} a_j^2 - ka_i^2\right) \quad (4.4.3)$$

则

$$(n-1)s^k = \sum_{i=1}^{\frac{1}{2}n(n+1)} a'^2_i\left[\sum_{r \in s_1} a_r^2 + \sum_{t \in s_2} a_t^2 + (k-1) \cdot \sum_{(n,r) \in T}(a_n^2 + a_r^2 - a_i^2)\right]$$

其中集合 $T$ 是 $n-1$ 元有限集，使 $a_n, a_r, a_i$ 三条棱恰恰是单形 $\Sigma_A$ 中的一个 2 维单形（即三角形），而以某已知棱 $a_i$ 为 2－单形的棱的 2－单形总数为 $n-1$ 个. 集合 $S_1$ 中的求和对象 $a_r$ 是与 $a_i$ 没有公共顶点的，其总项数为 $(n-1)\mathrm{C}_{n-1}^2$ 个. 集合 $S_2$ 中的求和对象是不包含在第一与第三项中的剩余项，亦即 $a_t(t \in S_2)$ 它是与 $a_i$ 有公共顶点而未包括在第三求和项 $\sum\limits_{(n,r) \in T}$ 中的那些项，其总项数为 $2(n-1)(n-k)$.

对 $\sum\limits_{i=1}^{\frac{1}{2}n(n+1)} a'^2_i \sum\limits_{(n,r) \in T}(a_n^1 + a_r^2 - a_i^2)$ 应用 Pedoe 不等式得

$$a'^2(b^2+c^2-a^2) + b'^2(c^2+a^2-b^2) + c'^2(a^2+b^2-c^2) \geqslant 16\Delta\Delta'$$

$$\sum_{i=1}^{\frac{1}{2}n(n+1)} a'^2_i \cdot \sum_{(n,r)\in T}(a_n^2+a_r^2-a_i^2) \geqslant 16\sum_{i=1}^{\frac{1}{6}n(n^2-1)} \Delta_i \Delta'_i$$

其中的 $\Delta_i\left(i=1,2,\cdots,\frac{1}{6}n(n^2-1)\right)$ 是由 $n$ 维单形 $(n\geqslant 3)$ 的 $n+1$ 个顶点所作成的共 $C_{n+1}^3$ 个三角形的面积. 它与单形的体积 $V$ 之间有不等式

$$\prod_{i=1}^{\frac{1}{6}n(n^2-1)} \Delta_i \geqslant \left[\frac{3^{\frac{n}{2}}n!^2}{(n+1)2^n}\right]^{\frac{1}{6}(n^2-1)} V^{\frac{1}{3}(n^2-1)} \tag{4.4.4}$$

且当单形为正则时等号成立.

对 $\sum\limits_{i=1}^{\frac{1}{6}n^2(n^2-1)} \Delta_i\Delta'_i$ 应用算术—几何平均不等式和式(4.4.4)可以得出

$$\sum_{i=1}^{\frac{1}{2}n(n+1)} a'^2_i \cdot \sum_{(n,r)\in T}(a_n^2+a_r^2-a_i^2)$$

$$\geqslant \frac{8}{3}n(n^2-1)\cdot\left[\frac{3^{\frac{n}{2}}n!^2}{(n+1)2^n}\right]^{\frac{2}{n}}(VV')^{\frac{2}{n}} \tag{4.4.5}$$

另一方面,由算术—几何平均不等式有

$$\sum_{i=1}^{\frac{1}{2}n(n+1)} a'^2_i\left[\sum_{r\in S_1}a_r^2+\sum_{t\in S_2}a_t^2\right] \geqslant \frac{1}{2}tn(n+1)\left(\prod_{i=1}^{\frac{1}{2}n(n+1)} a_i^2 a'^2_i\right)^{\frac{1}{n(n+1)}}$$

其中 $t=(n-1)C_{n-1}^2+2(n-k)(n-1)$ 是每一 $a_i^2, a'^2_i$, $i=1,2,\cdots,\frac{1}{2}n(n+1)$ 在左端和式中出现的次数. 由于在 $n$ 维单形的体积 $V$ 和它的诸棱长 $a_i$ 之间有不等式

$$n!V \leqslant \left(\frac{n+1}{2^n}\right)^{\frac{1}{2}} \prod_{i=1}^{\frac{1}{2}n(n+1)} a_i^{\frac{1}{n+1}}$$

当单形为正则时等号成立. 从而有

$$\sum_{i=1}^{\frac{1}{2}n(n+1)} a'^2_i\left(\sum_{r\in S_1} a'_r+\sum_{t\in S_2} a_t^2\right)$$

$$\geqslant \frac{1}{2}tn(n+1)\cdot\left[n!\left(\frac{2^n}{n+1}\right)^{\frac{1}{2}}\right]^{\frac{1}{n}}(VV')^{\frac{2}{n}} \qquad (4.4.6)$$

将 $t=(n-1)C_{n-1}^2+2(n-k)(n-1)$ 代入上式后,基于(4.4.5)(4.4.6)两式,经整理后得到

$$s^k\geqslant n(n+1)(n^2+n-2k)\left(\frac{n!^2}{n+1}\right)^{\frac{2}{n}}(VV')^{\frac{2}{n}} \qquad (4.4.7)$$

由证明过程不难看出,(4.4.7)中当且仅当单形 $\Sigma_A$, $\Sigma_{A'}$ 均为正则单形时等号成立.

为了证明对适合 $2\leqslant\beta\leqslant n$ 的任意实数 $\beta$,不等式(4.4.1)成立,只需注意到可以将 $\beta$ 写为

$$\beta=pa+qb$$

其中的 $a,b$ 是正整数,满足 $2\leqslant\alpha<\beta<b\leqslant n, 0<p, q<1$,且 $p+q=1$. 于是

$$s^\beta=ps^a+qs^b$$

应用关于 $s^a$ 与 $s^b$ 的已知结果,即得出我们的结论.

显然此时当且仅当 $\Sigma_A,\Sigma_{A'}$ 均为正则单形时等号成立.

不等式(4.4.2)的证明可按类似的方式进行,只是在应用 Pedoe 不等式的地方改为应用下面的一个已经证明了的结果

$$a'(b+c-a)+b'(c+a-b)+c'(a+b-c)$$

$$\geqslant\sqrt{48\Delta\Delta'}$$

其中 $a,b,c$ 与 $a',b',c'$ 分别表示 $\triangle ABC$ 与 $\triangle A'B'C'$ 的三边,$\Delta$ 与 $\Delta'$ 分别表示它们的面积,其中的等号当且仅当 $\triangle ABC$ 与 $\triangle A'B'C'$ 均为正三角形时成立. 具体演算过程从略.

## 4.5 涉及两个单形的一类不等式①

宁波大学数学系的陈计和中国科学院数学研究所的马援两位教授在1989年建立了下列主要结果:

**定理1** 设 $\Sigma_A$ 和 $\Sigma_B$ 为 $n$ 维 Euclid 空间 $E^n(n>2)$ 中的两个单形,它们的棱长分别是 $a_i,b_i(i=1,2,\cdots,C_{n+1}^2)$,它们的体积分别是 $V_1$ 和 $V_2$,则当 $\theta\in(0,1]$ 时有

$$\sum_{i=1}^{C_{n+1}^2} a_i^{2\theta}\left(\sum_{j=1}^{C_{n+1}^2} b_j^{2\theta}-nb_i^{2\theta}\right)$$
$$\geqslant 2^{2\theta-2}n^2(n^2-1)\left[\frac{(n!)^2}{n+1}\right]^{2\theta-n}(V_1V_2)^{2\theta-n} \tag{4.5.1}$$

当且仅当 $\Sigma_A$ 和 $\Sigma_B$ 均为正则单形时等号成立.

**引理1** 设 $a,b,c$ 和 $\Delta$ 分别表示 $\triangle ABC$ 的三边长和面积,则当 $0<\theta<1$ 时有

$$3\left(\frac{16\Delta^2}{3}\right)^\theta\leqslant 2b^{2\theta}c^{2\theta}+2c^{2\theta}a^{2\theta}+2a^{2\theta}b^{2\theta}-a^{4\theta}-b^{4\theta}-c^{4\theta}$$

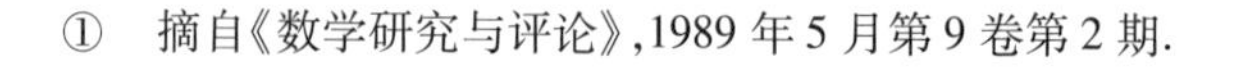

① 摘自《数学研究与评论》,1989年5月第9卷第2期.

(4.5.2)

当且仅当 $a=b=c$ 时等号成立.

**引理2**　在 $n$ 维单形的体积 $V$ 及其诸 $n-1$ 维单形边界的体积 $V_i(i=1,2,\cdots,n+1)$ 之间有不等式

$$V\leqslant\sqrt{n+1}\left[\frac{(n-1)!^2}{n^{3n-2}}\right]^{\frac{1}{2(n-2)}}\left(\prod_{i=1}^{n+1}V_i\right)^{\frac{n}{n^2-1}} \tag{4.5.3}$$

当且仅当该单形正则时等号成立.

**引理3**　在 $n(>2)$ 维单形的体积 $V$ 及其诸三角形侧面积 $\Delta_i(i=1,2,\cdots,C_{n+1}^3)$ 之间有不等式

$$\sum_{i=1}^{C_{n+1}^3}\Delta_i\geqslant\left[\frac{3^{\frac{n}{2}}(n!)^2}{(n+1)2^n}\right]^{\frac{n^2-1}{6}}V^{\frac{n^2-1}{3}} \tag{4.5.4}$$

当且仅当该单形正则时等号成立.

**引理4**　在 $n$ 维单形的体积 $V$ 及诸棱长 $a_i(i=1,2,\cdots,C_{n+1}^2)$ 之间有不等式

$$n!V\leqslant\left(\frac{n+1}{2^n}\right)^{\frac{1}{2}}\prod_{i=1}^{C_{n+1}^2}a_i^{\frac{2}{n+1}} \tag{4.5.5}$$

当且仅当该单形正则时等号成立.

**引理5**　在 $n(>2)$ 维单形的体积和它诸棱长 $a_i$ $(i=1,2,\cdots,C_{n+1}^2)$ 之间,当 $0<\theta<1$ 时有

$$\begin{aligned}&2\sum_{1\leqslant i<j\leqslant C_{n+1}^2}a_i^{2\theta}a_j^{2\theta}-(n-1)\sum_{j=1}^{C_{n+1}^2}a_i^{4\theta}\\&\geqslant 2^{2\theta-2}n^2(n^2-1)\left[\frac{(n!)^2}{n+1}\right]^{\frac{2\theta}{n}}V^{\frac{4\theta}{n}}\end{aligned} \tag{4.5.6}$$

当且仅当该单形正则时等号成立.

**证明**　记 $n$ 维单形的三角形侧面积为 $\Delta_k$,三条边

长为 $a_{k_1},a_{k_2},a_{k_3}(k=1,2,\cdots,\mathrm{C}_{n+1}^3)$，则

$$(4.5.6)\text{左边}=\sum_{k=1}^{\mathrm{C}_{n+1}^3}(2a_{k_2}^{2\theta}a_{k_2}^{2\theta}+2a_{k_3}^{2\theta}a_{k_1}^{2\theta}+2a_{k_1}^{2\theta}a_{k_2}^{2\theta}-a_{k_1}^{4\theta}-a_{k_2}^{4\theta}-a_{k_3}^{4\theta})+Q$$

其中 $Q$ 是 $2\mathrm{C}_{\mathrm{C}_{n+1}^2}^2-6\mathrm{C}_{n+1}^3(=6\mathrm{C}_{n+1}^4)$ 项 $a_i^{2\theta}a_j^{2\theta}$ 之和，$a_i$ 与 $a_j$ 不在一个三角形上. 用引理 1 得

$$(4.5.6)\text{左边}\geqslant\sum_{k=1}^{\mathrm{C}_{n+1}^3}3\left(\frac{16\Delta_k^2}{3}\right)^{\theta}+Q$$

用算术—几何平均不等式

$$(4.5.6)\text{左边}\geqslant 3\mathrm{C}_{n+1}^3\left(\prod_{k=1}^{\mathrm{C}_{n+1}^3}\frac{16\Delta_k^2}{3}\right)^{\frac{\theta}{(\mathrm{C}_{n+1}^3)}}+6\mathrm{C}_{n+1}^4\left(\prod_{i=1}^{\mathrm{C}_{n+1}^2}a_i\right)^{\frac{4\theta}{(\mathrm{C}_{n+1}^2)}}$$

由引理 3 和引理 4 得

$$\begin{aligned}(4.5.6)\text{左边}&\geqslant 3\mathrm{C}_{n+1}^3\left(\frac{16}{3}\right)^{\theta}\left[\frac{3^{\frac{n}{2}}(n!)^2}{(n+1)2^2}\right]^{\frac{2\theta}{n}}V^{\frac{4\theta}{n}}+\\&\quad 6\mathrm{C}_{n+1}^4\left[\frac{2^n(n!)^2}{n+1}\right]^{\frac{2\theta}{n}}V^{\frac{4\theta}{n}}\\&=\frac{(n+1)n(n-1)}{2}\left[\frac{2^n(n!)^2}{n+1}\right]^{\frac{2\theta}{n}}V^{\frac{4\theta}{n}}+\\&\quad\frac{(n+1)n(n-1)(n-2)}{4}\cdot\left[\frac{2^n(n!)^2}{n+1}\right]^{\frac{2\theta}{n}}V^{\frac{4\theta}{n}}\\&=(4.5.6)\text{右边}\end{aligned}$$

由上述过程不难看出，(4.5.6) 中当且仅当单形正则时等号成立.

**定理 1 的证明**　可简记为 $\sum\limits_{1}^{\mathrm{C}_{n+1}^2}=\sum$. 由引理 5

及 Cauchy 不等式可得

$$n\sum a_i^{2\theta}b_i^{2\theta}+2^{2\theta-2}n^2(n^2-1)\left[\frac{(n!)^2}{n+1}\right]^{\frac{2\theta}{n}}V_1^{\frac{2\theta}{n}}V_2^{\frac{2\theta}{n}}$$

$$\leqslant\left\{n\sum a_i^{4\theta}+2^{2\theta-2}n^2(n^2-1)\left[\frac{(n!)^2}{n+1}\right]^{\frac{2\theta}{n}}V_1^{\frac{4\theta}{n}}\right\}^{\frac{1}{2}}\cdot$$

$$\left\{n\sum b_i^{4\theta}+2^{2\theta-2}n^2(n^2-1)\left[\frac{(n!)^2}{n+1}\right]^{\frac{2\theta}{n}}V_2^{\frac{4\theta}{n}}\right\}^{\frac{1}{2}}$$

$$\leqslant\left(\sum a_i^{2\theta}\right)\left(\sum b_i^{2\theta}\right)$$

由此可得不等式(4.5.1);等号成立的条件显然是 $\Sigma_A$ 和 $\Sigma_B$ 均为正则.

**几点注记**

1. 当 $n=2,\theta=1$ 时,(4.5.1)是 Neuberg-Pedoe 不等式,但这时等号成立的条件是两个三角形对应相似.

2. 不难由引理 5 推得

$$2\sum_{1\leqslant i<j\leqslant C_{n+1}^2}a_i^{2\theta}a_j^{2\theta}-\sum_{i=1}^{C_{n+1}^2}a_i^{4\theta}$$

$$\geqslant 2^{2\theta-2}n(n+1)(n^2+n-4)\left[\frac{(n!)^2}{n+1}\right]^{\frac{2\theta}{n}}V^{\frac{4\theta}{n}} \tag{4.5.7}$$

再由定理的证明过程可得

$$\sum a_i^{2\theta}\left(\sum b_j^{2\theta}-2b_i^{2\theta}\right)\geqslant 2^{2\theta-2}n(n+1)(n^2+n-4)\cdot\left[\frac{(n!)^2}{n+1}\right]^{\frac{2\theta}{n}}(V_1V_2)^{\frac{2\theta}{n}} \tag{4.5.8}$$

当 $\theta=1$ 和 $\frac{1}{2}$ 时,上式是苏化明在《关于单形的两个不等式》一文中建立的.

3. 将不等式(4.5.6)两边开 $\theta$ 次方,并令 $\theta\to 0$,即得引理 4.

## 4.6 再论 Pedoe 不等式的高维推广及应用①

湖南大学应用数学系的冷岗松、唐立华两位教授在 1997 年对欧氏空间 $E^n$ 中的两个 $n$ 维单形,给出了著名的 Pedoe 不等式的一个实质性推广,并讨论了它的应用.

设 $\triangle A_1A_2A_3$ 与 $\triangle B_1B_2B_3$ 的边长分别是 $a_1,a_2,a_3$ 和 $b_1,b_2,b_3$,面积分别为 $\Delta$ 和 $\Delta'$,则著名的 Pedoe 不等式是

$$a_1^2(b_2^2+b_3^2-b_1^2)+a_2^2(b_3^2+b_1^2-b_2^2)+a_3^2(b_1^2+b_2^2-b_3^2)\geqslant 16\Delta\Delta' \tag{4.6.1}$$

当且仅当 $\triangle A_1A_2A_3\backsim\triangle B_1B_2B_3$ 时等号成立.

1981 年,中国科技大学的杨路和张景中两位教授首先将(4.6.1)推广到高维空间中的两个单形. 其后,苏化明、陈计与马援对 $n$ 维单形($n>2$)的棱长与体积推广了(4.6.1).

本节中,我们对 $n$ 维单形的侧面积与体积给出 Pedoe 不等式的一个实质性的推广,并介绍了它的一

① 摘自《数学学报》,1997 年 1 月第 40 卷第 1 期.

个应用.实际上,我们的结果是彭家贵不等式在高维空间的自然推广.本节约定:$n$维欧氏空间$E^n(n\geqslant 2)$中两个单形$\Omega(A)$,$\Omega(B)$的顶点集分别为$A=\{A_0,A_1,\cdots,A_n\}$,$B=\{B_0,B_1,\cdots,B_n\}$,体积为$V$和$V'$;侧面$\{A_0,A_1,\cdots,A_n\}\setminus\{A_i\}$与$\{B_0,B_1,\cdots,B_n\}\setminus\{B_i\}$的$n-1$维体积记为$F_i$和$S_i(i=0,1,\cdots,n)$,并记$F=\sum\limits_{i=0}^{n}F_i^{\theta}$,$S=\sum\limits_{i=0}^{n}S_i^{\theta}(0<\theta\leqslant 1)$,$\mu_n=\dfrac{n^3}{n+1}\left[\dfrac{n+1}{(n!)^2}\right]^{\frac{1}{n}}$.

**定理1** 对于$E^n(n\geqslant 2)$中的两个$n$维单形$\Omega(A)$,$\Omega(B)$有

$$\sum_{i=0}^{n}F_i^{\theta}\left(\sum_{j=0}^{n}S_j^{\theta}-2S_i^{\theta}\right)\geqslant\frac{n^2-1}{2}\mu_n^{\theta}\left(\frac{S}{F}V^{\frac{2n-2}{n}\theta}+\frac{F}{S}V'^{\frac{2n-2}{n}\theta}\right) \tag{4.6.2}$$

其中$0<\theta\leqslant 1$.当$\Omega(A)$,$\Omega(B)$均为正则单形时等号成立.

**引理1** 设$\lambda_i\in\mathbf{R}^+$,则$n$维单形$\Omega(A)$的体积$V$和它的侧面积$F_i(i=0,1,\cdots,n)$之间有不等式

$$\left(\sum_{i=0}^{n}\lambda_i\right)^n\cdot\prod_{j=0}^{n}F_j^2\geqslant\frac{n^{3n}}{(n!)^2}\sum_{i=0}^{n}\left(\prod_{\substack{j=0\\j\neq i}}^{n}\lambda_i\right)F_i^2\cdot V^{2n-2} \tag{4.6.3}$$

当$\Omega(A)$为正则单形且$\lambda_0=\lambda_1=\cdots=\lambda_n$时等号成立.

**引理2** 设$n$维单形$\Omega(A)$的体积与侧面积分别为$V$和$F_i$,$\lambda_i\in\mathbf{R}^+$,则对$0<\theta\leqslant 1$有

$$\left(\sum_{i=0}^{n}\lambda_iF_i^{2\theta}\right)^n\geqslant(n+1)^{(n-1)(1-\theta)}\left[\frac{n^{3n}}{(n!)^2}\right]^{\theta}\cdot$$

$$\sum_{i=0}^{n}\left(\prod_{\substack{j=0\\j\neq i}}^{n}\lambda_j\right)V^{2(n-1)\theta} \tag{4.6.4}$$

当 $\Omega(A)$ 为正则单形且 $\lambda_0=\lambda_1=\cdots=\lambda_n$ 时成立.

**证明** 由 Maclaurin 不等式可得

$$\left(\sum_{i=0}^{n}\lambda_i\right)^n \geqslant (n+1)^{n-1}\sum_{i=0}^{n}\prod_{\substack{j=0\\j\neq i}}^{n}\lambda_j \tag{4.6.5}$$

当且仅当 $\lambda_0=\lambda_1=\cdots=\lambda_n$ 时等号成立.

于是,由引理 1 及(4.6.5),并利用 Hölder 不等式,即得

$$\begin{aligned}\left(\sum_{i=0}^{n}\lambda_i\right)^n\cdot\prod_{j=0}^{n}F_j^{2\theta} &= \left(\sum_{i=0}^{n}\lambda_i\right)^{n(1-\theta)}\left[\left(\sum_{i=0}^{n}\lambda_i\right)^n\prod_{j=0}^{n}F_j^2\right]^\theta\\ &\geqslant (n+1)^{(n-1)(1-\theta)}\left(\sum_{i=0}^{n}\prod_{j\neq i}\lambda_j\right)^{1-\theta}\cdot\\ &\quad\left[\frac{n^{3n}}{(n!)^2}\sum_{i=0}^{n}\left(\prod_{j\neq i}\lambda_j\right)F_i^2\right]^\theta\cdot V^{(2n-2)\theta}\\ &\geqslant (n+1)^{(n-1)(1-\theta)}\left[\frac{n^{3n}}{(n!)^2}\right]^\theta\cdot\\ &\quad\sum_{i=0}^{n}\left(\prod_{j\neq i}\lambda_j\right)F_i^{2\theta}\cdot V^{(2n-2)\theta}\end{aligned} \tag{4.6.6}$$

再对(4.6.6)作代换:$\lambda_j\to\lambda_jF_j^{2\theta}(j=0,1,\cdots,n)$,立得

$$\begin{aligned}\left(\sum_{i=0}^{n}\lambda_iF_i^{2\theta}\right)^n &\geqslant (n+1)^{(n-1)(1-\theta)}\left[\frac{n^{3n}}{(n!)^2}\right]^\theta\cdot\\ &\quad\sum_{i=0}^{n}\left(\prod_{j\neq i}\lambda_j\right)V^{(2n-2)\theta}\end{aligned}$$

至此,(4.6.4)得证.

**引理3** 设$F_i(i=0,1,\cdots,n)$是$n$维单形$\Omega(A)$的侧面积. 对$0<\theta\leqslant 1$,记$\lambda_i=\frac{F_0^\theta+F_1^\theta+\cdots+F_n^\theta-2F_i^\theta}{F_i^\theta}$ $(i=0,1,\cdots,n)$,则

$$\sum_{i=0}^{n}\prod_{\substack{j=0\\j\neq i}}^{n}\lambda_j\geqslant(n+1)(n-1)^n \tag{4.6.7}$$

当且仅当$F_0=F_1=\cdots=F_n$时等号成立.

**证明** 设侧面$F_i$与$F_j$所夹的内二面角为$\theta_{ij}$,注意到已知结果

$$F_i=\sum_{\substack{j=0\\j\neq i}}^{n}F_j\cos\theta_{ij}\quad(i=0,1,\cdots,n) \tag{4.6.8}$$

从而$F_i<\sum_{\substack{j=0\\j\neq i}}^{n}F_j$即

$$F_0+F_1+\cdots+F_n>2F_i \tag{4.6.9}$$

由于$0<\theta\leqslant 1$,易证

$$F_0^\theta+F_1^\theta+\cdots+F_n^\theta>2F_i^\theta \tag{4.6.10}$$

故

$$\lambda_i>0\quad(i=0,1,\cdots,n) \tag{4.6.11}$$

现引入正数:$x_i=\frac{F_i^\theta}{\sum_{j=0}^{n}F_j^\theta}(i=0,1,\cdots,n)$. 显然有$0<x_i<\frac{1}{2}$,且

$$\sum_{i=0}^{n}x_i=1 \tag{4.6.12}$$

于是不等式(4.6.7)等价于

$$\sum_{i=0}^{n}\prod_{\substack{j=0\\j\neq i}}^{n}\left(\frac{1}{x_j}-2\right)\geqslant(n+1)(n-1)^n \tag{4.6.13}$$

记$f(x_0,x_1,\cdots,x_n)=\sum_{i=0}^{n}\prod_{\substack{j=0\\j\neq i}}^{n}\left(\frac{1}{x_j}-2\right)$. 现考察函数$f(x_0,x_1,\cdots,x_n)$在区域$D=\{(x_0,x_1,\cdots,x_n)\mid 0<x_i<\frac{1}{2}\}$及附加条件(4.6.12)下的最值.

利用 Lagrange 乘子法,引入辅助函数

$$H\equiv f(x_0,x_1,\cdots,x_n)+\lambda\left(\sum_{i=0}^{n}x_i-1\right) \tag{4.6.14}$$

令$E(y_1,y_2,\cdots,y_n)=\sum_{i=1}^{n}\prod_{\substack{j=1\\j\neq i}}^{n}\left(\frac{1}{y_j}-2\right)$,并对(4.6.14)求$x_i$的偏导数,得方程组

$$\begin{cases}\dfrac{\partial H}{\partial x_0}=-\dfrac{1}{x_0^2}E(x_1,x_2,\cdots,x_n)+\lambda=0\\[2ex]\dfrac{\partial H}{\partial x_1}=-\dfrac{1}{x_1^2}E(x_0,x_2,\cdots,x_n)+\lambda=0\\[2ex]\dfrac{\partial H}{\partial x_n}=-\dfrac{1}{x_n^2}E(x_0,x_1,\cdots,x_{n-1})+\lambda=0\end{cases}$$

解上述方程组,得$x_0=x_1=\cdots=x_n$. 将其代入约束条件(4.6.12)解得唯一驻点

$$x_i=\frac{1}{n+1}\quad(i=0,1,\cdots,n) \tag{4.6.15}$$

而函数$f$在这个驻点的取值为$(n+1)(n-1)^n$.

首先,我们证明函数 $f$ 在驻点处的值为极小值. 为此,考虑函数 $H$ 在驻点的二阶微分,不难求得

$$\mathrm{d}^2H = 2(n+1)^3 n(n-1)^{n-1}\sum_{i=0}^{n}\mathrm{d}^2x_i + 2(n+1)^4(n-1)^{n-1}\sum_{0\leqslant i<j\leqslant n}\mathrm{d}x_i\mathrm{d}x_j \tag{4.6.16}$$

注意到微分联系方程(在同一点): $\sum_{i=0}^{n}\mathrm{d}x_i = 0$. 从而

$$\mathrm{d}x_0 = -\sum_{i=1}^{n}\mathrm{d}x_i \tag{4.6.17}$$

代入式(4.6.16),即得

$$\begin{aligned}
&\frac{\mathrm{d}^2H}{(n+1)^3(n-1)^{n-1}}\\
&= 2n\left(\sum_{i=1}^{n}\mathrm{d}^2x_i + \mathrm{d}^2x_0\right) + 2(n+1)\sum_{1\leqslant i<j\leqslant n}\mathrm{d}x_i\mathrm{d}x_j + 2(n+1)\mathrm{d}x_0\sum_{i=1}^{n}\mathrm{d}x_i\\
&= 2n\sum_{i=1}^{n}\mathrm{d}^2x_i + 2(n+1)\sum_{1\leqslant i<j\leqslant n}\mathrm{d}x_i\mathrm{d}x_j - 2\left(\sum_{i=1}^{n}\mathrm{d}x_i\right)^2\\
&= 2(n-1)\left[\sum_{i=1}^{n}\mathrm{d}^2x_i + \sum_{1\leqslant i<j\leqslant n}\mathrm{d}x_i\mathrm{d}x_j\right]\\
&= (n-1)\left[\sum_{i=1}^{n}\mathrm{d}^2x_i + \left(\sum_{i=1}^{n}\mathrm{d}x_i\right)^2\right]
\end{aligned} \tag{4.6.18}$$

因为这个二次型显然是正定的,所以函数 $f$ 在所求的驻点处有极小值

$$f_{\min} = (n+1)(n-1)^n \tag{4.6.19}$$

其次再证明上述极小值 $f_{\min}$ 即为函数 $f$ 在区域 $D$ 上的最小值.

显然,在接近界平面 $x_i=0$ 时,有 $f\to+\infty$. 而当某

个 $x_i=\frac{1}{2}$ 时，不妨设 $x_0=\frac{1}{2}$，此时有 $x_0^{-1}-2=0$，$2x_0=\sum\limits_{i=0}^{n}x_i$，即 $x_0=x_1+x_2+\cdots+x_n$. 亦即

$$x-x_j=\sum_{\substack{i=1\\i\neq j}}^{n}x_i\quad(j=1,2,\cdots,n)\quad(4.6.20)$$

于是由(4.6.20)及算术—几何平均不等式得

$$\begin{aligned}f&=\left(\frac{1}{x_1}-2\right)\left(\frac{1}{x_2}-2\right)\cdots\left(\frac{1}{x_n}-2\right)\\&=\prod_{k=1}^{n}\left(\frac{1-2x_k}{x_k}\right)\\&=\prod_{k=1}^{n}\left(2\sum_{\substack{j=1\\j\neq k}}^{n}\frac{x_j}{x_k}\right)\geqslant 2^n(n-1)^n\end{aligned}$$

而当 $n\geqslant 2$ 时，由归纳法易证 $2^n>n+1(n\in\mathbf{N})$. 故此时亦有 $f>f_{\min}=(n+1)(n-1)^n$. 因此，$\forall\varepsilon>0$，将驻点用长方体 $D_\varepsilon=\left\{(x_0,x_1,\cdots,x_n)\mid\varepsilon\leqslant x_i\leqslant\frac{1}{2}-\varepsilon\right\}$围住. 由多元函数的连续性可知，当 $\varepsilon\to 0$ 时，在区域 $D_\varepsilon$ 之外以及它的边界上都有

$$f>f_{\min}=(n+1)(n-1)^n\qquad(4.6.21)$$

而在有界闭区域 $D_\varepsilon$ 上，函数 $f$ 存在最小值. 故由上述讨论及(4.6.21)即得：函数 $f$ 在其唯一驻点处取得这个数值. 而且它也是函数 $f$ 在区域 $D$ 中的最小值；从而(4.6.7)得证.

**引理4**　设 $n$ 维单形的体积和侧面积分别为 $V$ 与 $F_i(i=0,1,\cdots,n)$. 则当 $0\leqslant\theta\leqslant 1$ 时，有

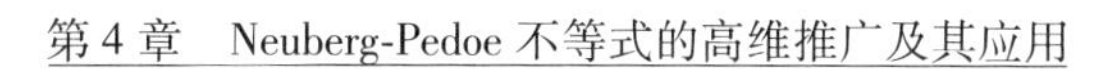

$$\left(\sum_{i=0}^{n} F_i^{\theta}\right)^2 - 2\sum_{i=0}^{n} F_i^{2\theta} \geqslant (n^2-1)\mu_n^{\theta} V^{\frac{2n-2}{n}\theta} \tag{4.6.22}$$

当单形为正则单形时上式等号成立.

**证明**　设 $\lambda_i = \dfrac{F_0^{\theta} + F_1^{\theta} + \cdots + F_n^{\theta} - 2F_i^{\theta}}{F_i^{\theta}}$ $(i=0,1,\cdots,n)$. 则由引理 2 和引理 3 得

$$\begin{aligned}
&\left(\sum_{i=0}^{n} F_i^{\theta}\right)^2 - 2\sum_{i=0}^{n} F_i^{2\theta} \\
&= \sum_{i=0}^{n} \lambda_i F_i^{2\theta} \\
&\geqslant (n+1)^{\frac{(n-1)(1-\theta)}{n}} \left[\frac{n^{3n}}{(n!)^2}\right]^{\frac{\theta}{n}} V^{\frac{2n-2}{n}\theta} \left(\sum_{i=0}^{n} \prod_{j\neq i} \lambda_j\right)^{\frac{1}{n}} \\
&\geqslant (n^2-1)\mu_n^{\theta} \cdot V^{\frac{2n-2}{n}\theta}
\end{aligned}$$

**定理 1 的证明**　记 $\lambda = \dfrac{S}{F}$, $D_i = \sqrt{\lambda} F_i^{\theta} - \sqrt{\lambda^{-1}} S_i^{\theta}$ $(i=0,1,\cdots,n)$. 容易验证

$$\sum_{i=0}^{n} D_i = 0 \tag{4.6.23}$$

于是由引理 4 得

$$\begin{aligned}
&2\left[\sum_{i=0}^{n} F_i^{\theta}\left(\sum_{j=0}^{n} S_j^{\theta} - 2S_i^{\theta}\right) - \frac{n^2-1}{2}\mu_n^{\theta}\left(\lambda V^{\frac{2n-2}{n}\theta} + \frac{1}{\lambda} V'^{\frac{2n-2}{n}\theta}\right)\right] \\
&\geqslant 2\sum_{i=0}^{n} F_i^{\theta} \sum_{j=0}^{n} S_j^{\theta} - 4\sum_{i=0}^{n} F_i^{\theta} S_i^{\theta} - \lambda\left[\left(\sum_{i=0}^{n} F_i^{\theta}\right)^2 - 2\sum_{i=0}^{n} F_i^{2\theta}\right] - \\
&\quad \lambda^{-1}\left[\left(\sum_{i=0}^{n} S_i^{\theta}\right)^2 - 2\sum_{i=0}^{n} S_i^{2\theta}\right]
\end{aligned}$$

$$=2\sum_{i=0}^{n}D_i^2-\left(\sum_{i=0}^{n}D_i\right)^2=2\sum_{i=0}^{n}D_i^2\geqslant 0$$

由上式即可导出

$$\sum_{i=0}^{n}F_i^\theta\left(\sum_{j=0}^{n}S_j^\theta-2S_i^\theta\right)\geqslant\frac{n^2-1}{2}\mu_n^\theta\left(\lambda V^{\frac{2n-2}{n}\theta}+\frac{1}{\lambda}V'^{\frac{2n-2}{n}\theta}\right)$$

(4.6.24)

至此，定理得证.

对(4.6.24)的右边应用算术—几何平均不等式，立得：

**推论 1** 在 $n$ 维单形 $\Omega(A)$ 与 $\Omega(B)$ 中，对 $0<\theta\leqslant 1$ 有

$$\sum_{i=0}^{n}F_i^\theta\left(\sum_{j=0}^{n}S_j^\theta-2S_i^\theta\right)\geqslant(n^2-1)\mu_n^\theta(VV')^{\frac{n-1}{n}\theta}$$

(4.6.25)

当 $\Omega(A)$，$\Omega(B)$ 均为正则单形时等号成立.

**注 1** (4.6.24)与(4.6.25)分别为彭家贵不等式和 Pedoe 不等式的高维推广.

**注 2** 引理 4 中的(4.6.22)等价于

$$\sum_{i=0}^{n}F_i^{2\theta}\geqslant(n+1)\mu_n^\theta V^{\frac{2n-2}{n}\theta}+\frac{1}{n-1}\sum_{0\leqslant i<j\leqslant n}(F_i^\theta-F_j^\theta)^2$$

(4.6.26)

当 $n=2,\theta=1$ 时，(4.6.26)即为三角形中著名的 Finsler-Hadwiger 不等式

$$a^2+b^2+c^2\geqslant 4\sqrt{3}\Delta+\sum(a-b)^2\quad(4.6.27)$$

故(4.6.26)为 Finsler-Hadwiger 不等式的高维推广.

最后，我们利用引理 4 来建立 $n$ 维单形的一个新的几何不等式.

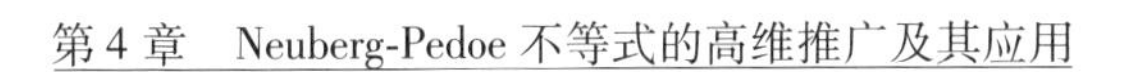

**定理2**　在$n$维单形$\Omega(A)$中，设$\Omega(A)$内任意一点$P$到侧面$\{A_0,A_1,\cdots,A_n\}\backslash\{A_i\}$的距离为$d_i(i=0,1,\cdots,n)$；$R,r$分别为单形$\Omega(A)$的外接球半径与内切球半径，则对$\alpha\geqslant 1$有

$$\sum_{i=0}^{n}\frac{1}{d_i^{\alpha}}\geqslant\frac{2}{r^{\alpha}}+\frac{n-1}{\left(\frac{R}{n}\right)^{\alpha}}\tag{4.6.28}$$

当且仅当$\Omega(A)$为正则单形且$P$为该单形的中心时等号成立.

**证明**　记单形$\Omega(A)$与单形

$$\Omega(A_i):\{A_1,\cdots,A_{i-1},P,A_{i+1},\cdots,A_n\}$$

的体积为$V$和$V_i(i=0,1,\cdots,n)$，$F_i$为顶点$A_i$所对的$n-1$维侧面积，又记$\lambda_i=\frac{V_i}{V}$，则

$$n\lambda_iV=nV_i=F_id_i$$

且$\sum\limits_{i=0}^{n}\lambda_i=1$. 于是

$$d_i=\frac{n\lambda_iV}{F_i}\quad(i=0,1,\cdots,n)$$

从而(4.6.27)等价于：

对$\lambda_i>0$，$\sum\limits_{i=0}^{n}\lambda_i=1$，有

$$\sum_{i=0}^{n}\left(\frac{F_i}{\lambda_i}\right)^{\alpha}\geqslant(nV)^{\alpha}\left[\frac{2}{r^{\alpha}}+\frac{n-1}{\left(\frac{R}{n}\right)^{\alpha}}\right]\tag{4.6.29}$$

在区域$D=\left\{(\lambda_0,\lambda_1,\cdots,\lambda_n)\mid\lambda_i>0,\sum\limits_{i=0}^{n}\lambda_i=1\right\}$上

考察函数$f(\lambda_0,\lambda_1,\cdots,\lambda_n)=\sum\limits_{i=0}^{n}\left(\frac{F_i}{\lambda_i}\right)^{\alpha}$（$\alpha\geqslant 1$）的最小值. 由 Lagrange 乘子法易得,当

$$\lambda_i=\frac{F_i^{\frac{\alpha}{1+\alpha}}}{\sum\limits_{i=0}^{n}F_i^{\frac{\alpha}{(1+\alpha)}}}\triangleq\frac{F_i^{\theta}}{\sum\limits_{i=0}^{n}F_i^{\theta}}\quad\left(\theta=\frac{\alpha}{1+\alpha}\right)$$

时,有

$$f_{\min}=\left(\sum_{i=0}^{n}F_i^{\theta}\right)^{1+\alpha}\tag{4.6.30}$$

注意到$nV=r\cdot\sum\limits_{i=0}^{n}F_i$. 因此,要证明(4.6.29),只需证明

$$\begin{aligned}f_{\min}&\geqslant(nV)^{\alpha}\left[\frac{2}{r^{\alpha}}+\frac{n-1}{\left(\frac{R}{n}\right)^{\alpha}}\right]\\&=2\left(\sum_{i=0}^{n}F_i\right)^{\alpha}+(n-1)\cdot n^{2\alpha}\left(\frac{V}{R}\right)^{\alpha}\end{aligned}\tag{4.6.31}$$

因为

$$\frac{\alpha-1}{\alpha}\theta+\frac{1}{\alpha}\cdot 2\theta=1$$

所以由 Hölder 不等式可得

$$\begin{aligned}\left(\sum_{i=0}^{n}F_i\right)^{\alpha}&=\left[\sum_{i=0}^{n}F_i^{\theta\cdot\frac{\alpha-1}{\alpha}}\cdot F_i^{2\theta\cdot\frac{1}{\alpha}}\right]^{\alpha}\\&\leqslant\left(\sum_{i=0}^{n}F_i^{\theta}\right)^{\alpha-1}\left(\sum_{i=0}^{n}F_i^{2\theta}\right)\end{aligned}\tag{4.6.32}$$

于是

$$
\begin{aligned}
& f_{\min} - 2\left(\sum_{i=0}^{n} F_i\right)^{\alpha} \\
= & \left(\sum_{i=0}^{n} F^{\theta}\right)^{1+\alpha} - 2\left(\sum_{i=0}^{n} F_i\right)^{\alpha} \\
\geqslant & \left(\sum_{i=0}^{n} F_i^{\theta}\right)^{\alpha-1}\left[\left(\sum_{i=0}^{n} F_i^{\theta}\right) - 2\sum_{i=0}^{n} F_i^{2\theta}\right]
\end{aligned}
\tag{4.6.33}
$$

再注意到一个著名的不等式

$$
\left(\prod_{i=0}^{n} F_i\right)^{\frac{1}{n+1}} \geqslant \sqrt{\mu_n} V^{\frac{n-1}{n}} \tag{4.6.34}
$$

当且仅当 $\Omega(A)$ 为正则单形时等号成立.

故由算术—几何平均不等式得

$$
\sum_{i=0}^{n} F_i^{\theta} \geqslant (n+1)\left(\prod_{i=0}^{n} F_i\right)^{\frac{\theta}{n+1}} \geqslant (n+1)\ \sqrt{\mu_n^{\theta}} V^{\frac{n-1}{n}\theta} \tag{4.6.35}
$$

利用(4.6.33)(4.6.35)及引理4得

$$
\begin{aligned}
& f_{\min} - 2\left(\sum_{i=0}^{n} F_i\right)^{\alpha} \\
\geqslant & \left[(n+1)\mu_n^{\frac{\theta}{2}} V^{\frac{n-1}{n}\theta}\right]^{\alpha-1} \cdot (n^2-1)\mu_n^{\theta} V^{\frac{2n-2}{n}\theta} \\
= & (n-1)(n+1)^{\alpha}\mu_n^{\frac{\alpha}{2}} V^{\frac{n-1}{n}\alpha} \quad \left(\text{因为 } \theta = \frac{\alpha}{1+\alpha}\right)
\end{aligned}
\tag{4.6.36}
$$

由于

$$
V^{\frac{1}{n}} \leqslant \frac{n+1}{n^2} \cdot \mu_n^{\frac{1}{2}} \cdot R \tag{4.6.37}
$$

代入(4.6.36)得

$$f_{\min} - 2\left(\sum_{i=0}^{n} F_i\right)^{\alpha} \geqslant (n-1) \cdot n^{2\alpha} \cdot \frac{V^{\alpha}}{R^{\alpha}} \tag{4.6.38}$$

即

$$f_{\min} \geqslant 2\left(\sum_{i=0}^{n} F_i\right)^{\alpha} + (n-1) \cdot n^{2\alpha} \cdot \left(\frac{V}{R}\right)^{\alpha}$$

故(4.6.31)成立. 至此,定理 2 得证. 并由证明过程易知,上式当且仅当 $\Omega(A)$ 为正则单形且 $P$ 为其中心时等号成立.

**注 3** 由(4.6.36)(4.6.37)即知,我们实际上证明了较(4.6.28)更强的不等式

$$\sum_{i=0}^{n} \frac{1}{d_i^{\alpha}} \geqslant \frac{2}{r^{\alpha}} + \frac{C_n}{V^{\frac{\alpha}{n}}} \quad (\alpha \geqslant 1) \tag{4.6.39}$$

其中 $C_n = (n-1)[n^{-1} \cdot (n+1)]^{\alpha} \cdot \mu_n^{\frac{\alpha}{2}}$.

## 4.7 关于 Neuberg-Pedoe 不等式高维推广的一个注记①

宁波大学应用数学系的陈计,四川大学数学学院的黄勇,中国科学院成都计算机应用研究所的夏时洪

① 摘自《四川大学学报(自然科学版)》,1999 年 4 月第 36 卷第 2 期.

三位教授于1999年将 Neuberg-Pedoe 不等式推广到 $n$ 维欧氏空间,其形式较杨路与张景中在1981年给出的推广更为自然.

1. 引言

1981年,杨路与张景中把对 $\triangle A_1A_2A_3$ 与 $\triangle B_1B_2B_3$ 的面积 $\Delta_1,\Delta_2$ 与边长 $a_i,b_i(i=1,2,3)$,有 Neuberg-Pedoe 不等式

$$a_1^2(b_2^2+b_3^2-b_1^2)+a_2^2(b_3^2+b_1^2-b_2^2)+a_3^2(b_1^2+b_2^2-b_3^2)\geqslant 16\Delta_1\Delta_2 \tag{4.7.1}$$

推广到 $n$ 维欧氏空间中的两个单形 $A_0A_1\cdots A_n$ 与 $B_0B_1\cdots B_n$,则

$$\sum_{0\leqslant i<j\leqslant n} a_{ij}^2S_iS_j\cos\theta_{ij}\geqslant n^3V_1^{\frac{2}{n}}V_i^{2-\frac{2}{n}} \tag{4.7.2}$$

其中 $a_{ij}$ 是棱长 $|\overline{A_iA_j}|$,$S_i$ 是侧面 $\frac{\{B_0B_1,\cdots B_n\}}{B_i}$ 的面积,$V_1$ 与 $V_2$ 分别是 $A_0A_1\cdots A_n$ 与 $B_0B_1\cdots B_n$ 的体积. 此推广是实质性的,但使两个单形处于不对称的地位. 1987年,苏化明对两个单形的棱长 $a_{ij}=|\overline{A_iA_j}|$,$b_{ij}=|\overline{B_iB_j}|$ 与体积 $V_1,V_2$,将 Neuberg-Pedoe 不等式(4.7.1)推广为

$$\sum_{0\leqslant i<j\leqslant n} a_{ij}^{2\theta}\Big(\sum_{0\leqslant l<m\leqslant n} b_{lm}^{2\theta}-2b_{ij}^{2\theta}\Big)$$
$$\geqslant 2^{2\theta-2}n(n+1)(n^2+n-4)\left[\frac{(n!)^2}{n+1}\right]^{\frac{2\theta}{n}}(V_1V_2)^{\frac{2\theta}{n}} \tag{4.7.3}$$

其中 $\theta=1,\frac{1}{2}$. 1989 年,陈计与马援进一步加强并推广了(4.7.3)得到

$$\sum_{0\leqslant i<j\leqslant n} a_{ij}^{2\theta}\left(\sum_{0\leqslant l<m\leqslant n} b_{lm}^{2\theta}-nb_{ij}^{2\theta}\right) \geqslant 2^{2\theta-2}n^2(n^2-1)\left[\frac{(n!)^2}{n+1}\right]^{\frac{2\theta}{n}}(V_1V_2)^{\frac{2\theta}{n}} \tag{4.7.4}$$

其中 $0<\theta\leqslant 1$.

由于 $n(\geqslant 3)$ 维单形的体积不能仅用侧面积来表示,因此如何将 Neuberg-Pedoe 不等式推广到只涉及两个单形的侧面面积与体积的形式就成为一个困难的问题. 1994 年,陈计与王振对两个四面体 $A_1A_2A_3A_4$ 与 $B_1B_2B_3B_4$ 的体积 $V_1,V_2$ 与侧面积 $F_i,S_i(i=1,2,3,4)$ 建立了不等式

$$F_1(S_2+S_3+S_4-S_1)+F_2(S_3+S_4+S_1-S_2)+F_3(S_4+S_1+S_2-S_3)+F_4(S_1+S_2+S_3-S_4) \geqslant 18\sqrt[3]{3}(V_1V_2)^{\frac{2}{3}} \tag{4.7.5}$$

冷岗松与唐立华试图将(4.7.4)推广到 $n$ 维空间两个单形的情形

$$\sum_{i=1}^{n} F_i^{\theta}\left(\sum_{j=0}^{n} S_j^{\theta}-2S_i^{\theta}\right) \geqslant (n^2-1)\left(\frac{n^{3n}}{(n+1)^n(n!)^2}\right)^{\frac{\theta}{n}}(V_1V_2)^{\theta(1-\frac{1}{n})} \tag{4.7.6}$$

其中 $0<\theta\leqslant 1$. 但是,刊于《数学学报》(1997 年第 40

卷第1期的14—20页)的一文的引理3证而未明,从而,该文的引理4、定理1及其推论,以及定理2等相关结论均未得到证明. 1999年陈计、黄勇、夏时洪三位教授给出该文引理3的一个证明,从而得到Neuberg-Pedoe不等式的推广(4.7.6).

**2. 主要结果**

上面提到的引理3等价于本节中的分析不等式(4.7.13):设$0<x_i<\frac{1}{2}$, $\sum\limits_{i=0}^{n}x_i=1$,则

$$\sum_{i=0}^{n}\prod_{\substack{j=0\\ j\neq i}}^{n}\left(\frac{1}{x_j}-2\right)\geqslant(n+1)(n-1)^n \quad (4.7.7)$$

本节试图用Lagrange乘数法建立上式时,未能证明其驻点方程解的唯一性. 然而,这正是用Lagrange乘数法证明不等式时,常常遇到的两个麻烦之一(另一个是边界的讨论).

事实上,不等式(4.7.7)等价于如下的齐次不等式:

**定理1** 设$x_0,x_1,\cdots,x_n$是$n+1$边形的边长$(n\geqslant3)$, $S=\sum\limits_{i=0}^{n}x_i$,则

$$\sum_{i=0}^{n}\frac{x_i}{S-2x_i}\geqslant(n+1)(n-1)^n\prod_{i=0}^{n}\frac{x_i}{S-2x_i} \quad (4.7.8)$$

**证明** 不妨设$x_0\leqslant x_1\leqslant\cdots\leqslant x_n$,构造如下函数

$$f_m(x_m,x_{m+1},\cdots,x_n)=\frac{(m+1)x_m}{S_m-2x_m}+\sum_{i=m+1}^{n}\frac{x_i}{S_m-2x_i}-(n+1)(n-1)^n\left(\frac{x_m}{S_m-2x_m}\right)^{m+1}\cdot$$

$$\prod_{i=m+1}^{n}\frac{x_i}{S_n-2x_i} \tag{4.7.9}$$

其中 $S_m=(m+1)x_m+\sum_{i=m+1}^{n}x_i, m=0,1,\cdots,n-1$. 则

$$\frac{\partial f_m}{\partial x_m}=(m+1)\left[\frac{S_n-(m+1)x_m}{(S_m-2x_m)^2}-\sum_{i=m+1}^{n}\frac{x_i}{(S_m-2x_i)^2}\right]-$$
$$(m+1)(n+1)(n-1)^n\left(\frac{x_m}{S_m-2x_m}\right)^{m+1}\prod_{i=m+1}^{n}\frac{x_i}{S_n-2x_i}\cdot$$
$$\left[\frac{S_m-mx_m}{x_m(S_m-2x_m)}-\sum_{i=m+1}^{n}\frac{1}{S_n-2x_i}\right]$$
$$=(m+1)\sum_{i=m+1}^{n}x_i\left[\frac{1}{(S_n-2x_m)^2}-\frac{1}{(S_m-2x_i)^2}\right]-$$
$$(m+1)(n+1)(n-1)^n\left(\frac{x_m}{S_m-2x_m}\right)^{m}\cdot$$
$$\prod_{i=m+1}^{n}\frac{x_i}{S_m-2x_i}\sum_{i=m+1}^{n}\left[\frac{x_i}{x_m(S_n-2x_m)}-\frac{1}{S_m-2x_i}\right] \tag{4.7.10}$$

由于 $x_m\leqslant x_i$,并且

$$\begin{aligned}
&x_i(S_m-2x_i)-x_m(S_m-2x_m)\\
&=(x_i-x_m)(S_m-2x_i-2x_m)\\
&=(x_i-x_m)[(m+1)x_m+\cdots+x_i+\cdots+x_n-2(x_m+x_i)]\\
&\geqslant(x_i-x_m)[ix_m+(n-i+1)x_i-2(x_m+x_i)]\\
&=(x_i-x_m)[(i-2)x_m+(n-i+1)x_i]\\
&=(x_i-x_m)[(i-1)x_m+(x_i-x_m)+(n-i-2)x_i]\\
&\geqslant 0\quad (m+1\leqslant i\leqslant n-1)
\end{aligned}$$

其中,最后一个不等号,当 $i\geqslant 2$ 和 $i=1$ 时分别由上式的第三和第四个等式得到,所以

$$\frac{\partial f_m}{\partial x_m}/(m+1)\leqslant\frac{x_n}{(S_m-2x_m)^2}-\frac{x_n}{(S_m-2x_n)^2}-(n+1)(n-1)^n\left(\frac{x_m}{S_m-2x_m}\right)^{m+1}\cdot\prod_{i=m+1}^{n}\frac{x_i}{S_m-2x_i}\left[\frac{x_n}{x_m(S_n-2x_m)}-\frac{1}{S_m-2x_n}\right]\tag{4.7.11}$$

由(4.7.10)与

$$x_n(S_m-2x_n)-x_m(S_m-2x_m)=(x_n-x_m)(S_n-2x_n-2x_m)\tag{4.7.12}$$

当 $S_n\geqslant2(x_m+x_n)$ 时，知 $\frac{\partial f_m}{\partial x_m}\leqslant0$. 下设 $S_m<2(x_m+x_n)$，则 $x_n>(m-1)x_m+\sum\limits_{i=m+1}^{n-1}x_i$，再由算术—几何平均不等式，得

$$S_n-2x_m=(m-1)x_m+\sum_{i=m+1}^{n}x_i\geqslant2\left[(m-1)x_m+\sum_{i=m+1}^{n-1}x_i\right]\geqslant2(n-2)\left(x_m^{m-1}\prod_{i=m+1}^{n-1}x_i\right)^{\frac{1}{n-2}}\quad(m\geqslant1)\tag{4.7.13}$$

$$S_n-2x_j=(m+1)x_m+\sum_{i=m+1}^{n}x_i-2x_j\geqslant2\left[mx_m+\sum_{i=m+1}^{n-1}x_i-x_j\right]\geqslant2(n-1)\left(\frac{x_m^m\prod\limits_{i=m+1}^{n-1}x_i}{x_j}\right)^{\frac{1}{n-1}}$$

$$(m\geqslant 0, j=m+1,\cdots,n-1) \tag{4.7.14}$$

由(4.7.13)与(4.7.14)得

$$(S_n-2x_m)^m\prod_{i=m+1}^{n-1}(S_n-2x_j)\geqslant 2^{n-1}(n-2)^{n-1}x_m^m\prod_{i=m+1}^{n-1}x_i$$

$$(m\geqslant 0) \tag{4.7.15}$$

由(4.7.11)(4.7.12)与(4.7.15)得

$$\frac{\partial f_m}{\partial x_m}/(m+1)$$

$$\leqslant\frac{x_n}{(S_m-2x_m)^2}-\frac{x_n}{(S_m-2x_n)^2}-\frac{(n+1)(n-1)^n}{2^{n-1}(n-2)^{n-1}}\cdot$$

$$\frac{x_m}{S_m-2x_m}\cdot\frac{x_n}{S_m-2x_n}\cdot\left[\frac{x_n}{x_m(S_m-2x_m)}-\frac{1}{S_n-2x_n}\right]$$

$$=\frac{x_n[(S_m-2x_n)^2-(S_m-2x_m)^2]}{(S_m-2x_m)^2(S_m-2x_n)^2}-\frac{(n+1)(n-1)^n}{2^{n-1}(n-2)^{n-1}}\cdot$$

$$\frac{x_n[x_n(S_m-2x_n)-x_m(S_m-2x_m)]}{(S_m-2x_m)^2(S_n-2x_n)^2}$$

$$=\frac{-4x_n(x_n-x_m)(S_m-x_n-x_m)}{(S_n-2x_m)^2(S_n-2x_n)^2}-$$

$$\frac{(n+1)(n-1)^nx_n(x_n-x_m)(S_m-2x_n-2x_m)}{2^{n-1}(n-2)^{n-1}(S_m-2x_m)^2(S_m-2x_n)^2} \tag{4.7.16}$$

由于 $S_m-x_n\geqslant nx_m, S_m>2x_n$,所以

$$\frac{\partial f_m}{\partial x_m}/\frac{(m+1)(n-1)^nx_n(x_n-x_m)}{2^{n-1}(n-2)^{n-1}(S_m-2x_m)^2(S_m-2x_n)^2}$$

$$\leqslant\frac{2^{n+1}(n-2)^{n-1}}{(n-1)^n}(x_m+x_n-S_m)+(n+1)(2x_m+2x_n-S_m)$$

$$\leqslant\frac{2^{n+1}(n-2)^{n-1}}{(n-1)^n}[-(n-1)x_m]+(n+1)(2x_m)$$

$$(4.7.17)$$

于是

$$\frac{\partial f_m}{\partial x_m} \Big/ \frac{(m+1)(n-1)^n \cdot x_n \cdot x_m(x_n - x_m)}{2^{n-2}(n-2)^{n-1}(S_m - 2x_m)^2(S_m - 2x_n)^2}$$

$$\leqslant -2^n\left(\frac{n-2}{n-1}\right)^{n-1} + n + 1$$

$$= -2\left(\frac{2n-4}{n-1}\right)^{n-1} n + 1$$

$$= -2\left(1 + \frac{n-3}{n-1}\right)^{n-1} + n + 1$$

$$\leqslant -2\left[1 + (n-1)\frac{n-3}{n-1}\right] + n + 1$$

$$= 3 - n \leqslant 0 \tag{4.7.18}$$

综上所述

$$\frac{\partial f_m}{\partial x_m} \leqslant 0 \quad (m = 0, 1, \cdots, n-1)$$

所以

$$\sum_{i=0}^{m} \frac{x_i}{S - 2x_i} - (n+1)(n-1)^n \prod_{i=0}^{m} \frac{x_i}{S - 2x_i}$$

$$= f_0(x_0, x_1, \cdots, x_n)$$

$$\geqslant f_0(x_1, x_1, \cdots, x_n)$$

$$= f_1(x_1, x_1, \cdots, x_n)$$

$$\geqslant \cdots \geqslant f_{n-1}(x_{n-1}, x_n)$$

$$\geqslant f_{n-1}(x_n, x_n) = 0$$

从而(4.7.8)成立.

**3. 注记与猜想**

由本节定理,保证了前面提到的刊于《数学学报》

(1997 年第 40 卷第 1 期的 14—20 页)的一文中的引理 4、定理 1 及其推论(即本节的式(4.7.6))成立.

作为不等式(4.7.4)与(4.7.6)的统一,我们提出如下猜想不等式:

**猜想** 设 $\Sigma_A$ 与 $\Sigma_B$ 是 $n$ 维欧氏空间 $E^n(n>2)$ 中的两个单形,它们 $m$ 维侧面面积分别是 $F_i, S_i(i=1,2,\cdots,C_{n+1}^{m+1})$,它们的体积分别是 $V_1$ 与 $V_2$. 则当 $\theta\in(0,1]$ 时,有

$$\sum_{i=1}^{C_{n+1}^{m+1}} F_i^{2\theta}\left[\sum_{j=1}^{C_{n+1}^{m+1}} S_j-(n-m+1)S_i^{2\theta}\right]$$

$$\geqslant C_{n+1}^{m+1}(C_{n+1}^{m+1}-n+m-1)\left(\frac{m+1}{(m!)^2}\right)^{2\theta}\cdot$$

$$\left(\frac{(n!)^2V_1V_2}{n+1}\right)^{\frac{2m\theta}{n}}$$

当且仅当 $\Sigma_A$ 与 $\Sigma_B$ 均为正则单形时等号成立.

特别地,当 $m=1$ 时,得到不等式(4.7.4);当 $m=n-1$ 时,得到不等式(4.7.6).

## 4.8 高维 Neuberg-Pedoe 不等式的推广①

湖南理工学院数学系的李迈龙教授在 2004 年对

① 摘自《数学的实践与认识》,2004 年 4 月第 34 卷第 4 期.

欧氏空间 $E^n$ 中的两个 $n$ 维单形,给出了著名的 Neuberg-Pedoe 不等式的高维推广,从而推广和改进了已有一些文献中的结论.

设$\triangle ABC$ 与$\triangle A'B'C'$的边长分别是 $a,b,c$ 和 $a',b',c'$,面积分别是 $\Delta$ 和 $\Delta'$,则著名的 Neuberg-Pedoe 不等式是

$$\begin{aligned} S_{1,1}(2) &= a'^2(b^2+c^2-a^2)+b'^2(c^2+a^2-b^2)+ \\ &\quad c'^2(a^2+b^2-c^2) \\ &\geqslant 16\Delta\Delta' \end{aligned} \tag{4.8.1}$$

1984 年,中国科技大学的彭家贵教授将上述不等式改进为

$$\begin{aligned} S_{(1.1)}(2) &= a'^2(b^2+c^2-a^2)+b'^2(c^2+a^2-b^2)+ \\ &\quad c'^2(a^2+b^2-c^2) \\ &\geqslant 8\left(\frac{a'^2+b'^2+c'^2}{a^2+b^2+c^2}\Delta+\frac{a^2+b^2+c^2}{a'^2+b'^2+c'^2}\Delta'\right) \end{aligned} \tag{4.8.2}$$

(4.8.1)(4.8.2)两式中等号成立,当且仅当$\triangle ABC$ 与$\triangle A'B'C'$相似.

1981 年,中国科技大学的杨路与张景中两位教授首先将(4.8.1)推广到高维空间中的两个单形,其后苏化明、陈计与马援先后得到了(4.8.1)的高维推广.

本节对 $n$ 维单形的棱长与体积给出了 Neuberg-Pedoe 不等式(4.8.1)的一个新的高维推广,由此导出了(4.8.2)的一个高维推广. 本节约定:$n$ 维欧氏空间 $E^n$ $(n\geqslant 2)$中两个 $n$ 维单形 $K(A_n)$和 $K(A'_n)$的顶点集分别为 $A_n=\{P_0,P_1,\cdots,P_n\}$和 $A'_n=\{P'_0,P'_1+\cdots+P'_n\}$;

棱长分别为$|\overline{p_ip_j}|=a_{ij}$和$|\overline{p'_ip'_j}|=a'_{ij}$($i,j=0,1,\cdots,n$;$a_{ij}=a_{ji}$和$a'_{ij}=a'_{ji}$;$a_{ij}=0$和$a'_{ij}=0$);体积分别为$V_n$和$V'_n$;$\lambda\in(2,n]$,$T,U\in(0,1]$,记

$$S_{T,U}(\lambda)=\sum_{0\leqslant i<j\leqslant n}a'^{2T}_{ij}\Big(\sum_{0\leqslant r<s\leqslant n}a^{2U}_{rs}-\lambda a^{2U}_{ij}\Big)$$

$$H_{T,U}(\lambda)=\frac{2(\lambda-1)}{n-1}\sum_{0\leqslant i<j<k\leqslant n}[(a'^T_{ij}a^U_{jk}-a^U_{ij}a^T_{jk})(a'^T_{ij}a^U_{kj}-a^U_{ij}a'^T_{ki})+(a'^T_{jk}a^T_{ki}-a^U_{jk}a'^T_{ki})(a'^T_{jk}a^U_{ij}-a^U_{jk}a'^T_{ij})+(a^T_{ki}a^U_{ij}-a^U_{ki}a'^T_{ij})(a'^T_{ki}a^U_{jk}-a^U_{kj}a'^T_{jk})]$$

$$T'_n=\sum_{0\leqslant i<j\leqslant n}a'^{2T}_{ij},T_n=\sum_{0\leqslant i<j\leqslant n}a^{2U}_{ij}$$

**定理1** 对$E^n(n\geqslant2)$中两个$n$维单形$K(A_n)$和$K(A'_n)$有

$$S_{T,U}(\lambda)\geqslant C^2_{n+1}(C^2_{n+1}-\lambda)2^{T+U}\left[\frac{(n!)^2}{n+1}\right]^{\frac{T+U}{n}}(V'^T_nV^U_n)^{\frac{2}{n}}+H_{T,U}(\lambda)\tag{4.8.3}$$

这里$H_{T,U}(\lambda)\geqslant0$. 其中当$n=2,T=U=1$时,(4.8.3)中当且仅当$K(A_2)$和$K(A'_2)$相似时等号成立;在其他条件下,当且仅当$K(A_n)$和$K(A'_n)$均为正则单形时等号成立.

**定理2** 对$E^n(n\geqslant2)$中两个$n$维单形$K(A_n)$和$K(A'_n)$有

$$S_{T,U}(\lambda)\geqslant C^2_{n+1}(C^2_{n+1}-\lambda)\cdot\left\{2^{2U-1}\left[\frac{(n!)^2}{n+1}\right]^{\frac{2U}{n}}\frac{T'_n}{T_n}V^{\frac{4U}{n}}_n+2^{2T-1}\left[\frac{(n!)^2}{n+1}\right]^{\frac{2T}{n}}\frac{T_n}{T'_n}V'^{\frac{4T}{n}}_n\right\}\tag{4.8.4}$$

当 $n=2,T=U=1$ 时,(4.8.4)中当且仅当 $K(A_2)$ 与 $K(A'_2)$ 相似时等号成立;在其他条件下,当且仅当 $K(A_n)$ 与 $K(A'_n)$ 均为正则单形时等号成立.

由定理1或定理2易知:对 $E^n(n\geqslant 3)$ 中两个 $n$ 维单形 $K(A_n)$ 和 $K(A'_n)$ 有

$$S_{T,U}(\lambda)\geqslant C_{n+1}^2(C_{n+1}^2-\lambda)2^{(T+U)}\left[\frac{(n!)^2}{n+1}\right]^{\frac{T+U}{n}}(V'^T_nV^U_n)^{\frac{2}{n}} \tag{4.8.5}$$

当 $n=2,T=U=1$ 时,(4.8.5)中当且仅当 $K(A_2)$ 和 $K(A'_2)$ 相似时等号成立;在其他条件下,当且仅当 $K(A_n)$ 和 $K(A'_n)$ 均为正则时等号成立.

**1. 几个引理**

**引理1** 设 $\triangle ABC$ 的三边长为 $a,b,c$,面积为 $\Delta$,则对 $\theta\in[0,1]$,以 $a^\theta,b^\theta,c^\theta$,为三边可组成一个三角形,且该三角形的面积 $\Delta\theta$ 与 $\Delta$ 有以下关系

$$\Delta\theta\geqslant\left(\frac{\sqrt{3}}{4}\right)^{1-\theta}\Delta^\theta \tag{4.8.6}$$

当且仅当 $\triangle ABC$ 为正三角形时等号成立.

**引理2** 设 $\triangle ABC$ 和 $\triangle A'B'C'$ 的边长分别为 $a,b,c$ 和 $a',b',c'$,它们的面积分别为 $\Delta$ 和 $\Delta'$,则

$$S_{1,1}(2)\geqslant 16\Delta\Delta'+H_{1,1}(2) \tag{4.8.7}$$

这里

$$\begin{aligned}H_{1,1}(2)=2[&(ab'-a'b)(ac'-a'c)+\\&(bc'-b'c)(ba'-b'a)+\\&(ca'-ac')(cb'-bc')]\geqslant 0\end{aligned}$$

(4.8.7)中当且仅当 $\triangle ABC$ 和 $\triangle A'B'C'$ 相似时等号

成立.

**引理 3**　$n$ 维单形 $K(A_n)(n\geqslant 2)$ 的体积 $V_n$ 及其诸三角形侧面积 $\Delta_{ijk}(0\leqslant i<j<k\leqslant n)$ 之间有不等式

$$\prod_{0\leqslant i<j<k\leqslant n}\Delta_{ijk}\geqslant\left[\frac{3^{\frac{n}{2}}(n!)^2}{(n+1)2^n}\right]^{\frac{n^2-1}{6}}V_n^{\frac{n^2-1}{3}}\quad(4.8.8)$$

其中当且仅当单形 $K(A_n)$ 正则时等号成立.

**引理 4**　$n$ 维单形 $K(A_n)(n\geqslant 2)$ 的体积 $V_n$ 及其诸棱长 $a_{ij}(0\leqslant i<j\leqslant n)$ 之间有不等式

$$n!\ V_n\leqslant\left(\frac{n+1}{2^n}\right)^{\frac{1}{2}}\prod_{0\leqslant i<j\leqslant n}a_{ij}^{\frac{2}{n+1}}\qquad(4.8.9)$$

其中当且仅当单形 $K(A_n)$ 正则时等号成立.

**2. 定理的证明**

**定理 1 的证明**　当 $n=2$ 时,由引理 1 和引理 2,对分别以 $a^U,b^U,c^U$ 和 $a'^T,b'^T,c'^T$ 为三边构成的两个三角形应用(4.8.7)和(4.8.6)得

$$\begin{aligned}&a'^{2T}(b^{2U}+c^{2U}-a^{2U})+b'^{2T}(c^{2U}+a^{2U}-b^{2U})+\\&c'^{2T}(a^{2U}+b^{2U}-c^{2U})\\\geqslant&3\left(\frac{16}{3}\right)^{\frac{T+U}{2}}\Delta'^T\Delta^U+H_{T,U}(2)\end{aligned}\qquad(4.8.10)$$

这里

$$\begin{aligned}H_{T,U}(2)=2[&(a^Ub'^T-a'^Tb^U)(a^Uc'^T-a'^Tc^U)+\\&(b^Uc'^T-b'^Tc^U)(b'^Ua'^T-b'^Ta^U)+\\&(c^Ua'^T-a^Uc'^T)(c^Ub'^T-b^Uc'^T)]\geqslant 0\end{aligned}$$

当 $T=U=1$ 时,当且仅当$\triangle ABC$ 和$\triangle A'B'C'$相似时等号成立;在其他条件下,当且仅当$\triangle ABC$ 和$\triangle A'B'C'$均

为正三角形时等号成立. 故 $n=2$ 时,定理1成立.

当 $n\geqslant 2$ 且 $\lambda=2$ 时,由于

$$(n-1)S_{T,U}(2)$$
$$=\sum_{0\leqslant i<j\leqslant n} a'^{2T}_{ij}Q_1+\sum_{0\leqslant i<j\leqslant n} a'^{2T}_{ij}\sum_{\substack{0\leqslant k\leqslant n\\ k\neq i,j}}(a^{2U}_{jk}+a^{2U}_{ki}-a^{2U}_{ij})$$

其中 $Q_1$ 是 $(n-1)\mathrm{C}^2_{n+1}-3(n-1)=(n+3)\mathrm{C}^2_{n-1}$ 项 $a^{2U}_{rs}$ 之和且 $a^{2U}_{rs}$ 不包含在第二项中.

应用不等式(4.8.10)得

$$\sum_{0\leqslant i<j\leqslant n} a'^{2T}_{ij}\sum_{\substack{0\leqslant k\leqslant n\\ k\neq i,j}}(a^{2U}_{jk}+a^{2U}_{ki}-a^{2U}_{ij})$$
$$\geqslant 3\left(\frac{16}{3}\right)^{\frac{T+U}{2}}\sum_{0\leqslant i<j<k\leqslant n}\Delta'^{T}_{ijk}\Delta^{U}_{ijk}+(n-1)H_{T,U}(2) \tag{4.8.11}$$

其中 $\Delta'_{ijk}$ 和 $\Delta_{ijk}(0\leqslant i<j<k\leqslant n)$ 分别是 $n$ 维单形 $K(A'_n)$ 和 $K(A_n)$ 的 $n+1$ 个顶点所组成的诸三角形侧面积.

对(4.8.11)右边第一项应用算术—几何平均不等式及引理3,得

$$\sum_{0\leqslant i<j\leqslant n} a'^{2T}_{ij}\sum_{\substack{0\leqslant k\leqslant n\\ k\neq i,j}}(a^{2U}_{jk}+a^{2U}_{ki}-a^{2U}_{ij})\geqslant$$
$$n(n^2-1)2^{(T+U)-1}\left[\frac{(n!)^2}{n+1}\right]^{\frac{T+U}{n}}(V'^{T}_{n}V^{U}_{n})^{\frac{2}{n}}+(n-1)H_{T,U}(2) \tag{4.8.12}$$

另一方面,由算术—几何平均不等式及引理4可得

$$\sum_{0\leqslant i<j\leqslant n} a'^{2T}_{ij}Q_1\geqslant(n+3)\mathrm{C}^2_{n-1}\mathrm{C}^2_{n+1}\Big(\prod_{0\leqslant i<j\leqslant n} a'^{2T}_{ij}a^{2U}_{ij}\Big)^{\frac{1}{\mathrm{C}^2_{n+1}}}$$
$$\geqslant(n+3)\mathrm{C}^2_{n-1}\mathrm{C}^2_{n+1}2^{T+U}\left[\frac{(n!)^2}{n+1}\right]^{\frac{T+U}{n}}(V'^{T}_{n}V^{U}_{n})^{\frac{2}{n}}$$

$$(4.8.13)$$

由(4.8.12)和(4.8.13)两式整理后,得

$$S_{T,U}(2) \geqslant C_{n+1}^{2}(C_{n+1}^{2}-2)2^{T+U}\left[\frac{(n!)^{2}}{n+1}\right]^{\frac{T+U}{n}}(V'^{T}_{n}V_{n}^{U})^{\frac{2}{n}}+ H_{T,U}(2) \tag{4.8.14}$$

由证明过程不难看出 $H_{T,U}(2)\geqslant 0$ 且(4.8.14)中当且仅当单形 $K(A_n)$ 和 $K(A'_n)$ 均为正则时等号成立.

当 $n\geqslant 3$ 且 $\lambda = n$ 时,由于

$$(n-1)S_{T,U}(n) = \sum_{0\leqslant i<j\leqslant n} a'^{2T}_{ij} Q_2 + (n-1)\sum_{0\leqslant i<j\leqslant n} a'^{2T}_{ij} \sum_{\substack{0\leqslant k\leqslant n \\ k\neq i,j}} (a_{jk}^{2U}+a_{ki}^{2U}-a_{ij}^{2U})$$

其中 $Q_2$ 是

$$(n-1)C_{n+1}^{2}-(n-1)-2(n-1)^{2}=(n-1)C_{n-1}^{2}$$

项 $a_{rs}^{2U}$ 之和且 $a_{rs}^{2U}$ 不包含在第二项中,类似不等式(4.8.14)的证明过程可得

$$S_{T,U}(n) \geqslant C_{n+1}^{2}(C_{n+1}^{2}-n)2^{T+U}\left[\frac{(n!)^{2}}{n+1}\right]^{\frac{T+U}{n}}(V'^{T}_{n}V_{n}^{U})^{\frac{2}{n}}+ H_{T,U}(n) \tag{4.8.15}$$

这里 $H_{T,U}(n)\geqslant 0$ 且其中当且仅当 $K(A_n)$ 和 $K(A'_n)$ 均为正则时等号成立.

对 $n\geqslant 3$ 且任意 $\lambda\in[2,n]$,因存在 $\theta\in[0,1]$,使得 $\lambda=2\theta+(1-\theta)n$,且有

$$S_{T,U}(\lambda)=\theta\cdot S_{T,U}(2)+(1-\theta)S_{T,U}(n)$$

应用不等式(4.8.14)和(4.8.15)而得不等式(4.8.3)成立,其中 $H_{T,U}(\lambda)\geqslant 0$ 当且仅当单形 $K(A_n)$ 和

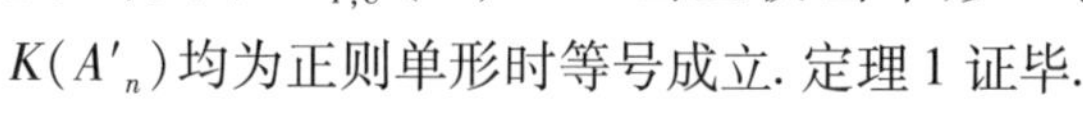

$K(A'_n)$ 均为正则单形时等号成立. 定理 1 证毕.

**定理2的证明**　在(4.8.3)中取 $T=U, K(A_n)=K(A'_n)$ 和 $a'_{ij}=a_{ij}$ 得到关于单形 $K(A_n)$ 的一个不等式

$$\left(\sum_{0\leqslant i<j\leqslant n} a_{ij}^{2T}\right)^2-\lambda\left(\sum_{0\leqslant i<j\leqslant n} a_{ij}^{2T}\right)^2$$

$$\geqslant C_{n+1}^2(C_{n+1}^2-\lambda)2^{2T}\left[\frac{(n!)^2}{n+1}\right]^{\frac{2T}{n}}V_n^{\frac{4T}{n}} \qquad (4.8.16)$$

当 $n=2, T=1$ 时(4.8.16)等号成立;在其他条件下当且仅当 $K(A_n)$ 和 $K(A'_n)$ 均为正则单形时等号成立.

令 $\mu=\frac{T'_n}{T_n}, D_{ij}=\sqrt{\mu}\,a_{ij}^{2U}-\sqrt{\mu^{-1}}\,a'^{2T}_{ij}(0\leqslant i<j\leqslant n)$,易证

$$\sum_{0\leqslant i<j\leqslant n} D_{ij}=0 \qquad (4.8.17)$$

由(4.8.16)和(4.8.17)得

$$2S_{T,U}(\lambda)-C_{n+1}^2(C_{n+1}^2-\lambda)\cdot$$

$$\left\{2^{2U}\left[\frac{(n!)^2}{n+1}\right]^{\frac{2U}{n}}\mu V_n^{\frac{4U}{n}}+2^{2T}\left[\frac{(n!)^2}{n+1}\right]^{\frac{2T}{n}}\mu^{-1}V'^{\frac{4T}{n}}_n\right\}$$

$$\geqslant 2S_{T,U}(\lambda)-\mu^{-1}\left[\left(\sum_{0\leqslant i<j\leqslant n} a'^{2T}_{ij}\right)^2-\lambda\sum_{0\leqslant i<j\leqslant n}(a'^{2T}_{ij})^2\right]-$$

$$\mu\left[\left(\sum_{0\leqslant i<j\leqslant n} a_{ij}^{2U}\right)^2-\lambda\sum_{0\leqslant i<j\leqslant n}(a_{ij}^{2U})^2\right]$$

$$=\lambda\sum_{0\leqslant i<j\leqslant n} D_{ij}^2-\left(\sum_{0\leqslant i<j\leqslant n} D_{ij}\right)^2=\lambda\sum_{0\leqslant i<j\leqslant n} D_{ij}^2\geqslant 0$$

$$(4.8.18)$$

由(4.8.18)即可得(4.8.14),且由(4.8.16)中等号成立的条件知 $n=2, T=U=1$ 时当且仅当 $K(A_2)$ 和 $K(A'_2)$ 相似时(4.8.4)中等号成立;在其他条件下,(4.8.4)中当且仅当 $K(A_n)$ 和 $K(A'_n)$ 均为正则时等号成立.定理2证毕.

3. 几点注记

(1)在推论中取 $\lambda=2, T=U=1$ 和 2,则得苏化明在《关于单形的两个不等式》中的两个主要结果.

(2)在推论中取 $T=U=\theta, \lambda=n$,则得陈计与马援在《涉及两个单形的一类不等式》中的主要结果.

## 4.9 $E^n$ 空间中 $k$-$n$ 型 Neuberg-Pedoe 不等式①

徐州师范大学数学系的张晗方教授于 2004 年 9 月首先利用基本求导法则,证明了涉及单形的 $n-1$ 维与 $n$ 维体积的一个几何不等式,由此便得到 $E^n$ 空间中 $k$-$n$ 型 Neuberg-Pedoe 不等式.

1. 引言

对于距离几何这门数学分支来说,它不仅自身充满了浓郁的理论趣味,而且还有着广泛的实际应用价值. 近年来,距离几何越来越引起国内外科学家们的注意,并且在分子生物化学、统计学、理论物理学等方面得到了应用. 本节运用距离几何的方法来进一步研究一个著名的 Neuberg-Pedoe 不等式.

众所周知的 Neuberg-Pedoe 不等式为:

设$\triangle ABC$ 与$\triangle A'B'C'$的三边和面积分别为 $a,b,c$,和 $\alpha,\beta,\gamma$ 以及 $\Delta$ 与 $\Delta'$,则

① 摘自《数学学报》,2004 年 9 月第 47 卷第 5 期.

$$a^2(-\alpha^2+\beta^2+\gamma^2)+b^2(\alpha^2-\beta^2+\gamma^2)+$$
$$c^2(\alpha^2+\beta^2-\gamma^2)\geqslant 16\Delta\Delta' \tag{4.9.1}$$

当且仅当$\triangle ABC$相似于$\triangle A'B'C'$时等号成立.

对于这个不等式的研究现在正值方兴未艾,人们从不同的方面对它进行推广与加强.本节将对方程(4.9.1)从形式上把它推广为涉及两个单形的$k$维与$n$维体积的不等式.

**2. 一个几何不等式**

为讨论方便起见,我们约定本节中所有的$n>2$.

**引理1**　设$S_i$为单形$A$的顶点$A_i(1\leqslant i\leqslant n+1)$所对的界面的$n-1$维体积,又$A$的$n$维体积为$V$,则有

$$\sum_{i=1}^{n+1} S_i^2\left(\sum_{j=1}^{n+1} S_j^2-2S_i^2\right)\geqslant\frac{n^6(n-1)}{n+1}\cdot\left(\frac{n+1}{n!^2}\right)^{\frac{2}{n}}\cdot V^{\frac{4(n-1)}{n}} \tag{4.9.2}$$

当且仅当$A$为正则单形时等号成立.

**证明**　设$D$为单形$A$的$n+2$阶Cayley-Menger行列式,$D_i$为$D$中元素$a_{ii}^2(1\leqslant i\leqslant n+1)$的余子式,则由单形的体积公式知,(4.9.2)可以表示为

$$\sum_{i=1}^{n+1}((-1)^nD_i)\left(\sum_{j=1}^{n+1}((-1)^nD_j)-2((-1)^nD_i)\right)$$
$$\geqslant\frac{n^2(n-1)}{(n+1)^{1-\frac{2}{n}}}\cdot((-1)^{n+1}D)^{2-\frac{2}{n}} \tag{4.9.3}$$

当且仅当$A$为正则单形时等号成立.

记

$$F=\left(\sum_{i=1}^{n+1}((-1)^nD_i)\right)^2-2\sum_{i=1}^{n+1}((-1)^nD_i)^2-$$

$$\frac{n^2(n-1)}{(n+1)^{1-\frac{2}{n}}}\cdot((-1)^{n+1}D)^{2-\frac{2}{n}}$$

则由行列式的求导法则可得

$$F'_{a_{jk}}=2\left(\sum_{i=1}^{n+1}((-1)^nD_i)\right)\left(\sum_{\substack{i=1\\i\neq j,k}}^{n+1}((-1)^nD'_{i,a_{jk}})\right)-$$
$$4\sum_{\substack{i=1\\i\neq j,k}}^{n+1}((-1)^nD_i)((-1)^nD'_{i,a_{jk}})-$$
$$\frac{2n(n-1)^2}{(n+1)^{1-\frac{2}{n}}}\cdot((-1)^{n+1}D)^{1-\frac{2}{n}}((-1)^{n+1}D'_{a_{jk}})$$

对于所有的 $j,k$,令 $F'a_{jk}=0$,则由行列式的性质可得唯一的驻点 $P_0(a,a,\cdots,a)$. 不妨取此处的 $a=1$,即 $P_0(1,1,\cdots,1)$,故有

$$F''_{a_{jk}a_{jk}}(P_0)=\frac{16}{n+1}\cdot(n-1)(n-2)(n^2+2n+5)$$

$$F''_{a_{jk}a_{jl}}(P_0)=\frac{-32}{n+1}\cdot(n-2)(n^2+7)$$

$$F''_{a_{jk}a_{lm}}(P_0)=\frac{32}{n+1}\cdot(n^2-2n+9)$$

故对于所有的 $j,k,l,m(1\leqslant j,k,l,m\leqslant C_{n+1}^2)$(这里的 $C_{n+1}^2$ 是组合数,且一般有 $C_n^k=\frac{n!}{k!\cdot(n-k)!}$,下同).

在行列式

$$\det(F''_{a_{jk}a_{lm}}(P_0))$$

中主对角线上的元素当 $n>2$ 时比其他位置上的元素的绝对值均大,而且主对角线上的所有元素均是正数,故矩阵 $(F''_{a_{jk}a_{lm}}(P_0))$ 是对角占优的. 所以若设 $Q=\det(F''_{a_{jk}a_{lm}})$,则 $Q$ 的所有顺序主子式

$$Q_k>0 \quad (1\leqslant k\leqslant \mathrm{C}_{n+1}^2)$$

故 $F$ 有最小值. 又 $F(P_0)=0$,所以 $F\geqslant 0$. 由此知式(4.9.3)成立,从而再由单形的体积公式知式(4.9.2)正确. 证毕.

**推论1**　条件与引理1中的相同,则有

$$\sum_{i=1}^{n+1} S_i^4 \geqslant \frac{n^6}{n+1}\cdot\left(\frac{n+1}{n!^2}\right)^{\frac{2}{n}}\cdot V^{\frac{4(n-1)}{n}}+\frac{1}{n-1}\cdot\sum_{1\leqslant i<j\leqslant n+1}(S_i^2-S_j^2)^2 \tag{4.9.4}$$

当且仅当 $A$ 为正则单形时等号成立.

实际上,由于

$$\begin{aligned}&\sum_{i=1}^{n+1} S_i^2\left(\sum_{j=1}^{n+1} S_j^2-2S_i^2\right)\\&=2\sum_{1\leqslant i<j\leqslant n+1} S_i^2S_j^2-\sum_{i=1}^{n+1} S_i^4\\&=(n-1)\cdot\sum_{i=1}^{n+1} S_i^4-\sum_{1\leqslant i<j\leqslant n+1}(S_i^2-S_j^2)^2\end{aligned}$$

所以,将此式代入式(4.9.2)内经整理便得式(4.9.4).

3. $k$-$n$ 型 Neuberg-Pedoe 不等式

**引理2**　设 $V$ 为 $n$ 维欧氏空间 $E^n$ 中单形 $A$ 的 $n$ 维体积,且 $A$ 的顶点集为 $\{A_1,A_2,\cdots,A_{n+1}\}$,从 $A$ 的顶点集中任取 $k+1$ 个顶点 $A_{i_1},A_{i_2},\cdots,A_{i_{k+1}}$ 所构成的 $k$ 维子单形的 $k$ 维体积为 $V_{i(k)}$,若记 $m=\mathrm{C}_{n+1}^{k+1}$,则有

$$\sum_{i=1}^{m} V_{i(k)}^{2}\left(\sum_{j=1}^{m} V_{j(k)}^{2}-(n+1-k) V_{i(k)}^{2}\right) \geqslant \varphi(n,k) \cdot V^{\frac{4k}{n}} \tag{4.9.5}$$

当且仅当 $A$ 为正则单形时等号成立,其中

$$\varphi(n,k)=m(m-(n+1-k)) \cdot\left[\left(\frac{k+1}{k!^{2}}\right)^{\frac{1}{k}}\left(\frac{n!^{2}}{n+1}\right)^{\frac{1}{n}}\right]^{2k}$$

**证明**　将式(4.9.2)应用于 $k+1$ 维子单形 $\{A_{i_1},A_{i_2},\cdots,A_{i_{k+2}}\}$,并且设 $V_{l,(k+1)}$ 为 $k+1$ 维子单形 $A_{l(k+1)}=\{A_{i_1},A_{i_2},\cdots,A_{i_{k+2}}\}$的 $k+1$ 维体积,则有

$$\begin{aligned}&\sum_{i=1}^{m} V_{i(k)}^{2}\left(\sum_{j=1}^{m} V_{j(k)}^{2}-2 V_{i(k)}^{2}\right)\\ \geqslant&\frac{(k+1)^{6} k}{k+2} \cdot\left(\frac{k+2}{(k+1)!^{2}}\right)^{\frac{2}{k+1}} \cdot V_{l,(k+1)}^{\frac{4k}{k+1}}\end{aligned} \tag{4.9.6}$$

当且仅当 $k+1$ 维子单形 $A_{l(k+1)}$ 为正则时等号成立.

在式(4.9.5)的左端展开式中,含有 $V_{i(k)}^{2}V_{j(k)}^{2}$ 共有 $2C_m^2$ 项,而含有 $V_{i(k)}^{4}$ 的共有 $(n-k)C_{n+1}^{k+1}$ 项. 若将式(4.9.6)应用于单形 $A$,则由于 $A$ 共有 $C_{n+1}^{k+2}$个 $k+1$ 维子单形,所以对于此时式(4.9.6)的左端

$$\sum_{i=1}^{C_{n+1}^{k+2}}\left[\sum_{i=1}^{k+2} V_{il(k)}^{2}\left(\sum_{j=1}^{k+2} V_{jl(k)}^{2}-2 V_{i(k)}^{2}\right)\right] \tag{4.9.7}$$

中含有 $V_{il(k)}^{2}V_{jl(k)}^{2}$ 项的共有 $2C_{k+2}^{2}C_{n+1}^{k+2}$个,而含有 $V_{il(k)}^{4}$ 项的共有$(k+2)C_{n+1}^{k+2}$个,显然此处有

$$(n-k)C_{n+1}^{k+1}=(k+2)C_{n+1}^{k+2}$$

而在式(4.9.5)的左端与式(4.9.7)中,$V_{il(k)}^{2}V_{jl(k)}^{2}$ 项数之差为

$$2C_m^2-2C_{k+2}^2C_{n+1}^{k+2}$$

在这些项中 $V_{il(k)}^2V_{jl(k)}^2$ 均是不同在一个 $k+1$ 维子单形中的 $k$ 维界面，所以若记 $P$ 为

$$2(C_m^2-C_{k+2}^2C_{n+1}^{k+2})$$

项不在同一个 $k+1$ 维界面 $V_{il(k)}^2$ 与 $V_{jl(k)}^2$ 之积，则有

$$\begin{aligned}
&\sum_{i=1}^{m}V_{i(k)}^2\Big(\sum_{j=1}^{m}V_{j(k)}^2-2V_{i(k)}^2\Big)\\
=&\sum_{l=1}^{C_{n+1}^{k+2}}\Big[\sum_{i=1}^{k+2}V_{il(k)}^2\Big(\sum_{j=1}^{k+2}V_{jl(k)}^2-2V_{i(k)}^2\Big)\Big]+P\\
\geqslant&\frac{(k+1)^6k}{k+2}\cdot\Big(\frac{k+2}{(k+1)!^2}\Big)^{\frac{2}{k+1}}\cdot\sum_{i=1}^{C_{n+1}^{k+2}}V_{i(k+1)}^{\frac{4k}{k+1}}+\\
&2(C_m^2-C_{k+2}^2C_{n+1}^{k+2})\cdot\Big(\prod_{i=1}^{C_{n+1}^{k+1}}V_{i(k)}\Big)^{\frac{4}{C_{n+1}^{k+1}}}\\
\geqslant&\frac{(k+1)^6k}{k+2}\cdot\Big(\frac{k+2}{(k+1)!^2}\Big)^{\frac{2}{k+1}}\cdot C_{n+1}^{k+2}\Big(\prod_{i=1}^{C_{n+1}^{k+2}}V_{i(k+1)}\Big)^{\frac{4k}{(k+1)C_{n+1}^{k+2}}}+\\
&2(C_m^2+C_{k+2}^2C_{n+1}^{k+2})\cdot\Big(\prod_{i=1}^{C_{n+1}^{k+1}}V_{i(k)}\Big)^{\frac{4}{C_{n+1}^{k+1}}}\\
\geqslant&\frac{(k+1)^6k}{k+2}\cdot\Big(\frac{k+2}{(k+1)!^2}\Big)^{\frac{2}{k+1}}\cdot\\
&C_{n+1}^{k+2}\cdot\Big[\Big(\frac{k+2}{(k+1)!^2}\Big)^{\frac{1}{k+1}}\Big(\frac{n!^2}{n+1}\Big)^{\frac{1}{n}}\Big]^{2k}\cdot\\
&V^{\frac{4k}{n}}+2(C_m^2+C_{k+2}^2C_{n+1}^{k+2})\cdot\\
&\Big[\Big(\frac{k+1}{k!^2}\Big)^{\frac{1}{k}}\Big(\frac{n!^2}{n+1}\Big)^{\frac{1}{n}}\Big]^{2k}\cdot V^{\frac{4k}{n}}\\
=&m(m-(n+1-k))\cdot\Big[\Big(\frac{k+1}{k!^2}\Big)^{\frac{1}{k}}\Big(\frac{n!^2}{n+1}\Big)^{\frac{1}{n}}\Big]^{2k}\cdot V^{\frac{4k}{n}}
\end{aligned}$$

$$= \varphi(n,k) \cdot V^{\frac{4k}{n}}$$

至于等号成立的充要条件由上述证明及(4.9.2)中等号成立的充要条件是不难看出的. 证毕.

**定理 1** 设 $A$ 与 $B$ 均为 $n$ 维欧氏空间 $E^n$ 中的单形,且它们的 $n$ 维体积分别为 $V_1$ 与 $V_2$,由 $A$ 的 $k+1$ 个顶点 $A_{i_1},A_{i_2},\cdots,A_{i_{k+1}}$ 所构成的子单形的 $k$ 维体积为 $V_{i1(k)}$,由 $B$ 的 $k+1$ 个顶点 $B_{i_1},B_{i_2},\cdots,B_{i_{k+1}}$ 所构成的子单形的 $k$ 维体积分别为 $V_{i2(k)}$,则有

$$\sum_{i=1}^{m} V_{i1(k)}^2\left(\sum_{j=1}^{m} V_{j2(k)}^2 - (n+1-k)V_{i2(k)}^2\right) \geqslant \varphi(n,k) \cdot (V_1V_2)^{\frac{2k}{n}} \tag{4.9.8}$$

当且仅当 $A$ 与 $B$ 均为正则单形时等号成立.

**证明** 易知式(4.9.5)可表示为

$$\left(\sum_{i=1}^{m} V_{i(k)}^2\right)^2 \geqslant \varphi(n,k) \cdot V^{\frac{4k}{n}} + (n+1-k) \cdot \sum_{i=1}^{m} V_{i(k)}^4 \tag{4.9.9}$$

所以由 Cauchy 不等式和式(4.9.9)可得

$$\varphi(n,k) \cdot (V_1V_2)^{\frac{2k}{n}} + (n+1-k) \cdot \sum_{i=1}^{m} V_{i1(k)}^2 V_{i2(k)}^2$$

$$\leqslant \left[\varphi(n,k) \cdot V_1^{\frac{4k}{n}} + (n+1-k) \cdot \sum_{i=1}^{m} V_{i1(k)}^4\right]^{\frac{1}{2}} \cdot$$

$$\left[\varphi(n,k) \cdot V_2^{\frac{4k}{n}} + (n+1-k) \cdot \sum_{i=1}^{m} V_{i2(k)}^4\right]^{\frac{1}{2}}$$

$$\leqslant \left(\sum_{i=1}^{m} V_{i1(k)}^2\right)\left(\sum_{i=1}^{m} V_{i2(k)}^2\right)$$

即

$$\left(\sum_{i=1}^{m} V_{i1(k)}^{2}\right)\left(\sum_{i=1}^{m} V_{i2(k)}^{2}\right)$$

$$\geqslant \varphi(n,k)\cdot(V_1V_2)^{\frac{2k}{n}}+(n+1-k)\cdot\sum_{i=1}^{m} V_{i1(k)}^{2}V_{i2(k)}^{2}$$

(4.9.10)

将式(4.9.10)整理之后便得式(4.9.8). 至于等号成立的充要条件由式(4.9.5)是容易看出的. 证毕.

**推论2**　设$A$与$B$均为$n$维欧氏空间$E^n$中的单形,且它们的$n$维体积分别为$V_1$与$V_2$,$A$的顶点$A_i$所对的界面的$n-1$维体积为$S_i$,$B$的顶点$B_i$所对的界面的$n-1$维体积为$F_i$,则有

$$\sum_{i=1}^{n+1} S_i^2\left(\sum_{j=1}^{n+1} F_j^2-2F_i^2\right)\geqslant\frac{n^6(n-1)}{n+1}\cdot\left(\frac{n+1}{n!^2}\right)^{\frac{2}{n}}\cdot(V_1V_2)^{\frac{2(n-1)}{n}}$$

(4.9.11)

当且仅当$A$与$B$均为正则单形时等号成立.

实际上,只需在式(4.9.8)中取$k=n-1$即可得式(4.9.11). 同样,在式(4.9.8)中取$k=1$时,便有

$$\sum_{i=1}^{C_{n+1}^2} a_i^2\left(\sum_{j=1}^{C_{n+1}^2} b_j^2-nb_i^2\right)\geqslant n^2(n^2-1)\left(\frac{n!^2}{n+1}\right)^{\frac{2}{n}}\cdot(V_1V_2)^{\frac{2(n-1)}{n}}$$

(4.9.12)

当且仅当$A$与$B$均为正则单形时等号成立.

**引理3**　设$S_i$为单形$A$的顶点$A_i(1\leqslant i\leqslant n+1)$所对应的界面的$n-1$维体积. 又$A$的$n$维体积为$V$,则当$0<\theta\leqslant1$时,有

Pedoe 定理

$$\left(\sum_{i=1}^{n+1} S_i^{\theta}\right)^2 - 2\sum_{i=1}^{n+1} S_i^{2\theta}$$

$$\geqslant (n^2-1)\cdot\left[\frac{n^{3n}}{(n+1)^{n-1}\cdot n!^2}\right]^{\frac{\theta}{n}}\cdot V^{\frac{2(n-1)\theta}{n}} \tag{4.9.13}$$

当且仅当 $A$ 为正则单形时等号成立. 将式(4.9.13)应用于 $k+1$ 维子单形,并沿用定理 1 的证明手法可得如下的:

**定理 2** 设 $0<\theta\leqslant 1$,其余条件与定理 1 中的相同,则有

$$\sum_{i=1}^{m} V_{i1(K)}^{\theta}\left(\sum_{j=1}^{m} V_{j2(k)}^{\theta} - (n+1-k)V_{i2(k)}^{\theta}\right)$$

$$\geqslant \psi(n,k,\theta)\cdot(V_1V_2)^{\frac{k\theta}{n}} \tag{4.9.14}$$

当且仅当 $A$ 与 $B$ 均为正则单形时等号成立,其中

$$\psi(n,k,\theta) = m(m-(n+1-k))\cdot\left[\left(\frac{k+1}{k!^2}\right)^{\frac{1}{k}}\left(\frac{n!^2}{n+1}\right)^{\frac{1}{n}}\right]^{k\theta}$$

## 4.10 涉及两个 $n$ 维单形的不等式

合肥师范学院数学系的杨世国教授在 2006 年 5 月应用几何不等式理论与解析方法,研究了涉及两个 $n$ 维单形的几何不等式问题,建立了涉及两个单形的两个几何不等式,推广了 $n$ 维 Pedoe 不等式.

1. 引言及主要结果

设 $n$ 维欧氏空间 $E^n$ 中 $n$ 维单形 $\sigma_n$ 的体积为 $V$,各侧面面积为 $F_i(i=1,2,\cdots,n+1)$,诸棱长为 $a_i(i=1,2,\cdots,\frac{1}{2}n(n+1))$,单形 $\sigma_n$ 不过同一顶点的两条棱称为一对对棱,它的各对对棱所成角的算术平均值记为 $\theta$. 设 $A=\max\{a_i\}$,$a=\min\{a_i\}$,记

$$\delta=\left[1+\frac{2(A-a)^2}{n(n+1)A^2}\right]^{\frac{n+1}{4}}$$

对另一个 $n$ 维单形 $\sigma'_n$ 具有类似记号,如 $\theta'$,$\delta'$等,对任意3个实数 $\alpha,\beta\in(0,1)$,$\lambda\in[2,n]$,记

$$S_{\alpha\beta}^{\lambda}=\sum_{i=1}^{\frac{1}{2}n(n+1)}a'^{2\alpha}_i\left(\sum_{j=1}^{\frac{1}{2}n(n+1)}\alpha_j^{2\beta}-\lambda\alpha_i^{2\beta}\right)$$

文献①建立了 $n$ 维 Pedoe 不等式

$$S_{1,1}^2\geqslant n(n+1)(n^2+n-4)\left(\frac{n!^2}{n+1}\right)(VV')^{\frac{2}{n}} \tag{4.10.1}$$

文献②给出不等式(4.10.1)的指数推广

$$S_{\alpha\alpha}^2\geqslant 2^{2\alpha-2}n(n+1)(n^2+n-4)\left(\frac{n!^2}{n+1}\right)^{\frac{2\alpha}{n}}(VV')^{\frac{2\alpha}{n}} \tag{4.10.2}$$

---

①　苏化明. 关于单形的两个不等式. 科学通报,1987,32(1):1-3.

②　陈计,马援. 涉及两个单形的一类不等式. 数学研究与评论,1989,9(2):282-284.

文献[①]给出不等式(4.10.1)的另一推广

$$S_{1,1}^2 \geqslant n(n+1)(n^2+n-2\lambda)\left(\frac{n!^2}{n+1}\right)^{\frac{2}{n}}(VV')^{\frac{2}{n}} \tag{4.10.3}$$

文献[②]给出了不等式(4.10.1)—(4.10.3)的加强推广

$$S_{\alpha,\beta}^{\lambda} \geqslant n(n+1)(n^2+n-2\lambda)2^{(\alpha+\beta)-2}\left(\frac{n!^2}{n+1}\right)^{\frac{(\alpha+\beta)}{n}} \cdot (V^{\beta}V'^{\alpha})^{\frac{2}{n}} + H_{\alpha,\beta}^{\lambda} \quad (H_{\alpha,\beta}^{\lambda} \geqslant 0) \tag{4.10.4}$$

本节给出了不等式(4.10.1)—(4.10.3)的另外两种形式的加强推广,得到下面更强的两个不等式.

**定理1** 对两个 $n$ 维单形 $\sigma_n$ 与 $\sigma'_n$,有

$$S_{\alpha,\beta}^{\lambda} \geqslant [(\csc\theta')^{\alpha} \cdot (\csc\theta)^{\beta}]^{\frac{1}{(n-1)^2}} n(n+1)(n^2+n-2\lambda)2^{\alpha+\beta-2}\left(\frac{n!^2}{n+1}\right)^{\frac{\alpha+\beta}{n}}(V'^{\alpha}V^{\beta})^{\frac{2}{n}} \tag{4.10.5}$$

当 $\sigma_n$ 与 $\sigma'_n$ 皆为正则单形时等号成立.

**定理2** 对两个 $n$ 维单形 $\sigma_n$ 与 $\sigma'_n$,有

$$S_{\alpha,\beta}^{\lambda} \geqslant (\delta'^{\alpha}_{n}\delta_n^{\beta})^{\frac{4}{(n^2+n)(n-1)^2}} n(n+1)(n^2+n-2\lambda) \cdot 2^{(\alpha+\beta)-2}\left(\frac{n!^2}{n+1}\right)^{\frac{(\alpha+\beta)}{n}}(V'^{\alpha}V^{\beta})^{\frac{2}{n}} \tag{4.10.6}$$

当 $\sigma_n$ 与 $\sigma'_n$ 皆为正则单形时等号成立.

---

① 毛其吉.联系两个单形的不等式.数学的实践与认识,1989,19(3):23-24.

② 孙明保.联系两个 $n$ 维单形的一类不等式.数学杂志,1997,17(2):248-250.

由于$(\csc\theta')^{\alpha}\cdot(\csc\theta)^{\beta}\geqslant 1$，$\delta'^{\alpha}_{n}\cdot\delta^{\beta}_{n}\geqslant 1$，所以不等式(4.10.5)(4.10.6)改进了不等式(4.10.1)—(4.10.3).

2. 引理与定理的证明

为了证明定理1与定理2，需引用下面几个引理.

**引理1**[①] 设$m$个正数$x_i(i=1,2,\cdots,m)$的算术平均与几何平均值分别为$A_m(x_i)$与$G_m(x_i)$，$X=\max\{x_i\}$，$x=\min\{x_i\}$，则有

$$\frac{A_m(x_i)}{G_m(x_i)}\geqslant 1+\frac{(\sqrt{X}-\sqrt{x})^2}{mx} \quad (4.10.7)$$

当且仅当$x_1=x_2=\cdots=x_m$时等号成立.

**引理2** 对$n$维单形$\sigma_n$，有

$$\prod_{i=1}^{\frac{1}{2}n(n+1)} a_i\geqslant \delta_n\left(\frac{2^n\cdot n!^2}{n+1}\right)^{\frac{n+1}{4}}V^{\frac{n+1}{2}} \quad (4.10.8)$$

当$\sigma_n$为正则单形时等号成立.

**证明** 设单形$\sigma_n$的外接球半径为$R$，引用下面两个已知不等式[②]

$$V^2R^2\leqslant\frac{n}{2^{n+1}\cdot n!^2}\left(\prod_{i=1}^{\frac{1}{2}n(n+1)} a_i\right)^{\frac{4}{n}} \quad (4.10.9)$$

$$\prod_{i=1}^{\frac{1}{2}n(n+1)} a_i^{2}\leqslant(n+1)^2R^2 \quad (4.10.10)$$

---

① 杨世国. 关于Veljan-Korchmaros不等式的改进及应用. 纯粹数学与应用数学，2003，19(4)：334－338.

② YANG L. A geometric proof of an algebraic theorem. J China Univ Sci Technol. 1981，11(4)：346－347.

当 $\sigma_n$ 为正则单形时,(4.10.9)(4.10.10)中等号成立.

由不等式(4.10.9)(4.10.10)得

$$V^2 \leqslant \frac{n(n+1)^2}{2^{n+1}(n!)^2} \frac{\left(\prod_{i=1}^{\frac{1}{2}n(n+1)} a_i^2\right)^{\frac{2}{n}}}{\sum_{i=1}^{\frac{1}{2}n(n+1)} a_i^2}$$

即

$$\frac{n+1}{2^n \cdot n!^2}\left(\prod_{i=1}^{\frac{1}{2}n(n+1)} a_i\right)^{\frac{4}{n+1}} \geqslant \frac{\frac{2}{n(n+1)} \sum_{i=1}^{\frac{1}{2}n(n+1)} a_i^2}{\left(\prod_{i=1}^{\frac{1}{2}n(n+1)} a_i^2\right)^{\frac{2}{n(n+1)}}}$$

由引理 1 与上式得

$$\frac{n+1}{2^n \cdot n!^2}\left(\prod_{i=1}^{\frac{1}{2}n(n+1)} a_i\right)^{\frac{4}{n+1}} \geqslant \left[1 + \frac{2(A-a)^2}{n(n+1)A^2}\right] V^2$$

由此便知不等式(4.10.8)成立,易知当 $\sigma_n$ 为正则单形时等号成立.

**引理 3**① 对 $n$ 维单形 $\sigma_n$,有

$$\prod_{i=1}^{\frac{1}{2}n(n+1)} a_i \geqslant (\csc\theta)^{\frac{n(n+1)}{4}} \left(\frac{2^n \cdot n!}{n+1}\right)^{\frac{n+1}{4}} V^{\frac{n+1}{2}} \tag{4.10.11}$$

当 $\sigma_n$ 为正则单形时等号成立.

---

① 冷岗松. Euler 不等式的一个加强. 数学的实践与认识,1995,25(2):94-96.

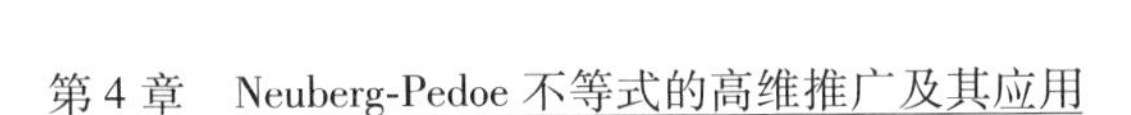



**引理4**　对 $n$ 维单形 $\sigma_n$，有

$$\prod_{i=1}^{n+1} F_i \geqslant (\csc\theta)^{\frac{n+1}{2(n-1)}} \cdot \frac{n^{\frac{3(n+1)}{2}}}{(n!)^{\frac{n+1}{n}}(n+1)^{\frac{n^2-1}{2n}}} V^{\frac{n^2-1}{n}} \tag{4.10.12}$$

$$\prod_{i=1}^{n+1} F_i \geqslant \delta^{\frac{2}{n(n-1)}} \frac{n^{\frac{3(n+1)}{2}}}{(n!)^{\frac{n+1}{n}}(n+1)^{\frac{n^2-1}{2n}}} V^{\frac{n^2-1}{n}} \tag{4.10.13}$$

当 $\sigma_n$ 为正则单形时，(4.10.12)(4.10.13)中等号成立.

**证明**　应用不等式[①]

$$\prod_{i=1}^{n+1} F_i \geqslant \left[\frac{n^{3(n-1)}}{2(n+1)^{n-2}\cdot n!^2}\right]^{\frac{n+1}{2(n-1)}} \cdot \left(\prod_{i=1}^{\frac{1}{2}n(n+1)} a_i\right) V^{\frac{(n+1)(n-2)}{n-1}} \tag{4.10.14}$$

当 $\sigma_n$ 为正则单形时等号成立.

由不等式(4.10.14)与(4.10.11)便得不等式(4.10.12)，由不等式(4.10.14)与(4.10.8)便得不等式(4.10.13).

**引理5**[②]　对 $n$ 维单形 $\sigma_n$，有

---

① 苏化明. 一个涉及单形体积、棱长与侧面面积的不等式. 数学杂志，1993，13(4)：453－455.

② 苏化明. 关于切点单形的两个不等式. 数学研究与评论，1990，10(2)：243－247.

$$\prod_{i=1}^{\frac{1}{6}n(n^2-1)} \Delta_i \geqslant \left[\frac{3^{\frac{n-1}{2}} \cdot n!^2}{2^{n-1}n^3}\right]^{\frac{n(n+1)}{6}} \left(\prod_{i=1}^{n+1} F_i\right)^{\frac{n}{3}}$$

(4.10.15)

当 $\sigma_n$ 为正则单形时等号成立. 其中 $\Delta_i$ ( $i=1,2,\cdots,\mathrm{C}_{n+1}^3=\frac{1}{6}n(n^2-1)$ ) 为单形 $\sigma_n$ 所有二维子单形(三角形)的面积.

**定理 1 的证明** 先证不等式(4.10.5),对 $\lambda=k\in[2,n]$ 为自然数时成立,易知

$$(n-1)S_{\alpha,\beta}^k = \sum_{i=1}^{\frac{1}{2}n(n+1)} a'^{2\alpha}_i\Big[(n-1)\sum_{r\in S_i} a_r^{2\beta} + (n-k)\cdot\sum_{(u,v)\in T_i}(a_u^{2\beta}+a_v^{2\beta}) + (k-1)\cdot \sum_{(u,v)\in T_i}(a_u^{2\beta}+a_v^{2\beta}-a_i^{2\beta})\Big] \quad (4.10.16)$$

其中 $a_r$ 与 $a_i$ 是没有公共顶点的棱, $S_i$ 是 $\mathrm{C}_{n-1}^2$ 元有限集, $a_u,a_v,a_i$ 是单形 $\sigma_n$ 中一个三角形(二维子单形)的三边,故 $T_i$ 是 $n-1$ 元有限集. 利用文献①中的结果

$$I_1 \equiv \sum_{i=1}^{\frac{1}{2}n(n+1)} a'^{2\alpha}_i \sum_{(u,v)\in T_i}(a_u^{2\beta}+a_v^{2\beta}+a_i^{2\beta}) \geqslant 16\left(\frac{\sqrt{3}}{4}\right)^{2-(\alpha+\beta)} \sum_{i=1}^{\frac{n(n^2-1)}{6}} \Delta'^{\alpha}_i\Delta_i^{\beta} \quad (4.10.17)$$

利用(4.10.17)与算术—几何平均不等式,引理 5 及

① 杨世国,王佳. 涉及两个单形的一类几何不等式. 西南师范大学学报,1991,16(3):295-297.

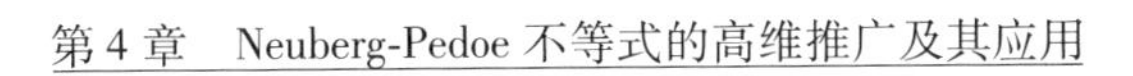

引理4,有

$$I_1 \geqslant \frac{8}{3}n(n^2-1)\left(\frac{\sqrt{3}}{4}\right)^{2-(\alpha+\beta)}\left(\prod_{i=1}^{\frac{n(n^2-1)}{6}}\Delta'^{\alpha}_i\Delta^{\beta}_i\right)^{\frac{6}{n(n^2-1)}}$$

$$\geqslant \frac{8}{3}n(n^2-1)\left(\frac{\sqrt{3}}{4}\right)^{2-(\alpha+\beta)}\left[\frac{3^{\frac{n-1}{2}}\cdot n!^2}{2^{n-1}n^3}\right]^{\frac{1}{6}n(n+1)(\alpha+\beta)}\cdot$$

$$\left(\prod_{i=1}^{n+1}F'^{\alpha}_iF^{\beta}_i\right)^{\frac{2}{n^2-1}}$$

$$\geqslant [(\csc\theta')^{\alpha}(\csc\theta)^{\beta}]^{\frac{1}{(n-1)^2}}\cdot$$

$$2^{\alpha+\beta-1}n(n^2-1)\left(\frac{n!^2}{n+1}\right)^{\frac{\alpha+\beta}{n}}(V'^{\alpha}V^{\beta})^{\frac{2}{n}} \tag{4.10.18}$$

$$I_2 \equiv \sum_{i=1}^{\frac{1}{2}n(n+1)}a'^{2\alpha}_i\left[(n-1)\sum_{r\in S_i}a^{2\beta}_r+(n-k)\cdot\right.$$

$$\left.\sum_{(u,v)\in T_i}(a^{2\beta}_u+a^{2\beta}_v)\right] \tag{4.10.19}$$

$I_2$ 中是$\frac{1}{2}n(n+1)p$ 项 $a'^{2\alpha}_ia^{2\beta}_j$ 之和,其中

$$p=(n-1)\mathrm{C}^2_{n-1}+2(n-k)(n-1)$$

由对称性可知每个 $a'^{2\beta}_i$ 与每个 $a^{2\beta}_j$ 各出现 $p$ 次,由算术—几何平均不等式与引理3,得

$$I_2 \geqslant \frac{1}{2}n(n+1)p\left(\prod_{i=1}^{\frac{1}{2}n(n+1)}a'^{2\alpha}_ia^{2\beta}_i\right)^{\frac{2}{n(n+1)}}$$

$$\geqslant [(\csc\theta')^{\alpha}(\csc\theta)^{\beta}]^{\frac{1}{(n-1)^2}}2^{\alpha+\beta-1}n(n+1)\cdot$$

$$p\left(\frac{n!^2}{n+1}\right)^{\frac{\alpha+\beta}{n}}(V'^{\alpha}V^{\beta})^{\frac{2}{n}} \tag{4.10.20}$$

不等式(4.10.18)两边乘以 $k-1$ 后再与不等式(4.10.20)两边相加,得

$$(n-1)S_{\alpha,\beta}^{k} \equiv (k-1)I_1 + I_2$$
$$\geqslant [(\csc\theta)'^{\alpha}(\csc\theta)^{\beta}]^{\frac{1}{(n-1)^2}}2^{\alpha+\beta-1}n(n^2-1)\cdot$$
$$(n^2+n-2k)\left(\frac{n!^2}{n+1}\right)^{\frac{\alpha+\beta}{n}}(V'^{\alpha}V^{\beta})^{\frac{2}{n}}$$

(4.10.21)

由不等式(4.10.21)可知不等式(4.10.5)对 $\lambda=k$ 时成立,所以不等式(4.10.5)对自然数 $k\in[2,n]$ 时成立.

对任意实数 $\lambda\in[2,n]$,此时 $\lambda$ 可表示成 $\lambda=pl+qm$,其中 $l,m$ 是自然数,且 $p+q=1$,而

$$S_{\alpha,\beta}^{\lambda} = pS_{\alpha,\beta}^{l} + qS_{\alpha,\beta}^{m} \qquad (4.10.22)$$

将关于 $S_{\alpha,\beta}^{l}$与 $S_{\alpha,\beta}^{m}$的两个不等式代入(4.10.22),便得到关于 $S_{\alpha,\beta}^{\lambda}$的不等式(4.10.5),由证明过程便可知当 $\sigma_n$ 与 $\sigma'_n$ 皆为正则单形时等号成立.

用同样的方法可以证明不等式(4.10.6)成立,实际上只要在定理1证明过程中应用不等式(4.10.11)与(4.10.12)的地方分别换用不等式(4.10.8)与(4.10.13)即可,限于篇幅,不再赘述.

## 4.11 《$E^n$ 空间中 $k-n$ 型 Neuberg-Pedoe 不等式》一文的注记①

湖南师范大学数学与计算机科学学院的李小燕、张垚两位教授于2008年7月指出《$E^n$ 空间中 $k-n$ 型 Neuberg-Pedoe 不等式》一文中的错误及产生错误的原因,进一步给出了 $E^n$ 空间中 $k-n$ 型 Neuberg-Pedoe 不等式的一个推广.

文献②试图对 $n$ 维单形和 $k$ 维子单形的体积给出一个推广,其主要结论为下列两个定理.

**定理1** 设 $A$ 和 $B$ 均为 $n$ 维空间 $E^n$ 中的 $n$ 维单形($n\geqslant 3$),且它们的 $n$ 维体积分别是 $V_A$ 和 $V_B$. 由 $A$ 的 $k+1$ 个顶点 $A_{i_1},A_{i_2},\cdots,A_{i_{k+1}}$ 所张成的 $k$ 维子单形的 $k$ 维体积记为 $S_i(k)$,由 $B$ 的 $k+1$ 个顶点 $B_{j_1},B_{j_2},\cdots,B_{j_{k+1}}$ 所张成的 $k$ 维子单形的 $k$ 维体积记为 $F_j(k)$,并记 $m=\mathrm{C}_{n+1}^{k+1}$,则有

$$\sum_{i=1}^{m} S_i^2(k)\left(\sum_{j=1}^{m} F_j^2(k)-(n+1-k)F_i^2(k)\right)$$

---

① 摘自《吉首大学学报(自然科学版)》,2008年7月第29卷第4期.

② ZHANG H F. The $k-n$ Type Neuberg-Pedoe Inequality in Eulidrean Space $E^n$. Acta Math. Sinica,2004,47(5):941－946.

$$\geqslant \varphi(n,k)(V_A V_B)^{\frac{2k}{n}} \qquad (4.11.1)$$

当且仅当 $A$ 与 $B$ 都是正则单形时等号成立. 这里

$$\varphi(n,k)=m[(m-(n+1-k)]\left[\left(\frac{k+1}{k!^2}\right)^{\frac{1}{k}}\left(\frac{n!^2}{n+1}\right)^{\frac{1}{n}}\right]^{2k}$$

**定理 2** 在定理 1 的条件下,设 $\theta\in(0,1]$,则

$$\sum_{i=1}^{m} S_i^{\theta}(k)\left(\sum_{j=1}^{m} F_j^{\theta}(k)-(n+1-k)F_i^{\theta}(k)\right)$$

$$\geqslant \phi(n,k,\theta)(V_A V_B)^{\frac{\theta k}{n}} \qquad (4.11.2)$$

当且仅当 $A$ 与 $B$ 都是正则单形时等号成立. 这里

$$\phi(n,k,\theta)=m[m-(n+1-k)]\left[\left(\frac{k+1}{k!^2}\right)^{\frac{1}{k}}\left(\frac{n!^2}{n+1}\right)^{\frac{1}{n}}\right]^{\theta k}$$

下面指出定理 1 中结论是错误的,以及产生错误的原因. 同时,对 $n$ 维单形及 $k$ 维子单形的体积给出不等式(4.11.2)的推广与加强,它们不同于文献①中的结论且都是定理 2 及文献②③④中结论的推广与加强.

---

① ZHANG Y. Also on Some High Dimensional Generalization and Strangthering of the Finsler-Hadwiger Inequality and the Neuberg-Pedoe Inequality. Hunan Educational Institute, 1998, 16 (2):1-7.

② SU H M. Two Inequalities for the Simplexes. Chinese Sci. Bull., 1987, 32(1):1-3.

③ CHEN J, MA Y. A Class of Inequalities Involving Two Simplicies. Math. Res. Exp., 1989, 9(2):282-284.

④ LENG G S, TANG L H. Some Generalizations to Several Dimensional of the Pedoe Inequality with Applications. Acta Math. Sinica, 1997, 40:14-21.

1. **定理 1 的商榷**

首先指出,不等式(4. 11. 1)是不正确的,事实上,当 $n=3,k=2$ 时,设 $A$ 和 $B$ 均为 $E^3$ 中的正三棱锥 $A_1-A_2A_3A_4$,其底面$\triangle A_2A_3A_4$ 是边长为 $a$ 的正三角形,正三棱锥的高等于 $\varepsilon$,则

$$S_1(2)=F_1(2)=\frac{\sqrt{3}}{4}a^2$$

$$S_i(2)=F_i(2)=\frac{a}{2}\sqrt{\varepsilon^2+\frac{1}{12}a^2}\quad(i=2,3,4)$$

$$V_A=V_B=\frac{\sqrt{3}}{12}a^2\varepsilon$$

$$(4.11.1)左边=\left(\frac{\sqrt{3}}{4}a^2\right)^2\left[3\left(\frac{a}{2}\sqrt{\varepsilon^2+\frac{1}{12}a^2}\right)^2-\left(\frac{\sqrt{3}}{4}a^2\right)^2\right]+$$

$$3\left(\frac{a}{2}\sqrt{\varepsilon^2+\frac{1}{12}a^2}\right)^2\cdot\left[\left(\frac{a}{2}\sqrt{\varepsilon^2+\frac{1}{12}a^2}\right)^2+\left(\frac{\sqrt{3}}{4}a^2\right)^2\right]$$

$$\to\frac{3a^4}{16}\left(\frac{a^4}{16}-\frac{3a^4}{16}\right)+\frac{a^4}{16}\left(\frac{a^4}{48}+\frac{3a^4}{16}\right)$$

$$=-\frac{a^8}{96}<0\quad(\varepsilon\to 0)$$

$$(4.11.1)右边=\varphi(3,2)\left(\frac{\sqrt{3}}{12}a^2\varepsilon\right)^2\to 0\quad(\varepsilon\to 0)$$

可见不等式(4. 11. 1)是不正确的. 上述反例同样说明 *The k − n Type Neuberg-Pedoe Inqulity in Eulidrean Space* $E^n$ 中引理 1 和引理 2 的结论不成立,另外中推论 1 和推论 2 也不正确.

产生错误的主要原因是证明该引理 1 时有误. 一般用微分法证明多元函数 $F(P)=F(x_1,x_2,\cdots,x_m)$ 在区域 $D$ 内一点 $P_0(x_1^{(0)},x_2^{(0)},\cdots,x_m^{(0)})$ 取最小值时,应证明下列三点:

(1)驻点方程组 $F'_{x_i}(P)=0(i=1,2,\cdots,m)$ 在区域 $D$ 内只有唯一解 $P_0(x_1^{(0)},x_2^{(0)},\cdots,x_m^{(0)})$;

(2)$F(P)$ 的各二阶偏导数在 $P_0$ 的值组成的矩阵 $\boldsymbol{J}=(F''_{x_ix_j}(P_0))$ 为正定矩阵,从而 $F(P)$ 在 $P_0$ 取最小值 $F(P_0)$;

(3)证明 $F(P_0)$ 的值不大于 $F(P)$ 在 $D$ 的边界上的所有值①②.

证明引理1时,第(1)步仅指出但没有证明驻点是唯一的,且省略了必不可少的第(3)步.另外,第(2)步的证明也有错误,它试图通过证明矩阵 $\boldsymbol{J}=(F''_{x_ix_j}(P_0))$ 是对角元为正的严格对角占优矩阵,达到证明矩阵 $\boldsymbol{J}$ 正定的目的,但仅证明了 $\boldsymbol{J}$ 的每一个对角元比其他位置上的元素的绝对值均大就断言 $\boldsymbol{J}$ 是严格对角占优矩阵,这是不正确的,因为严格对角占优矩阵必须每一个对角元的绝对值均大于同行(或同列)其他非对角元绝对值之和③④.例如,矩阵 $\boldsymbol{A}=\begin{pmatrix}3&-2&2\\-2&3&2\\2&2&3\end{pmatrix}$ 的对角元比其他位置上的元素的绝

① LING Z J. The Greatest Value and Least Value of Function of Several Variables. Chinese Math. Bull., 1995, 10: 41-45.

② WANG L. Counter Examples in Real Analysis. High Edu. Pub. House, 1989: 462-495.

③ VARGA R S. On Recurring Theorems on Diagonal Dominance. Linear Alegebra and Its Applications, 1976, 13: 1-9.

④ BERMAN A, PLEMMONS R J. Nonnegative Matrices in the Mathematics Sciences. New York, San Francisco, London: Academic Press, 1979: 134-140.

对值均大,但 $\boldsymbol{A}$ 不是正定矩阵(因为 $\det\boldsymbol{A}=-25<0$).

从上可知,*The k－n Type Neuberg-Pedoe Inequality in Eulidrean Space* $E^n$ 一文中不仅定理1、推论1、推论2、引理1和引理2的结论不正确,而且证明该文引理1的依据和方法也是错误的.

**2 加强的 $k-n$ 型 Neuberg-Pedoe 不等式**

为了讨论的方便,如下均采用定理1中的假设条件和记号.

**引理1**① 设 $\alpha,\beta\in(0,1],\gamma\in[0,n+1-k]$,则

$$S_\alpha S_\beta-\gamma S_{\alpha+\beta}=\sum_{i=1}^{m}S_i^\alpha(k)\left(\sum_{j=1}^{m}S_j^\beta(k)-\gamma S_i^\beta(k)\right)\geqslant m(m-\gamma)\mu_{n,k}^{\alpha+\beta}V_A^{\frac{k(\alpha+\beta)}{n}}\qquad(4.11.3)$$

当且仅当 $A$ 是正则单形时等号成立.

**定理3** 设 $\alpha,\beta\in(0,1],\gamma\in[0,n+1-k]$,则

$$\sum_{i=1}^{m}S_i^\alpha(k)\left(\sum_{j=1}^{m}F_j^\beta(k)-\gamma F_i^\beta(k)\right)\geqslant\frac{1}{2}m(m-\gamma)\left(\mu_{n,k}^{2\alpha}\frac{F_\beta}{S_\alpha}V_A^{\frac{2k\alpha}{n}}+\mu_{n,k}^{2\beta}\frac{S_\alpha}{F_\beta}V_B^{\frac{2k\beta}{n}}\right)+R_1\qquad(4.11.4)$$

当且仅当 $A$ 与 $B$ 都是正则单形时等号成立.这里

$$S_\alpha=\sum_{i=1}^{m}S_i^\alpha(k)$$

① ZHANG Y. Also on Some High Dimensional Generalization and Strangthering of the Finsler-Hadwiger Inequality and the Neuberg-Pedoe Inequality. Hunan Educational Institute, 1998, 16(2):1－7.

$$F_\beta = \sum_{j=1}^{m} F_j^\beta(k), \mu_{n,k} = \frac{\sqrt{k+1}}{k!}\left(\frac{n!}{\sqrt{n+1}}\right)^{\frac{k}{n}}$$

$$R_1 = \frac{\gamma}{2S_\alpha F_\beta}\sum_{i=1}^{m}(F_\beta S_i^\alpha(k) - S_\alpha F_i^\beta(k))^2 \geqslant 0$$

**证明** 记

$$H_{AB} = \sum_{i=1}^{m} S_i^\alpha(k)\left(\sum_{j=1}^{m} F_j^\beta(k) - \gamma F_i^\beta(k)\right)$$

$$= S_\alpha F_\beta - \gamma\sum_{i=1}^{m} S_i^\alpha(k) F_i^\beta(k)$$

$$H_A = \sum_{i=1}^{m} S_i^\alpha(k)\left(\sum_{j=1}^{m} S_j^\alpha(k) - \gamma S_i^\alpha(k)\right)$$

$$= S_\alpha^2 - \gamma\sum_{i=1}^{m} S_i^{2\alpha}(k)$$

$$H_B = \sum_{i=1}^{m} F_i^\beta(k)\left(\sum_{j=1}^{m} F_j^\beta(k) - \gamma F_i^\beta(k)\right)$$

$$= F_\beta^2 - \gamma\sum_{i=1}^{m} F_i^{2\beta}(k)$$

则经过直接计算可得下列恒等式

$$H_{AB} = \frac{1}{2}\left(\frac{F_\beta}{S_\alpha}H_A + \frac{S_\alpha}{F_\beta}H_B\right) + R_1$$

利用不等式(4.11.3),将 $H_A$ 和 $H_B$ 分别放大即得不等式(4.11.4),并由引理 1 知,当且仅当 $A$ 与 $B$ 都是正则单形时等号成立.

在(4.11.4)式中利用算术—几何平均值不等式,得到如下推论:

**推论 1** 在定理 3 的假设条件和记号下,有

$$\sum_{i=1}^{m} S_i^{\alpha}(k)\left(\sum_{j=1}^{m} F_j^{\beta}(k)-\gamma F_i^{\beta}(k)\right)$$
$$\geqslant m(m-\gamma)\mu_{n,k}^{\alpha+\beta}(V_A^{\alpha}V_B^{\beta})^{\frac{k}{n}}+R_1 \tag{4.11.5}$$

当且仅当 $A$ 与 $B$ 都是正则单形时等号成立.

在不等式(4.11.5)中令 $\alpha=\beta$ 且 $\gamma=n+1-k$,都能得到定理2的一个加强如下:

**推论2**　在定理3的假设条件和记号下,有

$$\sum_{i=1}^{m} S_i^{\alpha}(k)\left(\sum_{j=1}^{m} F_j^{\alpha}(k)-(n+1-k)F_i^{\alpha}(k)\right)$$
$$\geqslant m(m-\gamma)\mu_{n,k}^{2\alpha}(V_AV_B)^{\frac{2k\alpha}{n}}+R_3$$

当且仅当 $A$ 与 $B$ 都是正则单形时等号成立. 这里

$$R_3=\frac{n+1-k}{2S_{\alpha}F_{\beta}}\sum_{i-1}^{m}(F_{\alpha}S_i^{\alpha}(k)-S_{\alpha}F_i^{\alpha}(k))^2\geqslant 0$$

## 4.12　欧氏空间中 $n$ 维 Pedoe 不等式的推广及应用①

合肥师范学院数学系的杨世国,安徽大学数学科学学院的王文两位教授在2011年利用距离几何的理论与方法,研究欧氏空间 $E^n$ 中两个 $n$ 维单形的棱长与

---

① 摘自《吉林大学学报(理学版)》,2011年5月第49卷第3期.

体积的几何不等式,建立了 $n$ 维单形两种加强形式的彭—常不等式,从而推广了 $E^n$ 中的 $n$ 维 Pedoe 不等式.

1. **引言及主要结果**

设 $n$ 维欧氏空间 $E^n$ 中 $n$ 维单形 $\Sigma_n$ 的棱长为 $a_i$ $(i=1,2,\cdots,C_{n+1}^2)$,各侧面面积为 $F_i(i=1,2,\cdots,n+1)$,体积为 $V$,记 $A=\max\{a_i\}$,$a=\min\{a_i\}$,$M=\max\{F_i\}$,$m=\min\{F_i\}$. 令

$$\delta_n=\left[1+\frac{2(A-a)^2}{n(n+1)A^2}\right]^{\frac{n+1}{4}}$$

$$\xi_n=\left[1+\frac{(M-m)^2}{(n+1)M^2}\right]^{\frac{n+1}{2n}}$$

对 $n$ 维单形 $\Sigma'_n$,有类似的记号,如棱长 $a'_i(i=1,2,\cdots,C_{n+1}^2)$,$\delta'_n$,$\xi'_n$ 等.

对两个 $n$ 维单形 $\Sigma_n$,$\Sigma'_n$ 与任意三个实数 $\alpha,\beta\in(0,1]$,$\lambda\in[2,n]$,记

$$S_{\alpha,\beta}^{\lambda}=\sum_{i=1}^{C_{n+1}^2}a'^{2\alpha}_i\left(\sum_{j=1}^{C_{n+1}^2}a_j^{2\beta}-\lambda a_i^{2\beta}\right)\quad(4.12.1)$$

杨路等率先将三角形 Pedoe 不等式推广到 $E^n$ 中的 $n$ 维单形,建立了一种形式的 $n$ 维 Pedoe 不等式. 随后苏化明建立了另一种形式的 $n$ 维 Pedoe 不等式

$$S_{1,1}^2\geqslant n(n+1)(n^2+n-4)\left(\frac{n!^2}{n+1}\right)^{\frac{2}{n}}(VV')^{\frac{2}{n}}$$

(4.12.2)

文献①②分别给出了不等式(4.12.2)的如下推广形式

$$S_{1,1}^{\lambda} \geqslant n(n+1)(n^2+n-2\lambda)\left(\frac{n!^2}{n+1}\right)^{\frac{2}{n}}(VV')^{\frac{2}{n}} \tag{4.12.3}$$

$$S_{\alpha,\alpha}^{2} \geqslant 2^{2\alpha-2}n(n+1)(n^2+n-4)\left(\frac{n!^2}{n+1}\right)^{\frac{2\alpha}{n}}(VV')^{\frac{2\alpha}{n}} \tag{4.12.4}$$

之后,文献③给出了上述不等式的加强推广

$$S_{\alpha,\beta}^{\lambda} \geqslant (\delta'^{\alpha}_{n}\delta_{n}^{\beta})^{\frac{4}{(n^2+n)(n-1)^2}}n(n+1)\cdot (n^2+n-2\lambda)2^{\alpha+\beta-2}\left(\frac{n!^2}{n+1}\right)^{\frac{\alpha+\beta}{n}}(V'^{\alpha}V^{\beta})^{\frac{2}{n}} \tag{4.12.5}$$

当$\Sigma_n$与$\Sigma'_n$皆为正则单形时,式(4.12.2)—(4.12.5)等号成立.

本节研究$E^n$中涉及两个$n$维单形棱长与体积的不等式问题,建立了如下两个加强形式的彭—常不等式,推广了上述不等式.本节主要结果如下:

**定理1**　对$E^n$中两个$n$维单形$\Sigma_n$与$\Sigma'_n$,有

---

① 毛其吉.联系两个单形的不等式.数学的实践与认识,1989,19(3):23-25.

② 陈计,马援.涉及两个单形的一类不等式.数学研究与评论,1989,9(2):282-284.

③ 杨世国.涉及两个$n$维单形的不等式.浙江大学学报(理学版),2006,33(3):247-249.

$$S_{\alpha,\beta}^{\lambda} \geqslant \frac{n(n+1)(n^2+n-2\lambda)}{2^3}\left[\frac{\sigma'}{\sigma}F(\beta,\delta_n,V)+\frac{\sigma}{\sigma'}F(\alpha,\delta'_n,V')\right] \tag{4.12.6}$$

$$S_{\alpha,\beta}^{\lambda} \geqslant \frac{n(n+1)(n^2+n-2\lambda)}{2^3}\left[\frac{\sigma'}{\sigma}T(\beta,\xi_n,V)+\frac{\sigma}{\sigma'}T(\alpha,\xi'_n,V')\right] \tag{4.12.7}$$

当 $\Sigma_n$ 与 $\Sigma'_n$ 皆为正则单形时，(4.12.6)与(4.12.7)中等号成立. 其中：$\sigma = \sum_{i=1}^{C_{n+1}^2} a_i^{2\beta}$；$\sigma' = \sum_{i=1}^{C_{n+1}^2} a'^{2\alpha}_i$，则

$$F(x,y,z)=\left[4y^{\frac{8}{(n^2+n)(n-1)^2}}\left(\frac{n!^2}{n+1}\right)^{\frac{2}{n}}V^{\frac{4}{n}}\right]^x$$

$$T(x,y,z)=\left[4y^{\frac{4}{n^2-1}}\left(\frac{n!^2}{n+1}\right)^{\frac{2}{n}}V^{\frac{4}{n}}\right]^x$$

由不等式(4.12.6)与算术—几何平均不等式便得不等式(4.12.5)，由不等式(4.12.7)与算术—几何平均不等式便得不等式(4.12.2)—(4.12.4)的加强推广形式.

**推论1** 对 $E^n$ 中两个 $n$ 维单形 $\Sigma_n$ 与 $\Sigma'_n$，有

$$S_{\alpha,\beta}^{\lambda} \geqslant (\xi_n^{\beta}\xi'^{\alpha}_n)^{\frac{2}{n^2-1}} n(n+1)(n^2+n-2\lambda)2^{\alpha+\beta-2}\cdot \left(\frac{n!^2}{n+1}\right)^{\frac{\alpha+\beta}{n}}(V^{\beta}V'^{\alpha})^{\frac{2}{n}} \tag{4.12.8}$$

当 $\Sigma_n$ 与 $\Sigma'_n$ 皆为正则单形时等号成立.

由于 $\xi_n,\xi'_n,\delta_n,\delta'_n \geqslant 1$，所以不等式(4.12.6)与(4.12.7)均为 $n$ 维彭—常不等式的加强推广形式.

2. **定理1的证明**

**引理1**①　设 $k$ 个正数 $x_i(i=1,2,\cdots,k)$ 的算术平均值与几何平均值分别为 $A_m(x_i)$，$G_m(x_i)$，$X=\max\{x_i\}$，$x=\min\{x_i\}$，则

$$\frac{A_m(x_i)}{G_m(x_i)}\geqslant 1+\frac{(\sqrt{X}-\sqrt{x})^2}{kX} \tag{4.12.9}$$

当且仅当 $x_1=x_2=\cdots=x_k$ 时等号成立.

**引理2**　对 $n$ 维单形 $\Sigma_n$，有

$$\prod_{i=1}^{C_{n+1}^2} a_i \geqslant \delta_n\left(\frac{2^n n!^2}{n+1}\right)^{\frac{n+1}{4}} V^{\frac{n+1}{2}} \tag{4.12.10}$$

$$\prod_{i=1}^{n+1} F_i \geqslant \delta_n^{\frac{2}{n(n-1)}} \frac{n^{\frac{3(n+1)}{2}}}{(n!)^{\frac{n+1}{n}}(n+1)^{\frac{n^2-1}{2n}}} V^{\frac{n^2-1}{n}} \tag{4.12.11}$$

当 $\Sigma_n$ 为正则单形时等号成立.

**引理3**②　设 $n$ 维单形 $\Sigma_n$ 的所有二维子单形(三角形)的面积为 $\Delta_i(i=1,2,\cdots,C_{n+1}^3)$，则有

$$\prod_{i=1}^{C_{n+1}^3} \Delta_i \geqslant \left(\frac{3^{\frac{n-1}{2}} n!^2}{2^{n-1} n^3}\right)^{\frac{n(n+1)}{6}} \left(\prod_{i=1}^{n+1} F_i\right)^{\frac{n}{3}} \tag{4.12.12}$$

$$\prod_{i=1}^{C_{n+1}^2} a_i \geqslant \left(\frac{2\cdot n!^2}{n^3}\right)^{\frac{n(n+1)}{4}} \left(\prod_{i=1}^{n+1} F_i\right)^{\frac{n}{2(n-1)}} \tag{4.12.13}$$

---

①　杨世国. 涉及两个 $n$ 维单形的不等式. 浙江大学学报(理学版)，2006，33(3)：247－249.

②　苏化明. 关于切点单形的两个不等式. 数学研究与评论，1990，10(2)：243－247.

当 $\Sigma_n$ 为正则单形时等号成立.

**引理 4** 对 $n$ 维单形 $\Sigma_n$,有

$$\prod_{i=1}^{n+1} F_i \geqslant \xi_n \cdot \frac{n^{\frac{3(n+1)}{2}}}{(n!)^{\frac{n+1}{n}}(n+1)^{\frac{n^2-1}{2n}}} V^{\frac{n^2-1}{n}} \tag{4.12.14}$$

$$\prod_{i=1}^{C_{n+1}^2} a_i \geqslant \xi_n^{\frac{n}{2(n-1)}} \left(\frac{2^n n!^2}{n+1}\right)^{\frac{n+1}{4}} V^{\frac{n+1}{2}} \tag{4.12.15}$$

当 $\Sigma_n$ 为正则单形时,(4.12.14)(4.12.15)等号成立.

**证明** 由文献①有

$$\prod_{i=1}^{n+1} F_i^2 \geqslant \frac{n^{3n}}{n!^2(n+1)^n} V^{2(n-1)} \sum_{i=1}^{n+1} F_i^2$$

即

$$\left(\prod_{i=1}^{n+1} F_i^2\right)^{\frac{n}{n+1}} \geqslant \frac{n^{3n}}{(n+1)^{n-1} n!^2} V^{2(n-1)} \frac{\frac{1}{n+1}\sum_{i=1}^{n+1} F_i^2}{\left(\prod_{i=1}^{n+1} F_i^2\right)^{\frac{1}{n+1}}} \tag{4.12.16}$$

由不等式(4.12.16)与引理 1 便得不等式(4.12.14),由不等式(4.12.13)和(4.12.14)便得不等式(4.12.15).易知当 $\Sigma_n$ 为正则单形时,不等式(4.12.14)(4.12.15)中等号成立.

**引理 5** 对 $n$ 维单形 $\Sigma_n$,$\alpha \in (0,1]$,$\lambda \in [2,n]$,有

$$\left(\sum_{i=1}^{C_{n+1}^2} a_i^{2\alpha}\right)^2 - \lambda \sum_{i=1}^{C_{n+1}^2} a_i^{4\alpha}$$

---

① 张景中,杨路. 关于质点组的一类几何不等式. 中国科技大学学报,1981,11(2):1-8.

$$\geqslant \delta_n^{\frac{8\alpha}{n(n+1)(n-1)^2}} 2^{2\alpha-2} n(n+1) \cdot$$

$$(n^2+n-2\lambda)\left(\frac{n!^2}{n+1}\right)^{\frac{2\alpha}{n}} V^{\frac{4\alpha}{n}} \tag{4.12.17}$$

$$\left(\sum_{i=1}^{C_{n+1}^2} a_i^{2\alpha}\right)^2 - \lambda \sum_{i=1}^{C_{n+1}^2} a_i^{4\alpha}$$

$$\geqslant \xi_n^{\frac{4\alpha}{n^2-1}} 2^{2\alpha-2} n(n+1) \cdot$$

$$(n^2+n-2\lambda)\left(\frac{n!^2}{n+1}\right)^{\frac{2\alpha}{n}} V^{\frac{4\alpha}{n}} \tag{4.12.18}$$

当 $\Sigma_n$ 为正则单形时等号成立.

**证明**　先证不等式(4.12.17)在 $\lambda = n$ 时成立. 此时不等式(4.12.17)为

$$2\sum_{1\leqslant i<j\leqslant C_{n+1}^2} a_i^{2\alpha} a_j^{2\alpha} - (n-1)\sum_{i=1}^{C_{n+1}^2} a_i^{4\alpha}$$

$$\geqslant \delta_n^{\frac{8\alpha}{n(n+1)(n-1)^2}} 2^{2\alpha-2} n^2(n^2-1)\left(\frac{n!^2}{n+1}\right)^{\frac{2\alpha}{n}} V^{\frac{4\alpha}{n}} \tag{4.12.19}$$

下面证不等式(4.12.19)成立. 为此,需引用文献①中结果:设 $\triangle ABC$ 三边为 $a,b,c$,面积为 $\Delta$,则对 $\alpha\in(0,1]$,有

$$3\left(\frac{16\Delta^2}{3}\right)^{\alpha} \leqslant 2b^{2\alpha}c^{2\alpha} + 2c^{2\alpha}a^{2\alpha} + 2a^{2\alpha}b^{2\alpha} -$$

$$a^{4\alpha} - b^{4\alpha} - c^{4\alpha} \tag{4.12.20}$$

当 $\triangle ABC$ 为正三角形时等号成立.

---

①　陈计,马援. 涉及两个单形的一类不等式. 数学研究与评论,1989,9(2):282-284.

$n$ 维单形 $\Sigma_n$ 共有 $C_{n+1}^3=\frac{1}{6}n(n^2-1)$ 个二维子单形(三角形) $\triangle_k(k=1,2,\cdots,C_{n+1}^3)$,设三角形 $\triangle_k$ 的三边为 $a_{k1},a_{k2},a_{k3}$,面积为 $\Delta_k$. 则

$$2\sum_{1\leqslant i<j\leqslant C_{n+1}^2}a_i^{2\alpha}a_j^{2\alpha}-(n-1)\sum_{i=1}^{C_{n+1}^2}a_i^{4\alpha}$$
$$=\sum_{k=1}^{C_{n+1}^3}(2a_{k2}^{2\alpha}a_{k3}^{2\alpha}+2a_{k3}^{2\alpha}a_{k1}^{2\alpha}+2a_{k1}^{2\alpha}a_{k2}^{2\alpha}-$$
$$a_{k1}^{4\alpha}-a_{k2}^{4\alpha}-a_{k3}^{4\alpha})+\varphi \qquad (4.12.21)$$

其中 $\varphi$ 是 $2C_{C_{n+1}^2}^2-C_{n+1}^3=6C_{n+1}^4$ 项 $a_i^{2\alpha}a_j^{2\alpha}$ 之和,且 $a_i$ 与 $a_j$ 不是单形 $\Sigma_n$ 的任何一个二维子单形(三角形)的两边. 应用不等式(4.12.20),得

$$2\sum_{1\leqslant i<j\leqslant C_{n+1}^2}a_i^{2\alpha}a_j^{2\alpha}-(n-1)\sum_{i=1}^{C_{n+1}^2}a_i^{4\alpha}$$
$$\geqslant\sum_{k=1}^{C_{n+1}^3}3\left(\frac{16\Delta_k^2}{3}\right)^{\alpha}+\varphi \qquad (4.12.22)$$

利用算术—几何平均不等式及式(4.12.12)(4.12.11),得

$$\sum_{k=1}^{C_{n+1}^3}3\left(\frac{16\Delta_k^2}{3}\right)^{\alpha}$$
$$\geqslant\delta_n^{\frac{8\alpha}{n(n+1)(n-1)^2}}3^{1-\alpha}2^{4\alpha}C_{n+1}^3\left[\frac{3^{\frac{n}{2}}n!^2}{2^n(n+1)}\right]^{\frac{2\alpha}{n}}V^{\frac{4\alpha}{n}}$$
$$(4.12.23)$$

再利用算术—几何平均不等式与(4.12.10),并注意到 $\delta_n\geqslant1,\frac{8\alpha}{n(n+1)}>\frac{8\alpha}{n(n+1)(n-1)^2}$,得

$$\varphi\geqslant6C_{n+1}^4\left(\prod_{i=1}^{C_{n+1}^2}a_i\right)^{\frac{8\alpha}{n(n+1)}}$$

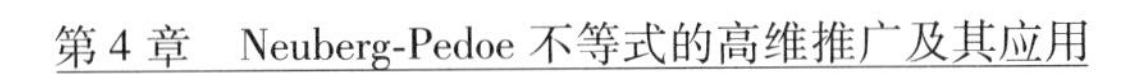

$$\geqslant\delta_n^{\frac{8\alpha}{n(n+1)}}6\mathrm{C}_{n+1}^4\left(\frac{2^n n!^2}{n+1}\right)^{\frac{2\alpha}{n}}V^{\frac{4\alpha}{n}}$$

$$\geqslant\delta_n^{\frac{8\alpha}{n(n+1)(n-1)^2}}6\mathrm{C}_{n+1}^4\left(\frac{2^n n!^2}{n+1}\right)^{\frac{2\alpha}{n}}V^{\frac{4\alpha}{n}}\quad(4.12.24)$$

由式(4.12.22)—(4.12.24)便知(4.12.19)成立,易知当 $\Sigma_n$ 为正则单形时,(4.12.19)中等号成立.

下面证明不等式(4.12.17)在 $2\leqslant\lambda<n$ 时成立.此时

$$\left(\sum_{i=1}^{\mathrm{C}_{n+1}^2}a_i^{2\alpha}\right)^2-\lambda\sum_{i=1}^{\mathrm{C}_{n+1}^2}a_i^{4\alpha}$$

$$=2\sum_{1\leqslant i<j\leqslant\mathrm{C}_{n+1}^2}a_i^{2\alpha}a_j^{2\alpha}-(n-1)\sum_{i=1}^{\mathrm{C}_{n+1}^2}a_i^{4\alpha}+$$

$$(n-\lambda)\sum_{i=1}^{\mathrm{C}_{n+1}^2}a_i^{4\alpha}\quad(4.12.25)$$

由(4.12.19)及算术—几何平均不等式,得

$$\left(\sum_{i=1}^{\mathrm{C}_{n+1}^2}a_i^{2\alpha}\right)^2-\lambda\sum_{i=1}^{\mathrm{C}_{n+1}^2}a_i^{4\alpha}$$

$$\geqslant\delta_n^{\frac{8\alpha}{n(n+1)(n-1)^2}}2^{2\alpha-2}n^2(n^2-1)\left(\frac{n!^2}{n+1}\right)^{\frac{2\alpha}{n}}V^{\frac{4\alpha}{n}}+$$

$$(n-\lambda)\frac{1}{2}n(n+1)\left(\prod_{i=1}^{\mathrm{C}_{n+1}^2}a_i\right)^{\frac{8\alpha}{[n(n+1)]}}\quad(4.12.26)$$

由(4.12.10)及 $\delta_n\geqslant 1$,可得

$$(n-\lambda)\frac{1}{2}n(n+1)\left(\prod_{i=1}^{\mathrm{C}_{n+1}^2}a_i\right)^{\frac{8\alpha}{n(n+1)}}$$

$$\geqslant\delta_n^{\frac{8\alpha}{n(n+1)}}\frac{1}{2}n(n+1)(n-\lambda)\left(\frac{2^n n!^2}{n+1}\right)^{\frac{2\alpha}{n}}V^{\frac{4\alpha}{n}}$$

$$\geqslant \delta_n^{\frac{8\alpha}{n(n+1)(n-1)^2}} \frac{1}{2}n(n+1)(n-\lambda)2^{2\alpha}\left(\frac{n!^2}{n+1}\right)^{\frac{2\alpha}{n}} V^{\frac{4\alpha}{n}} \tag{4.12.27}$$

由(4.12.26)(4.12.27)便得不等式(4.12.17),易知当 $\Sigma_n$ 为正则单形时,(4.12.17)中等号成立.

同理可证(4.12.18)成立. 即只需在证明过程中把用到(4.12.10)(4.12.11)处分别换成(4.12.14)(4.12.15)即可.

下面证明定理1.

记 $P=\sigma^2-\lambda\sum_{i=1}^{C_{n+1}^2} a_i^{4\beta}, P'=\sigma'-\lambda\sum_{i=1}^{C_{n+1}^2} a'^{4\alpha}_i$,则有

$$\begin{aligned} S_{\alpha,\beta}^{\lambda} &= \sum_{i=1}^{C_{n+1}^2} a'^{2\alpha}_i\left(\sum_{j=1}^{C_{n+1}^2} a_j^{2\beta}-\lambda a_i^{2\beta}\right) \\ &= \sigma\sigma'-\lambda\sum_{i=1}^{C_{n+1}^2} a_i^{2\beta} a'^{2\alpha}_i \\ &= \frac{1}{2}\left(\frac{\sigma'}{\sigma}P+\frac{\sigma}{\sigma'}P'\right)+\omega \end{aligned} \tag{4.12.28}$$

其中 $\omega=\frac{\lambda}{2\sigma\sigma'}\sum_{i=1}^{C_{n+1}^2}(\sigma' a_i^{2\beta}-\sigma a'^{2\alpha}_i)^2\geqslant 0$. 由(4.12.28)与不等式(4.12.17)便得不等式(4.12.6),由式(4.12.28)与不等式(4.12.18)便得不等式(4.12.7). 易知当 $\Sigma_n$ 与 $\Sigma'_n$ 皆为正则单形时(4.12.6)(4.12.7)中等号成立.

## 4.13　欧氏空间 $E^n$ 中 Pedoe 不等式的推广①

安徽合肥师范学院数学系的王文、杨世国两位教授在2012年应用距离几何的理论与方法，先证明了欧氏空间中 $n$ 维单形的几个几何不等式，然后建立了加强形式的涉及两个单形棱长的 $n$ 维 Pedoe 不等式和彭—常不等式，以及 $k-n$ 型 Pedoe 不等式和彭—常不等式. 另外还建立了一个重要不等式.

**1. 引言及主要结果**

20世纪80年代以来，欧氏空间中高维几何不等式的研究取得了突破性进展，建立了很多形式优美、内涵深刻的重要几何不等式，Mitrinovic 的专著收入了很多经典的结果. 近年来我国学者在高维几何不等式研究方面的成果尤为突出，特别是杨路和张景中做了大量开拓性的工作，引起了国内外同行专家的极大兴趣和高度评价，其中最具代表性的成果之一是他们率先建立了欧氏空间中一种形式的 $n$ 维 Pedoe 不等式. 随后，苏化明、冷岗松等又建立了欧氏空间中另外两

① 摘自《中国科学技术大学学报》，2012年11月第42卷第11期.

种形式的$n$维 Pedoe 不等式. 近来文献①②③④⑤⑥中又给出了不同形式的加强推广.

本节研究了 $E^n$ 中涉及两个 $n$ 维单形的棱长与体积的不等式以及 $k$ 维单形体积与 $n$ 维单形体积的不等式问题,建立了两个加强形式的 Pedoe 不等式和两个加强形式的彭—常不等式. 在后面还建立了一个重要几何不等式. 它们蕴涵了近期诸多文献中的结果.

$E^n$ 中 $n$ 维单形 $\Sigma_{P(n+1)}=\{P_0,P_1,\cdots,P_n\}$ 的体积为 $V$,外接超球半径和内切超球半径分别为 $R,r;O,I,G$ 分别为外接超球球心、内切超球球心和重心,侧面 $f_i$ 的 $n-1$ 维体积为 $F_i$,棱长为 $\rho_{ij}(0\leqslant i<j\leqslant n)$,$V_{i_0i_1\cdots i_k}$ $(0\leqslant i_0<i_1<\cdots<i_k\leqslant n)$为 $k$ 维单形的 $k$ 维体积,也记为 $V_i(k)(i=1,2,\cdots,\mathrm{C}_{n+1}^{k+1})$. 另一单形 $\Sigma_{P'(n+1)}=\{P'_0,P'_1,\cdots,P'_n\}$ 中的 $\rho'_{ij},V',F'_i,V'_{i_0i_1\cdots i_k}$ 如 $\Sigma_{P(n+1)}$ 中定义.

---

① 冷岗松,唐立华. 再论 Pedoe 不等式的高维推广及应用. 数学学报,1997,40(1):14-21.

② 毛其吉. 联系两个单形的不等式. 数学的实践与认识,1989,19(3):23-25.

③ 陈计,马援. 涉及两个单形的一类不等式. 数学研究与评论,1989,9(2):282-284.

④ 李迈龙. 高维 Neuberg-Pedoe 不等式的推广. 数学的实践与认识,2004,34(4):142-146.

⑤ 张晗方. $E^n$ 中 $k-n$ 型 Neuberg-Pedoe 不等式. 数学学报,2004,47(5):941-946.

⑥ 杨世国. 涉及两个 $n$ 维单形的不等式. 浙江大学学报(理学版),2006,33(3):247-249.

为便于书写本节记 $\varphi_{n,k}=C_{n+1}^{k+1}$.

在以下各定理中 $\gamma\in[2,n]$,$\alpha,\beta\in(0,1]$. 记

$$S_{\alpha,\beta}^{\gamma}=\sum_{0\leqslant i<j\leqslant n}\rho'^{2\alpha}_{ij}\left(\sum_{0\leqslant r<s\leqslant n}\rho_{rs}^{2\beta}-\gamma\rho_{ij}^{2\beta}\right)$$

$$\lambda_{n,k}=\frac{\dfrac{1}{\varphi_{n,k}}\sum\limits_{0\leqslant i_0<i_1<\cdots<i_k\leqslant n}V_{i_0i_1\cdots i_k}^2}{\left(\prod\limits_{0\leqslant i_0<i_1<\cdots<i_k\leqslant n}V_{i_0i_1\cdots i_k}^2\right)^{\frac{1}{\varphi_{n,k}}}}\geqslant 1$$

$$\lambda'_{n,k}=\frac{\dfrac{1}{\varphi_{n,k}}\sum\limits_{0\leqslant i_0<i_1<\cdots<i_k\leqslant n}V'^2_{i_0i_1\cdots i_k}}{\left(\prod\limits_{0\leqslant i_0<i_1<\cdots<i_k\leqslant n}V'^2_{i_0i_1\cdots i_k}\right)^{\frac{1}{\varphi_{n,k}}}}\geqslant 1$$

其中,$V_i(k)$,$V'_i(k)$分别为 $\Sigma_{P(n+1)}$ 和 $\Sigma_{(P'(n+1))}$ 中任意 $k$ 维单形的 $k$ 维体积.

**定理 1**　对 $E^n$ 中两个 $n$ 维单形 $\Sigma_{P(n+1)}$ 与 $\Sigma_{P'(n+1)}$,有

$$S_{\alpha,\beta}^{\gamma}\geqslant(\lambda'^{\alpha}_{n,k}\lambda^{\beta}_{n,k})^{\frac{1}{nk(n-1)2}}n(n+1)\cdot(n^2+n-2\gamma)2^{\alpha+\beta-2}\cdot\left(\frac{n!^2}{n+1}\right)^{\frac{\alpha+\beta}{n}}(V'^{\alpha}V^{\beta})^{\frac{2}{n}}\qquad(4.13.1)$$

当且仅当 $\Sigma_{P(n+1)}$ 和 $\Sigma_{P'(n+1)}$ 皆为正则单形时等号成立.

实际上我们可获得如下加强形式的彭—常不等式,即:

**定理 2**　对 $E^n$ 中两个 $n$ 维单形 $\Sigma_{P(n+1)}$ 与 $\Sigma_{P'(n+1)}$,有

$$S^{\gamma}_{\alpha,\beta} \geqslant \frac{1}{2}n(n^2-1)(n^2+n-2\gamma)\cdot$$
$$[2^{2\alpha-2}\left(\frac{n!^2}{n+1}\right)^{\frac{2\alpha}{n}}(\lambda'^{\alpha}_{n,k})^{\frac{2}{nk(n-1)2}}\frac{T_\beta}{T_\alpha}V'^{\frac{4\alpha}{n}}+$$
$$2^{2\beta-2}\left(\frac{n!^2}{n+1}\right)^{\frac{2\beta}{n}}(\lambda^{\beta}_{n,k})^{\frac{2}{nk(n-1)2}}\frac{T_\alpha}{T_\beta}V^{\frac{4\beta}{n}}]$$

(4. 13. 2)

当且仅当$\sum_{P(n+1)}$和$\sum_{P'(n+1)}$皆为正则单形时等号成立. 其中$T_\alpha=\sum_{0\leqslant i<j\leqslant n}\rho'^{2\alpha}_{ij}$, $T_\beta=\sum_{0\leqslant i<j\leqslant n}\rho^{2\beta}_{ij}$.

**定理 3** 对 $E^n$ 中两个 $n$ 维单形 $\Sigma_{P(n+1)}$ 与 $\Sigma_{P'(n+1)}$,有

$$\sum_{i=1}^{\varphi_{n,k}} V'^{\alpha}_i(k)\left(\sum_{j=1}^{\varphi_{n,k}} V^{\beta}_j(k)-\gamma V^{\beta}_i(k)\right)$$
$$\geqslant(\lambda'^{\alpha}_{n,k}\lambda^{\beta}_{n,k})^{\frac{1}{2n(n-1)2}}\varphi_{n,k}(\varphi_{n,k}-\gamma)\cdot$$
$$\left[\frac{k+1}{k!^2}\left(\frac{n!^2}{n+1}\right)^{\frac{k}{n}}\right]^{\frac{\alpha+\beta}{2}}(V'^{\alpha}V^{\beta})^{\frac{k}{n}} \qquad (4.13.3)$$

当且仅当$\Sigma_{P(n+1)}$和$\Sigma_{P'(n+1)}$皆为正则单形时等号成立.

我们可获得如下加强形式的 $k-n$ 型彭—常不等式,即:

**定理 4** 对 $E^n$ 中两个 $n$ 维单形 $\Sigma_{P(n+1)}$ 与 $\Sigma'_{P(n+1)}$,有

$$\sum_{i=1}^{\varphi_{n,k}} V'^{\alpha}_i(k)\left(\sum_{j=1}^{\varphi_{n,k}} V^{\beta}_j(k)-\gamma V^{\beta}_i(k)\right)$$
$$\geqslant\frac{1}{2}\varphi_{n,k}(\varphi_{n,k}-\gamma)\cdot\{\lambda'^{\frac{\alpha}{n(n-1)2}}_{n,k}\left[\frac{\sqrt{k+1}}{k!}\left(\frac{n!}{\sqrt{n+1}}\right)^{\frac{k}{n}}\right]^{2\alpha}\cdot$$

$$\frac{\sigma_\beta}{\sigma_\alpha}V'^{\frac{2k\alpha}{n}}+\lambda_{n,k}^{\frac{\beta}{n(n-1)^2}}\left[\frac{\sqrt{k+1}}{k!}\left(\frac{n!}{\sqrt{n+1}}\right)^{\frac{k}{n}}\right]^{2\beta}\frac{\sigma_\alpha}{\sigma_\beta}V^{\frac{2k\beta}{n}}\}$$

(4.13.4)

当且仅当$\Sigma_{P(n+1)}$和$\Sigma_{P'(n+1)}$皆为正则单形时等号成立.

其中$\sigma_\alpha=\sum\limits_{i=1}^{\varphi_{n,k}}V'^{\alpha}_i(k),\sigma_\beta=\sum\limits_{i=1}^{\varphi_{n,k}}V_i^\beta(k)$.

1. 引理及定理的证明

**引理1**　设$\sigma=\{A_i;i=1,2,\cdots,N\}$为$n$维欧氏空间$E^n$中的有限点集,将每点$A_i$赋予质量$m_i$,对$E^n$中的质点组$\{A_i(m_i);i=1,2,\cdots,N\}$,$(N>n)$记

$$M_k=\sum_{0\leqslant i_0<i_1<\cdots<i_k\leqslant N}m_{i_0}m_{i_1}\cdots m_{ik}V^2_{i_0i_1\cdots i_k}\quad(1\leqslant k\leqslant n)$$

$$M_0=\sum_{i=1}^N m_i$$

其中,$V_{i_0i_1\cdots i_k}$是$\sigma$中$k+1$个点$A_{i_0},A_{i_1},\cdots,A_{i_k}$所支撑的$k$维单形的体积,有

$$M_k^l\geqslant\frac{[(n-l)!(l!)^3]^k}{[(n-k)!(k!^3)]^l}(n!M_0)^{l-k}M_l^k$$

$$(l\leqslant k<l\leqslant n)\qquad(4.13.5)$$

当且仅当质点组关于其重心的惯量椭球为一球时等号成立.

**引理2**　$\Sigma_{P(n+1)}=\{P_0,P_1,\cdots,P_n\}$是$E^n$中$n$维单形,从$\Sigma_{P(n+1)}$的顶点中任取$k+1$个点,以它们为顶点作一个$k$维单形,$M_k$表示所有$k$维单形的$k$维体积的乘积$(1\leqslant k\leqslant n)$,则有

$$\left[\frac{k!}{\sqrt{k+1}}(M_k)^{\frac{1}{C_{n+1}^{k+1}}}\right]^{\frac{1}{k}}\geqslant\left[\frac{l!}{\sqrt{l+1}}(M_l)^{\frac{1}{C_{n+1}^{l+1}}}\right]^{\frac{1}{l}}$$

$$(1\leqslant k<l\leqslant n) \tag{4.13.6}$$

当且仅当所有 $k$ 维单形均为正则时等号成立.

**引理 3**　$E^n$ 中 $n$ 维单形 $\Sigma_{P(n+1)}=\{P_0,P_1,\cdots,P_n\}$的体积为 $V$,任取 $k+1$ 个顶点所支撑的 $k$ 维单形的 $k$ 维体积为 $V_{i_0i_1\cdots i_k}$,对任意正实数 $x_{i_0i_1\cdots i_k}$ $(0\leqslant i_0<i_1\cdots<i_k\leqslant n)$,有不等式

$$\begin{aligned}&\Big(\sum_{0\leqslant i_0<i_1<\cdots<i_k\leqslant n}x_{i_0i_1\cdots i_k}\Big)^n\Big(\prod_{0\leqslant i_0<i_1<\cdots<i_k\leqslant n}V^2_{i_0i_1\cdots i_k}\Big)^{\frac{k+1}{C_n^k}}\\ \geqslant{}&\mu_{n,k}\cdot\Big[\sum_{0\leqslant i_0<i_1<\cdots<i_k\leqslant n}\Big(\prod_{\substack{0\leqslant j_0<j_1<\cdots<j_k\leqslant n\\(j_0j_1\cdots j_k)\neq(i_0i_1\cdots i_k)}}x_{j_0j_1\cdots j_k}\Big)V^2_{i_0i_1\cdots i_k}\Big]\cdot\\&\Big(\prod_{0\leqslant i_0<i_1<\cdots<i_k\leqslant n}x_{i_0i_1\cdots i_k}\Big)^{\frac{k+1}{C_n^k}-1}V^{2k}\end{aligned} \tag{4.13.7}$$

当且仅当所有正实数 $x_{i_0i_1\cdots i_k}(0\leqslant i_0<i_1<\cdots<i_k\leqslant n)$都相等且$\Sigma_{P(n+1)}$正则时等号成立. 其中

$$\mu_{n,k}=\frac{n!^{2k+n}(n+1)^{n-k}(k+1)!}{(n-k)!^{n-1}k!^{3n}(n+1)!}$$

**证明**　由 Maclaurin 不等式有

$$\sum_{i=0}^n m_i\geqslant(n+1)\Big(\frac{1}{C_{n+1}^{n-k}}E_{n-k}\Big)^{\frac{1}{n-k}} \tag{4.13.8}$$

$E_{n-k}$为非负实数 $m_0,m_1,\cdots,m_n$ 的 $n-k$ 次初等对称多项式,即

$$E_{n-k}=\sum_{0\leqslant j_1<j_2<\cdots<j_{n-k}\leqslant n}m_{j_1}m_{j_2}\cdots m_{j_{n-k}}$$

在(4.13.5)中取 $l=n$,得

$$\begin{aligned}&\Big(\sum_{0\leqslant i_0<i_1<\cdots<i_k\leqslant n}m_{i_0}m_{i_1}\cdots m_{i_k}V^2_{i_0i_1\cdots i_k}\Big)^n\\ \geqslant{}&\frac{n!^{2k+n}}{(n-k)!^n(k!)^{3n}}\Big(\sum_{i=0}^n m_i\Big)^{n-k}\Big[\Big(\prod_{i=0}^n m_i\Big)V^2\Big]^k\end{aligned} \tag{4.13.9}$$

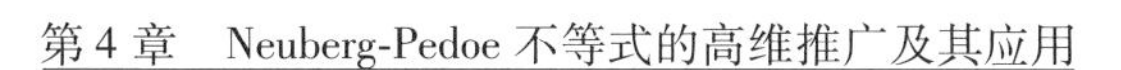

(4.13.8)代入(4.13.9)得

$$\left(\sum_{0\leqslant i_0<i_1<\cdots<i_k\leqslant n} m_{i_0}m_{i_1}\cdots m_{i_k}V_{i_0i_1\cdots i_k}^2\right)^n$$

$$\geqslant \frac{n!^{2k+n}}{(n-k)!^n(k!)^{3n}}(n+1)^{n-k}\frac{E_{n-k}}{\mathrm{C}_{n+1}^{n-k}}\left(\prod_{i=0}^n m_i\right)^k V^{2k}$$

$$\geqslant \mu_{n,k}\left(\sum_{0\leqslant i_0<i_1<\cdots<i_k\leqslant n}\frac{1}{m_{i_0}m_{i_1}\cdots m_{i_k}}\right)\left(\prod_{i=0}^n m_i\right)^{k+1}V^{2k}$$

因为

$$\prod_{0\leqslant i_0<i_1<\cdots<i_k\leqslant n} m_{i_0}m_{i_1}\cdots m_{i_k} = \left(\prod_{i=0}^n m_i\right)^{\frac{(k+1)\mathrm{C}_{n+1}^{k+1}}{n+1}}$$

$$= \left(\prod_{i=0}^n m_i\right)^{\mathrm{C}_n^k}$$

所以在上式中令 $m_{i_0}m_{i_1}\cdots m_{i_k}=x_{i_0i_1\cdots i_k}V_{i_0i_1\cdots i_k}^{-2}$ 可得

$$\left(\sum_{0\leqslant i_0<i_1<\cdots<i_k\leqslant n} x_{i_0i_1\cdots i_k}\right)^n \geqslant \mu_{n,k}\left(\sum_{0\leqslant i_0<i_1<\cdots<i_k\leqslant n}\frac{V_{i_0i_1\cdots i_k}^2}{x_{i_0i_1\cdots i_k}}\right)\cdot$$

$$\left(\prod_{0\leqslant i_0<i_1<\cdots<i_k\leqslant n} x_{i_0i_1\cdots i_k}V_{i_0i_1\cdots i_k}^{-2}\right)^{\frac{k+1}{\mathrm{C}_n^k}}V^{2k}$$

整理即得(4.13.3).

**引理4**　$E^n$ 中 $n$ 维单形 $\Sigma_{P(n+1)}=\{P_0,P_1,\cdots,P_n\}$ 的体积为 $V$,任取 $k+1$ 个顶点所支撑的 $k$ 维单形的 $k$ 维体积为 $V_{i_0i_1\cdots i_k}(0\leqslant i_0<i_1<\cdots<i_k\leqslant n)$,$\Sigma_{P(n+1)}$ 的侧面 $f_i$ 的 $n-1$ 维面积为 $F_i$,棱长为 $\rho_{ij}=|P_iP_j|(0\leqslant i<j\leqslant n)$,则有以下不等式

$$\left(\prod_{0\leqslant i<j\leqslant n}\rho_{ij}\right)^{\frac{2}{n+1}} \geqslant \lambda_{n,k}^{\frac{1}{2k}}\frac{2^{\frac{n}{2}}n!}{(n+1)^{\frac{1}{2}}}V \tag{4.13.10}$$

$$\prod_{i=0}^{n} F_i \geqslant \lambda_{n,k}^{\frac{n+1}{2kn(n-1)}} \frac{n^{\frac{3(n+1)}{2}}}{(n!)^{\frac{n+1}{n}}(n+1)^{\frac{n^2-1}{2n}}} V^{\frac{n^2-1}{n}}$$

(4.13.11)

当且仅当 $\Sigma_{P(n+1)}$ 为正则单形时等号成立.

**证明** 在(4.13.7)中令 $x_{i_0 i_1 \cdots i_k}=1$,得

$$(\varphi_{n,k})^n\Big(\prod_{0\leqslant i_0<i_1<\cdots<i_k\leqslant n} V_{i_0 i_1\cdots i_k}^2\Big)^{\frac{k+1}{C_n^k}} \geqslant \mu_{n,k}\Big(\sum_{0\leqslant i_0<i_1<\cdots<i_k\leqslant n} V_{i_0 i_1\cdots i_k}^2\Big)V^{2k} \quad (4.13.12)$$

变形为

$$\frac{(\varphi_{n,k})^n\Big(\prod\limits_{0\leqslant i_0<i_1<\cdots<i_k\leqslant n} V_{i_0 i_1\cdots i_k}^2\Big)^{\frac{k+1}{C_n^k}}}{\varphi_{n,k}\Big(\prod\limits_{0\leqslant i_0<i_1<\cdots<i_k\leqslant n} V_{i_0 i_1\cdots i_k}^2\Big)^{\frac{1}{\varphi_{n,k}}}} \geqslant \mu_{n,k}\frac{\frac{1}{\varphi_{n,k}}\sum\limits_{0\leqslant i_0<i_1<\cdots<i_k\leqslant n} V_{i_0 i_1\cdots i_k}^2}{\Big(\prod\limits_{0\leqslant i_0<i_1<\cdots<i_k\leqslant n} V_{i_0 i_1\cdots i_k}^2\Big)\frac{1}{\varphi_{n,k}}}V^{2k}$$

整理得

$$\Big(\prod_{0\leqslant i_0<i_1<\cdots<i_k\leqslant n} V_{i_0 i_1\cdots i_k}^2\Big)^{\frac{n}{\varphi_{n,k}}} \geqslant \left(\frac{1}{\varphi_{n,k}}\right)^{n-1}\mu_{n,k}\lambda_{n,k}V^{2k}$$

(4.13.13)

在引理 2 中取 $l=k,k=1$,得

$$\Big(\prod_{0\leqslant i<j\leqslant n}\rho_{ij}\Big)^{\frac{2k}{n(n+1)}} \geqslant 2^{\frac{k}{2}}\frac{k!}{\sqrt{k+1}}\Big(\prod_{0\leqslant i_0<i_1<\cdots<i_k\leqslant n} V_{i_0 i_1\cdots i_k}\Big)^{\frac{1}{\varphi_{n,k}}}$$

(4.13.14)

(4.13.14)代入式(4.13.13)得

$$\Big(\prod_{0\leqslant i<j\leqslant n}\rho_{ij}\Big)^{\frac{2k}{n(n+1)}} \geqslant 2^{\frac{k}{2}}\frac{k!}{\sqrt{k+1}}\left(\frac{1}{\varphi_{n,k}}\right)^{\frac{n-1}{2n}}\mu_{n,k}^{\frac{1}{2n}}\lambda_{n,k}^{\frac{1}{2n}}V^{\frac{k}{n}}$$

整理即得(4.13.10).

又由已知不等式

$$\prod_{i=0}^{n} F_i \geqslant \left[\frac{n^{3(n-1)}}{2(n+1)^{n-2}n!^2}\right]^{\frac{n+1}{2(n-1)}}\left(\prod_{0\leqslant i<j\leqslant n}\rho_{ij}\right)^{\frac{2}{n(n-1)}}V^{\frac{(n+1)(n-2)}{n-1}}$$

将(4.13.10)代入上式便得(4.13.11)成立.

由证明过程可知当且仅当 $\Sigma_{P(n+1)}$ 为正则单形时等号成立.

**引理5**　设 $\alpha,\beta\in(0,1]$,$\gamma\in[0,n+1-k]$,则

$$2\sum_{0\leqslant i<j\leqslant k+2} V_i^{\alpha}(k)(V)_j^{\alpha}(k) - \sum_{i=1}^{k+2} V_i^{2\alpha}(k)$$

$$\geqslant [(k+1)^2-1]\delta_{k+1}^{\alpha}(V(k+1))^{\frac{2k\alpha}{k+1}} \quad (4.13.15)$$

当且仅当 $\Sigma_{P(n+1)}$ 为正则单形时等号成立. 其中

$$\delta_{k+1}=\frac{(k+1)^3}{k+2}\left[\frac{k+2}{(k+1)!^2}\right]^{\frac{1}{k+1}}$$

**引理6**　对 $n$ 维单形 $\Sigma_{P(n+1)}$,有

$$\prod_{i=1}^{\varphi_{n,k}} V_i(k) \geqslant \lambda_{n,k}^{\frac{\varphi_{n,k}}{2n(n-1)^2}}\left(\frac{\sqrt{k+1}}{k!}\right)^{\varphi_{n,k}}\left(\frac{n!}{\sqrt{n+1}}V\right)^{\frac{k\varphi_{n,k}}{n}} \quad (4.13.16)$$

$$\prod_{i=1}^{\varphi_{n,k+1}} V_i(k+1)$$

$$\geqslant \lambda_{n,k}^{\frac{(k+1)\varphi_{n,k+1}}{2kn(n-1)^2}}\cdot\left(\frac{\sqrt{k+2}}{(k+1)!}\right)^{\varphi_{n,k+1}}\cdot$$

$$\left(\frac{n!}{\sqrt{n+1}}V\right)^{\frac{(k+1)\varphi_{n,k}}{n}} \quad (4.13.17)$$

当且仅当 $\Sigma_{P(n+1)}$ 正则时等号成立.

**证明**　由引理2得

$$\left[\frac{k!}{\sqrt{k+1}}\prod_{i=1}^{\varphi_{n,k}}V_i^{\frac{1}{\varphi_{n,k}}}(k)\right]^{\frac{1}{k}}\geqslant\left[\frac{(n-1)!}{\sqrt{n}}\left(\prod_{i=0}^{n}F_i\right)^{\frac{1}{n+1}}\right]^{\frac{1}{n-1}}$$

故由(4.13.11)可得

$$\prod_{i=1}^{\varphi_{n,k}}V_i(k)$$

$$\geqslant\left(\frac{\sqrt{k+1}}{k!}\right)^{\varphi_{n,k}}\left[\frac{(n-1)!}{\sqrt{n}}\left(\prod_{i=0}^{n}F_i\right)^{\frac{1}{n+1}}\right]^{\frac{k\varphi_{n,k}}{n-1}}$$

$$\geqslant\left(\frac{\sqrt{k+1}}{k!}\right)^{\varphi_{n,k}}\cdot\left[\frac{(n-1)!}{\sqrt{n}}\lambda_{n,k}^{\frac{1}{2kn(n-1)}}\frac{n^{\frac{3}{2}}}{n!^{\frac{1}{n}}(n+1)^{\frac{n-1}{2n}}}V^{\frac{n-1}{n}}\right]^{\frac{k\varphi_{n,k}}{n-1}}$$

$$=\left(\frac{\sqrt{k+1}}{k!}\right)^{\varphi_{n,k}}\lambda_{n,k}^{\frac{\varphi_{n,k}}{2n(n-1)^2}}\left(\frac{n!}{\sqrt{n+1}}V\right)^{\frac{k\varphi_{n,k}}{n}}$$

同理可证(4.13.17)成立.

**引理7** 对 $n$ 维单形 $\Sigma_{P(n+1)}$, $\alpha\in(0,1]$, $\gamma\in[0,n+1-k]$,则

$$\left(\sum_{i=1}^{\varphi_{n,k}}V_i^{\alpha}(k)\right)^2-\gamma\left(\sum_{i=1}^{\varphi_{n,k}}V_i^{2\alpha}(k)\right)$$
$$\geqslant\lambda_{n,k}^{\frac{a}{n(n-1)^2}}\varphi_{n,k}(\varphi_{n,k}-\gamma)\cdot$$
$$\left[\frac{\sqrt{k+1}}{k!}\left(\frac{n!}{\sqrt{n+1}}\right)^{\frac{k}{n}}\right]^{2\alpha}V^{\frac{2k\alpha}{n}}\tag{4.13.18}$$

当且仅当 $\Sigma_{P(n+1)}$ 正则时等号成立.

**证明**

$$\left(\sum_{i=1}^{\varphi_{n,k}}V_i^{\alpha}(k)\right)^2-\gamma\left(\sum_{i=1}^{\varphi_{n,k}}V_i^{2\alpha}(k)\right)$$

$$=\sum_{i=1}^{\varphi_{n,k}}V_i^{2\alpha}(k)+2\sum_{0\leqslant i<j\leqslant\varphi_{n,k}}V_i^{\alpha}(k)V_j^{\alpha}(k)-\gamma\sum_{i=1}^{\varphi_{n,k}}V_i^{2\alpha}(k)$$

$$= 2\sum_{0\leqslant i<j\leqslant\varphi_{n,k}} V_i^{\alpha}(k)V_j^{\alpha}(k) - (n-k)\sum_{i=1}^{\varphi_{n,k}} V_i^{2\alpha}(k) +$$

$$(n+1-k-\gamma)\sum_{i=1}^{\varphi_{n,k}} V_i^{2\alpha}(k)$$

$$= \sum_{(i_1i_2\cdots i_{k+2})\in\Gamma_1}\left[2\sum_{1\leqslant p<q\leqslant k+2} V_{i_p}^{\alpha}(k)V_{i_q}^{\alpha}(k) - \sum_{p=1}^{k+2} V_{i_p}^{2\alpha}(k)\right] +$$

$$2\sum_{(i_p,i_q)\in\Gamma_2} V_{i_p}^{\alpha}(k)V_{i_q}^{\alpha}(k) + (n+1-k-\gamma)\sum_{i=1}^{\varphi_{n,k}} V_i^{2\alpha}(k) \tag{4.13.19}$$

式中，$\Gamma_1=\{i_1,i_2,\cdots,i_{k+2}\mid V_{i_1}(k),V_{i_2}(k),\cdots,V_{i_{k+2}}(k)$ 是 $\Sigma_{P(n+1)}$ 中某个 $k+1$ 维子单形的各侧面的 $k$ 维面积，且 $1\leqslant i_1<i_2<\cdots<i_{k+2}\leqslant n+1\}$；$\Gamma_2=\{(i_p,i_q)\mid V_{i_p}(k),V_{i_q}(k)$ 不是 $\Sigma_{P(n+1)}$ 中某个 $k+1$ 维子单形的两个侧面，且 $1\leqslant i_p<i_q\leqslant n+1\}$.

那么集合 $\Gamma_1$ 中元素个数为 $|\Gamma_1|=\varphi_{n,k+1}$，$\Gamma_2$ 中元素个数为

$$|\Gamma_2| = \mathrm{C}_{\varphi_{n,k}}^2 - \varphi_{n,k+1}\varphi_{k+1,1}$$
$$=\frac{1}{2}\varphi_{n,k}[\varphi_{n,k}-(n-k)(k+1)-1]$$

当 $(i_1,i_2,\cdots,i_{k+2})\in\Gamma_1$ 时，$n$ 维单形的 $k+1$ 维子单形 $\{P_{i_1},P_{i_2},\cdots,P_{i_{k+2}}\}$ 的 $k+1$ 维体积为

$$V_{i_1,i_2,\cdots,i_{k+2}} = V_i(k+1)$$

它的各侧面 $k$ 维单形 $k$ 维体积为 $V_{i_1}(k),V_{i_2}(k),\cdots,V_{i_{k+2}}(k)$.

将式(4.13.19)右端第1,2,3项记为 $\varphi_1,\varphi_2,\varphi_3$，利用引理5算术—几何平均不等式以及引理6可得

$$\varphi_1 \geqslant \sum_{(i_1 i_2 \cdots i_{k+2}) \in \Gamma_1} k(k+2)\delta_{k+1}^{\alpha}(V_{i_1,i_2,\cdots,i_{k+2}})^{\frac{2k\alpha}{k+1}}$$

$$\geqslant k(k+2)\delta_{k+1}^{\alpha}\varphi_{n,k+1}\Big(\prod_{i=1}^{\varphi_{n,k+1}} V_i(k+1)\Big)^{\frac{2k\alpha}{(k+1)\varphi_{n,k+1}}}$$

$$\geqslant k(k+2)\delta_{k+1}^{\alpha}\varphi_{n,k+1}\Bigg[\left(\frac{\sqrt{k+2}}{(k+1)!}\right)^{\varphi_{n,k+1}} \cdot$$

$$\lambda_{n,k}^{\frac{(k+1)\varphi_{n,k+1}}{2kn(n-1)^2}}\left(\frac{n!}{\sqrt{n+1}}V\right)^{\frac{(k+1)\varphi_{n,k+1}}{n}}\Bigg]^{\frac{2k\alpha}{(k+1)\varphi_{n,k+1}}}$$

$$= k(k+2)\varphi_{n,k+1}\delta_{k+1}^{\alpha}\lambda_{n,k}^{\frac{\alpha}{n(n-1)^2}} \cdot$$

$$\left(\frac{\sqrt{k+2}}{(k+1)!}\right)^{\frac{2k\alpha}{k+1}}\left(\frac{n!}{\sqrt{n+1}}V\right)^{\frac{2k\alpha}{n}}$$

$$= \lambda_{n,k}^{\frac{\alpha}{n(n-1)^2}}k(n-k)\varphi_{n,k}\left[\frac{\sqrt{k+1}}{k!}\left(\frac{n!}{\sqrt{n+1}}\right)^{\frac{k}{n}}\right]^{2\alpha}V^{\frac{2\alpha}{n}} \tag{4.13.20}$$

$$\varphi_2 + \varphi_3$$

$$\geqslant \varphi_{n,k}[\varphi_{n,k} - (n-k)(k+1) - 1] \cdot$$

$$\Big(\prod_{i=1}^{\varphi_{n,k}} V_i(k)\Big)^{\frac{2\alpha}{\varphi_{n,k}}} + (n+1-k-\gamma)\varphi_{n,k}\Big(\prod_{i=1}^{\varphi_{n,k}} V_i(k)\Big)^{\frac{2\alpha}{\varphi_{n,k}}}$$

$$\geqslant \lambda_{n,k}^{\frac{k\alpha}{n(n-1)^2}}\varphi_{n,k}[\varphi_{n,k} - (n-k)k - \gamma] \cdot$$

$$\left[\frac{\sqrt{k+1}}{k!}\left(\frac{n!}{\sqrt{n+1}}\right)^{\frac{k}{n}}\right]^{2\alpha}V^{\frac{2k\alpha}{n}} \tag{4.13.21}$$

由式(4.13.19)(4.13.20)(4.13.21),得式(4.13.18).

**定理 1 的证明** 先证式(4.13.1)对 $\gamma = k \in [2,n]$ 为自然数时成立. 易知

$$(n-1)S_{\alpha,\beta}^{\gamma} = \sum_{0 \leqslant i < j \leqslant n} \rho'^{2\alpha}_{ij}[(n-1)\sum_{r \in S_1}\rho_r^{2\beta} +$$

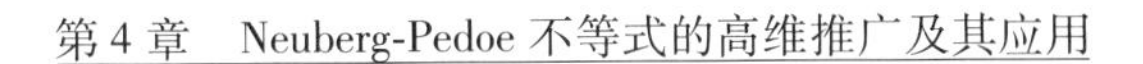

$$(n-k)\sum_{(u,v)\in T_1}(\rho_u^{2\beta}+\rho_v^{2\beta})+$$

$$(k-1)\sum_{(u,v)\in T_2}(\rho_u^{2\beta}+\rho_v^{2\beta}-\rho_{ij}^{2\beta})]$$

(4.13.22)

式中,$\rho_r$ 与 $\rho_{ij}$ 是没有公共顶点的棱,故 $S_1$ 是 $C_{n-1}^2$ 元有限集,$\rho_u,\rho_v,\rho_{ij}$ 是单形 $\Sigma_{P(n+1)}$ 中一个三角形的三边,故 $T_2$ 是 $n-1$ 元有限集,$T_1$ 是不属于 $T_2,S_1$ 的所有项.

令

$$I_1=\sum_{0\leqslant i<j\leqslant n}\rho'^{2\alpha}_{ij}\sum_{(u,v)\in T_2}(\rho_u^{2\beta}+\rho_v^{2\beta}-\rho_{ij}^{2\beta})$$

$$\geqslant 16\left(\frac{\sqrt{3}}{4}\right)^{2-(\alpha+\beta)}\sum_{i=1}^{\frac{1}{6}n(n^2-1)}\Delta'^{\alpha}_i\Delta_i^{\beta}$$

利用算术—几何平均不等式、引理2及式(4.13.11),有

$$I_1\geqslant\frac{8}{3}n(n^2-1)\left(\frac{\sqrt{3}}{4}\right)^{2-(\alpha+\beta)}\cdot\left(\prod_{i=1}^{\frac{1}{6}n(n^2-1)}\Delta'^{\alpha}_i\Delta_i^{\beta}\right)^{\frac{6}{n(n^2-1)}}$$

$$\geqslant\frac{8}{3}n(n^2-1)\left(\frac{\sqrt{3}}{4}\right)^{2-(\alpha+\beta)}\cdot\left(\frac{3^{\frac{n-1}{2}}n!^2}{2^{n-1}n^3}\right)^{\frac{1}{6}n(n+1)(\alpha+\beta)}\cdot$$

$$\left(\prod_{i=0}^{n}F'^{\alpha}_iF_i^{\beta}\right)^{\frac{2}{n^2-1}}$$

$$\geqslant(\lambda'^{\alpha}_{n,k}\lambda^{\beta}_{n,k})^{\frac{1}{kn(n-1)^2}}\frac{8}{3}n(n^2-1)\cdot\left(\frac{\sqrt{3}}{4}\right)^{2-(\alpha+\beta)}\left(\frac{3^{\frac{n-1}{2}}n!^2}{2^{n-1}n^3}\right)^{\frac{1}{6}n(n+1)(\alpha+\beta)}\cdot$$

$$\frac{n^{\frac{3\alpha}{n-1}}}{(n!)^{\frac{2\alpha}{n(n-1)}}(n+1)^{\frac{\alpha}{n}}}V'^{\frac{2\alpha}{n}}\frac{n^{\frac{3\beta}{n-1}}}{(n!)^{\frac{2\beta}{n(n-1)}}(n+1)^{\frac{\beta}{n}}}V'^{\frac{2\beta}{n}}$$

$$=(\lambda'^{\alpha}_{n,k}\lambda^{\beta}_{n,k})^{\frac{1}{kn(n-1)^2}}2^{\alpha+\beta-1}n(n^2-1)\left(\frac{n!^2}{n+1}\right)^{\frac{\alpha+\beta}{n}}(V'^{\alpha}V^{\beta})^{\frac{2}{n}}$$

$$I_2 = \sum_{0\leqslant i<j\leqslant n} \rho'^{2\alpha}_{ij} \cdot [(n-1)\sum_{\gamma\in S_1}\rho^{2\beta}_r + (n-k)\cdot \sum_{(u,v)\in T_1}(\rho^{2\beta}_u + \rho^{2\beta}_v)]$$

$I_2$ 是$\frac{1}{2}n(n+1)p$ 项 $\rho'^{2\alpha}_{ij}\rho^{2\beta}_{rs}$的和

$$p=(n-1)\mathrm{C}^2_{n-1}+2(n-k)(n-1)$$

由对称性可知每个 $\rho'^{2\alpha}_{ij}$ 与 $\rho^{2\beta}_{ij}$ 各出现 $p$ 次,由算术—几何平均不等式得

$$\begin{aligned}
I_2 &\geqslant \frac{1}{2}n(n+1)p[\prod_{0\leqslant i<j\leqslant n}(\rho'^{2\alpha}_{ij}\rho^{2\beta}_{ij})^p]^{\frac{2}{n(n+1)p}} \\
&= \frac{1}{2}n(n+1)p(\prod_{0\leqslant i<j\leqslant n}(\rho'^{2\alpha}_{ij}\rho^{2\beta}_{ij})^{\frac{2}{n(n+1)}}) \\
&\geqslant (\lambda'^{\alpha}_{n,k}\lambda^{\beta}_{n,k})^{\frac{1}{nk}}2^{\alpha+\beta-1}n(n+1)p\left(\frac{n!^2}{n+1}\right)^{\frac{\alpha+\beta}{n}}(V'^{\alpha}V^{\beta})^{\frac{2}{n}} \\
&\geqslant (\lambda'^{\alpha}_{n,k}\lambda^{\beta}_{n,k})^{\frac{1}{nk(n-1)^2}}2^{\alpha+\beta-1}n(n+1)\cdot p\left(\frac{n!^2}{n+1}\right)^{\frac{\alpha+\beta}{n}}(V'^{\alpha}V^{\beta})^{\frac{2}{n}}
\end{aligned}$$

所以

$$\begin{aligned}
(n-1)S^{\lambda}_{\alpha,\beta} &= (k-1)I_1 + I_2 \\
&\geqslant (\lambda'^{\alpha}_{n,k}\lambda^{\beta}_{n,k})^{\frac{1}{nk(n-1)^2}}\cdot 2^{\alpha+\beta-2}n(n^2-1)\cdot \\
&\quad (n^2+n-2k)\left(\frac{n!^2}{n+1}\right)^{\frac{\alpha+\beta}{n}}(V'^{\alpha}V^{\beta})^{\frac{2}{n}}
\end{aligned}$$

两边同乘以$\frac{1}{n-1}$便得式(4.13.1).所以式(4.13.1)对所有自然数 $k\in[2,n]$时成立.

对任意实数 $\lambda\in[2,n]$,此时可表示成 $\lambda=pl+qm$,其中 $l,m$ 是自然数,且 $p+q=1$,有

$$S^{\lambda}_{\alpha,\beta} = pS'_{\alpha,\beta} + qS^{m}_{\alpha,\beta} \qquad (4.13.23)$$

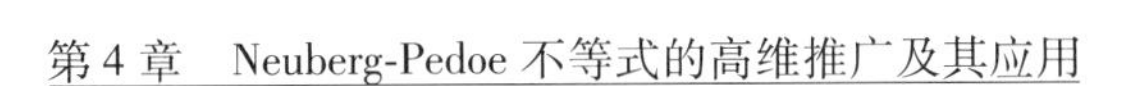



将关于 $S'_{\alpha,\beta}$ 和 $S^m_{\alpha,\beta}$ 的两个不等式代入式(4.13.23)即得式(4.13.15)成立,由证明过程知 $\Sigma_{P(n+1)}$ 与 $\Sigma_{P'(n+1)}$ 皆为正则时等号成立.

**定理2的证明**　先令

$$P' = T_\alpha^2 - \gamma \sum_{0\leqslant i<j\leqslant n} \rho'^{4\alpha}_{ij}$$

$$P = T_\beta^2 - \gamma \sum_{0\leqslant i<j\leqslant n} \rho^{4\beta}_{ij}$$

$$\begin{aligned} S^\lambda_{\alpha,\beta} &= \sum_{0\leqslant i<j\leqslant n} \rho'^{2\alpha}_{ij}\Big(\sum_{0\leqslant r<s\leqslant n} \rho^{2\beta}_{rs} - \gamma\rho^{2\beta}_{ij}\Big) \\ &= T_\alpha T_\beta - \gamma \sum_{0\leqslant i<j\leqslant n} \rho'^{2\alpha}_{ij}\rho^{2\beta}_{ij} \\ &= \frac{1}{2}\left(\frac{T_\beta}{T_\alpha}P' + \frac{T_\alpha}{T_\beta}P\right) + Q \end{aligned} \tag{4.13.24}$$

式中

$$Q = \frac{\gamma}{2T_\alpha T_\beta}\Big[\sum_{0\leqslant i<j\leqslant n} (T_\beta \rho'^{2\alpha}_{ij} - T_\alpha \rho^{2\beta}_{ij})^2\Big] \geqslant 0$$

对式(4.13.24)中 $P,P'$ 应用式(4.13.1),即

$$\begin{aligned} P &\equiv T_\beta^2 - \gamma \sum_{0\leqslant i<j\leqslant n} \rho^{4\beta}_{ij} = \sum_{0\leqslant i<j\leqslant n} \rho^{2\beta}_{ij}\Big(\sum_{0\leqslant r<s\leqslant n} \rho^{2\beta}_{ij} - \gamma\rho^{2\beta}_{ij}\Big) \\ &\geqslant (\lambda^{2\beta}_{n,k})^{\frac{1}{nk(n-1)^2}} 2^{2\beta-2} n(n^2-1)\cdot \\ &\quad (n^2+n-2\gamma)\left(\frac{n!^2}{n+1}\right)^{\frac{2\beta}{n}} (V^{2\beta})^{\frac{2}{n}} \end{aligned}$$

$$\begin{aligned} P' &\equiv T_\alpha^2 - \gamma \sum_{0\leqslant i<j\leqslant n} \rho'^{4\alpha}_{ij} = \sum_{0\leqslant i<j\leqslant n} \rho'^{2\alpha}_{ij}\Big(\sum_{0\leqslant r<s\leqslant n} \rho^{2\alpha}_{rs} - \gamma\rho'^{2\beta}_{ij}\Big) \\ &\geqslant (\lambda^{2\alpha}_{n,k})^{\frac{1}{nk(n-1)^2}} 2^{2\alpha-2} n(n^2-1)\cdot \\ &\quad (n^2+n-2\gamma)\left(\frac{n!^2}{n+1}\right)^{\frac{2\alpha}{n}} (V'^{2\alpha})^{\frac{2}{n}} \end{aligned}$$

将 $P,P'$ 代入式(4.13.23),再由 $Q\geqslant 0$ 即得式(4.13.2).

由证明过程可知当且仅当 $\Sigma_{P(n+1)}$ 与 $\Sigma_{P'(n+1)}$ 皆为

正则单形时等号成立.

**定理 4 的证明** 先令

$$X' = \sigma_\alpha^2 - \gamma \sum_{i=1}^{\varphi_{n,k}} V'^{2\alpha}_i(k)$$

$$X = \sigma_\beta^2 - \gamma \sum_{i=1}^{\varphi_{n,k}} V_i^{2\beta}(k)$$

$$\sum_{i=1}^{\varphi_{n,k}} V'^{\alpha}_i(k)\left(\sum_{j=1}^{\varphi_{n,k}} V_j^{\beta}(k) - \gamma V_i^{\beta}(k)\right)$$

$$= \sigma_\alpha\sigma_\beta - \gamma \sum_{i=1}^{\varphi_{n,k}} V'^{\alpha}_i(k) V_i^{\beta}(k)$$

$$= \frac{1}{2}\left(\frac{\sigma_\alpha}{\sigma_\beta}X + \frac{\sigma_\beta}{\sigma_\alpha}X'\right) + Y$$

其中

$$Y = \frac{\gamma}{2\sigma_\alpha\sigma_\beta}\left[\sum_{i=1}^{\varphi_{n,k}} (\sigma_\alpha V_i^{\beta}(k) - \sigma_\beta V'^{\alpha}_i(k))^2\right] \geqslant 0$$

对 $X, X'$运用式(4.13.18),有

$$\sum_{i=1}^{\varphi_{n,k}} V'^{\alpha}_i(k)\left(\sum_{j=1}^{\varphi_{n,k}} V_i^{\beta}(k) - \gamma V_i^{\beta}(k)\right)$$

$$\geqslant \frac{1}{2}\varphi_{n,k}(\varphi_{n,k} - \gamma)\cdot$$

$$\left\{\lambda_{n,k}^{\frac{\beta}{n(n-1)^2}}\left[\frac{\sqrt{k+1}}{k!}\left(\frac{n!}{\sqrt{n+1}}\right)^{\frac{k}{n}}\right]^{2\beta}\frac{\sigma_\alpha}{\sigma_\beta}V^{\frac{2k\alpha}{n}} + \right.$$

$$\left.\lambda'^{\frac{\alpha}{n(n-1)^2}}_{n,k}\left[\frac{\sqrt{k+1}}{k!}\left(\frac{n!}{\sqrt{n+1}}\right)^{\frac{k}{n}}\right]^{2\alpha}\frac{\sigma_\beta}{\sigma_\alpha}V'^{\frac{2k\alpha}{n}}\right\} + Y$$

由于 $Y \geqslant 0$,故式(4.13.4)得证. 由证明过程可知当且仅当 $\Sigma_{P(n+1)}$ 与 $\Sigma_{P'(n+1)}$ 皆为正则单形时等号成立.

再由定理 4 中式(4.13.4)运用算术—几何平均

不等式即得定理3中式(4.13.3).

2. 一个重要不等式

**定理5**　$E^n$ 中 $n$ 维单形 $\Sigma_{P(n+1)}=\{P_0,P_1,\cdots,P_n\}$ 的体积为 $V$,任取 $k+1$ 个顶点所支撑的 $k$ 维单形的 $k$ 维体积为 $V_i(k)$,对任意正实数 $x_i(i=1,2,\cdots,\varphi_{n,k}=\mathrm{C}_{n+1}^{k+1})$,$0<\alpha\leqslant 1$ 有不等式

$$(\sum_{i=1}^{\varphi_{n,k}}x_i)^{\varphi_{n,k}-1}(\prod_{i=1}^{\varphi_{n,k}}V_i^{2\alpha})^{\frac{k+1}{\mathrm{C}_n^k}}$$

$$\geqslant\mu_{n,k}^{\alpha}(\varphi_{n,k})^{\varphi_{n,k}+(1-n)\alpha-2}[\sum_{i=1}^{\varphi_{n,k}}(\prod_{\substack{j=1\\j\neq i}}^{\varphi_{n,k}}x_j)V_i^{2\alpha}]V^{2k\alpha}$$

(4.13.25)

当且仅当所有正实数 $x_i(i=1,2,\cdots,\varphi_{n,k}=\mathrm{C}_{n+1}^{k+1})$ 都相等且 $\Sigma_{P(n+1)}$ 正则时等号成立. 其中

$$\mu_{n,k}=\frac{n!^{2k+n}(n+1)^{n-k}(k+1)!}{(n-k)!^{n-1}k!^{3n}(n+1)!}$$

**证明**　由 Maclaurin 不等式得

$$\left(\frac{1}{\mathrm{C}_{\varphi_{n,k}}^1}\sum_{i=1}^{\varphi_{n,k}}x_i\right)^{\varphi_{n,k}-1}\geqslant\left[\frac{1}{\mathrm{C}_{\varphi_{n,k}}^{\varphi_{n,k}-1}}\sum_{i=1}^{\varphi_{n,k}}(\prod_{\substack{j=1\\j\neq i}}^{\varphi_{n,k}}x_j)\right]^{\frac{1}{\varphi_{n,k}-1}}$$

(4.13.26)

由引理3、式(4.13.26)以及 Hölder 不等式与算术—几何不等式得

$$(\sum_{i=1}^{\varphi_{n,k}}x_i)^{\varphi_{n,k}-1}(\prod_{i=1}^{\varphi_{n,k}}x_iV_i^{2\alpha})^{\frac{k+1}{\mathrm{C}_n^k}}$$

$$\geqslant[(\sum_{i=1}^{\varphi_{n,k}}x_i)^{\varphi_{n,k}-1}]^{1-\alpha}\cdot[(\sum_{i=1}^{\varphi_{n,k}}x_i)^n(\prod_{i=1}^{\varphi_{n,k}}V_i^2)^{\frac{k+1}{\mathrm{C}_n^k}}]^{\alpha}(\sum_{i=1}^{\varphi_{n,k}}x_i)^{(\varphi_{n,k}-1-n)\alpha}$$

$$\geqslant (\varphi_{n,k})^{(\varphi_{n,k}-2)(1-\alpha)}\mu_{n,k}^{\alpha}\cdot[\sum_{i=1}^{\varphi_{n,k}}(\prod_{\substack{j=1\\j\neq i}}^{\varphi_{n,k}}x_j)]^{1-\alpha}[\sum_{i=1}^{\varphi_{n,k}}(\prod_{\substack{j=1\\j\neq i}}^{\varphi_{n,k}}x_j)V_i^2]^{\alpha}\cdot$$

$$(\prod_{i=1}^{\varphi_{n,k}}x_i)^{(\frac{k+1}{C_n^k}-1)\alpha}V^{2k\alpha}(\sum_{i=1}^{\varphi_{n,k}}x_i)^{(\varphi_{n,k}-1-n)\alpha}$$

$$\geqslant (\varphi_{n,k})^{(\varphi_{n,k}-2)(1-\alpha)}\mu_{n,k}^{\alpha}\cdot[\sum_{i=1}^{\varphi_{n,k}}(\prod_{\substack{j=1\\j\neq i}}^{\varphi_{n,k}}x_j)V_i^{2\alpha}]V^{2k\alpha}\varphi_{n,k}^{(\varphi_{n,k}-n-1)\alpha}$$

$$=\mu_{n,k}^{\alpha}(\varphi_{n,k})^{\varphi_{n,k}+(1-n)\alpha-2}[\sum_{i=1}^{\varphi_{n,k}}(\prod_{\substack{j=1\\j\neq i}}^{\varphi_{n,k}}x_j)V_i^{2\alpha}]V^{2k\alpha}$$

在式(4.13.26)中取 $k=n-1$,得到文献①中的一个结果:

**推论 1** $E^n$ 中 $n$ 维单形 $\Sigma_{P(n+1)}=\{P_0,P_1,\cdots,P_n\}$ 的体积为 $V$,其侧面 $f_i$ 的 $n-1$ 维体积为 $F_i$,对任意正实数 $x_i(i=0,1,\cdots,n+1)$,$0<\alpha\leqslant1$,则有

$$(\sum_{i=0}^{n}x_i)^n(\prod_{i=0}^{n}F_i^{2\alpha})$$

$$\geqslant(n+1)^{(n-1)(1-\alpha)}\cdot\left(\frac{n^{3n}}{n!^2}\right)^{\alpha}[\sum_{i=0}^{n}(\prod_{j=0,j\neq i}^{n}x_j)F_i^{2\alpha}]V^{2(n-1)\alpha}\tag{4.13.27}$$

当且仅当 $\Sigma_{P(n+1)}$ 正则且 $x_0=x_1=\cdots=x_n$ 时等号成立.

另外由式(4.13.3)可推出文献②中多个结果.

---

① 苏化明.关于切点单形的两个不等式.数学研究与评论,1993,3(4):599-604.

② 沈文选.单形论导引.长沙:湖南师范大学出版社,2000.

## 4.14　涉及两个 $n$ 维单形的四类不等式

湖南理工学院数学学院的唐盛芳、张玲、孙明保三位教授于 2012 年给出了涉及两个 $n$ 维单形的棱长、体积与外接球半径的四类不等式,从而推广和改进了相关文献的结果.

1. 引言

设$\triangle A_iB_iC_i$ 三边长为 $a_i,b_i,c_i$,面积为 $\Delta_i(i=1,2)$,则有著名的 Neuberg-Pedoe 不等式

$$\begin{aligned} H'_2(2) &= a_1^2(b_2^2+c_2^2-a_2^2)+b_1^2(c_2^2+a_2^2-b_2^2)+ \\ &\quad c_1^2(a_2^2+b_2^2-c_2^2) \\ &\geqslant 16\Delta_1\Delta_2 \end{aligned} \tag{4.14.1}$$

当且仅当$\triangle A_1B_1C_1\backsim\triangle A_2B_2C_2$ 时等号成立.

1984 年,彭家贵[①]将上述不等式(4.14.1)加强为

$$H'_2(2)\geqslant 8\left(\frac{a_1^2+b_1^2+c_1^2}{a_2^2+b_2^2+c_2^2}\Delta_2^2+\frac{a_2^2+b_2^2+c_2^2}{a_1^2+b_1^2+c_1^2}\Delta_1^2\right) \tag{4.14.2}$$

当且仅当$\triangle A_1B_1C_1\backsim\triangle A_2B_2C_2$ 时等号成立.

1990 年,陈荣华[②]将不等式(4.14.1)改进为

---

① PENG J G. Sharpening the Neuberg-Pedoe inequality. Crux Math,1984,10:68 - 69.

② 陈荣华. 中学理科参考资料,1990(3):2 - 24.

$$H'_2(2) \geqslant 8\left[\left(\frac{a_1b_1c_1}{a_2b_2c_2}\right)^{\frac{2}{3}}\Delta_2^2+\left(\frac{a_2b_2c_2}{a_1b_1c_1}\right)^{\frac{2}{3}}\Delta_1^2\right] \tag{4.14.3}$$

当且仅当$\triangle A_1B_1C_1 \backsim \triangle A_2B_2C_2$时等号成立.

其后，文献①②分别将(4.14.1)推广到$n$维欧氏空间中的两个单形，文献③④⑤分别对两个$n$维单形的棱长与体积推广了(4.14.2)与(4.14.3)，最近，文献③④考虑了$n$维单行的棱长，体积与外接球半径，得到了类似于文献中的一些主要结果. 本节推广和改进文献⑥⑦中的主要结果，并得到了涉及两个$n$维单形的四类不等式.

本节约定：$n$维欧氏空间$E^n(n\geqslant3)$中两个$n$维单形$\Omega(A_n)$和$\Omega(A'_n)$的顶点集分别为$A_n=\{M_0,M_1,\cdots,$

---

① 苏化明. 关于单形的两个不等式. 科学通报，1987，32(1)：1－3.

② 陈计，马援. 涉及两个单形的一类不等式. 数学研究与评论，1989，9(2)：282－284.

③ 唐立华，冷岗松. 高维 Pedoe 不等式的一个加强. 数学的实践与认识，1995(2)：80－85.

④ LENG G S. Inequalities for edge lengths and volumes of two simpilexes. Geom Dedicata，1997，68：43－48.

⑤ 胡国华，孙明保. 关于两个$n$维单形的棱长与体积的两类不等式. 数学的实践与认识，2008，38(4)：132－136.

⑥ 孙明保. 涉及两个$n$维单形的两类不等式. 数学的实践与认识，2000，30(4)：475－481.

⑦ SUN M B. Some inequalities for two simplexes. Geom Dedicata，2001，85：53－67.

$M_n\}$ 和 $A'_n=\{M'_0,M'_1,\cdots,M'_n\}$;棱长分别为 $a_{ij}=|\overline{M_iM_j}|$ 和 $b_{ij}=|\overline{M'_iM'_j}|(0\leqslant i<j\leqslant n)$;没有公共顶点的两棱)(或称对棱,各有 $3\mathrm{C}_{n+1}^4$ 组对棱)分别记为 $a_i$, $a'_i$ 和 $b_i,b'_i(i=1,2,\cdots,3\mathrm{C}_{n+1}^4)$;体积分别为 $V_n$ 和 $V'_n$;外接球半径分别为 $R_n$ 和 $R'_n$;对 $\alpha,\beta\in(0,2]$, $\lambda\in(-\infty,n-1]$,设

$$C_n=\mathrm{C}_{n+1}^4, K_n=\frac{3}{2}C_n(3C_n-\lambda), P_n=\prod_{0\leqslant i<j\leqslant n}a_{ij}$$

$$P'_n=\prod_{0\leqslant i<j\leqslant n}b_{ij}, S_n(\alpha)=\sum_{i=1}^{3C_n}a_i^{\alpha}a'^{\alpha}_i, S'_n(\beta)=\sum_{i=1}^{3C_n}b_i^{\beta}b'^{\beta}_i$$

$$H_{\alpha,\beta}(\lambda)=\sum_{i=1}^{3C_n}a_i^{\alpha}a'^{\alpha}_i\left(\sum_{i=1}^{3C_n}b_j^{\beta}b'^{\beta}_j-\lambda b_i^{\beta}b'^{\alpha}_i\right)$$

本节的主要结果是:

**定理1** 对 $E^n(n\geqslant 3)$ 中两个 $n$ 维单形 $\Omega(A_n)$ 与 $\Omega(A'_n)$,有

$$H_{\alpha,\beta}(\lambda)\geqslant K_n\Big\{2^{2\alpha}[(n-1)!\ \sqrt{n}]^{\frac{4\alpha}{n+1}}\left(\frac{P'^{\beta}_n}{P^{\alpha}_n}\right)^{\frac{4}{n(n+1)}}(V_nR_n)^{\frac{4\alpha}{n+1}}+2^{2\beta}[(n-1)!\ \sqrt{n}]^{\frac{4\beta}{n+1}}\left(\frac{P^{\alpha}_n}{P'^{\beta}_n}\right)^{\frac{4}{n(n+1)}}(V'_nR'_n)^{\frac{4\beta}{n+1}}\Big\}\tag{4.14.4}$$

$$H_{\alpha,\beta}(\lambda)\geqslant K_n\left[2^{2\alpha}\left(\frac{n!}{\sqrt{n+1}}\right)^{\frac{4\alpha}{n}}\left(\frac{P'^{\beta}_n}{P^{\alpha}_n}\right)^{\frac{4}{n(n+1)}}V_n^{\frac{4\alpha}{n}}+2^{2\beta}\left(\frac{n!}{\sqrt{n+1}}\right)^{\frac{4\beta}{n}}\left(\frac{P^{\alpha}_n}{P'^{\beta}_n}\right)^{\frac{4}{n(n+1)}}V'^{\frac{4\beta}{4}}_n\right]\tag{4.14.5}$$

其中 $n=3,\alpha=\beta=2$ 时,(4.14.4)中等号成立当且仅当

$$\frac{a_1a'_1}{b_1b'_1}=\frac{a_2a'_2}{b_2b'_2}=\frac{a_3a'_3}{b_3b'_3}$$

$n=3$，而 $\alpha$ 与 $\beta$ 不同时等于 2 时，(4.14.4) 中等号成立当且仅当 $a_1a'_1=a_2a'_2=a_3a'_3$ 且 $b_1b'_1=b_2b'_2=b_3b'_3$；$n>3$ 时，(4.14.4) 中等号成立当且仅当单形 $\Omega(A_n)$ 与 $\Omega(A'_n)$ 均为正则单形，(4.14.5) 中等号成立当且仅当 $\Omega(A_n)$ 与 $\Omega(A'_n)$ 均为正则单形.

**定理 2** 对 $E^n(n\geqslant 3)$ 中两个 $n$ 维单形 $\Omega(A_n)$ 与 $\Omega(A'_n)$，有

$$H_{\alpha,\beta}(\lambda)\geqslant K_n\{2^{2\alpha-1}[(n-1)!\sqrt{n}]^{\frac{4\alpha}{n+1}}\frac{S'_n(\beta)}{S_n(\alpha)}(V_nR_n)^{\frac{4\alpha}{n+1}}+2^{2\beta-1}[(n-1)!\sqrt{n}]^{\frac{4\beta}{n+1}}\frac{S_n(\alpha)}{S'_n(\beta)}(V'_nR'_n)^{\frac{4\beta}{n+1}}\}+\frac{\lambda}{2S_n(\alpha)S'_n(\beta)}\sum_{i=1}^{3C_n}[S'_n(\beta)(a_ia'_i)^{\alpha}-S_n(\alpha)(b_ib'_i)^{\beta}]^2 \tag{4.14.6}$$

$$H_{\alpha,\beta}(\lambda)\geqslant K_n\left[2^{2\alpha-1}\left(\frac{n!}{\sqrt{n+1}}\right)^{\frac{4\alpha}{n}}\frac{S'_n(\beta)}{S_n(\alpha)}V_n^{\frac{4\alpha}{n}}+2^{2\beta-1}\left(\frac{n!}{\sqrt{n+1}}\right)^{\frac{4\beta}{n}}\frac{S_n(\alpha)}{S'_n(\beta)}(V'_n)^{\frac{4\beta}{n}}\right]+\frac{\lambda}{2S_n(\alpha)S'_n(\beta)}\sum_{i=1}^{3C_n}[S'_n(\beta)(a_ia'_i)^{\alpha}-S_n(\alpha)(b_ib'_i)^{\beta}]^2 \tag{4.14.7}$$

其中 $n=3,\alpha=\beta=2$ 时，(4.14.6) 中等号成立；当 $n=3$，而 $\alpha$ 与 $\beta$ 不同时等于 2 时，(4.14.6) 中等号成立当且仅当 $a_1a'_1=a_2a'_2=a_3a'_3$ 且 $b_1b'_1=b_2b'_2=b_3b'_3$；$n>3$时，(4.14.6) 中等号成立当且仅当单形 $\Omega(A_n)$ 与

$\Omega(A'_n)$均为正则单形,(4.14.7)中等号成立当且仅当单形$\Omega(A_n)$与$\Omega(A'_n)$均为正则单形.

2. 几个引理

**引理1**[①]　设$\triangle ABC$的三边长为$a,b,c$,面积为$\Delta$,则对$\theta\in(0,1]$,以$a^\theta,b^\theta,c^\theta$为三边可以组成一个三角形,且该三角形的面积$\Delta_\theta$与$\theta$有如下关系

$$\Delta_\theta\geqslant\left(\frac{\sqrt{3}}{4}\right)^{1-\theta}\Delta^\theta \qquad (4.14.8)$$

当且仅当$\triangle ABC$为正三角形时等号成立.

**引理2**[②]　设三维单形$\Omega(A_3)$的三组对棱分别为$a_1,a'_1;a_2,a'_2;a_3,a'_3$;体积为$V_3$;外接球半径为$R_3$;则以三组对棱$a_1a'_1,a_2a'_2,a_3a'_3$为边可以组成一个三角形,且该三角形的面积$\Delta(A_3)$与$V_3,R_3$有以下关系

$$\Delta(A_3)=6V_3R_3 \qquad (4.14.9)$$

**引理3**[③]　$n$维单形$\Omega(A_n)(n\geqslant2)$的体积$V_n$,外接球半径$R_n$及其诸棱长$a_{ij}(0\leqslant i<j\leqslant n)$之间有不等式

$$\prod_{0\leqslant i<j\leqslant n}a_{ij}^{\frac{2}{n}}\geqslant\left(\frac{2^{n+1}}{n}\right)^{\frac{1}{2}}n!V_nR_n \qquad (4.14.10)$$

其中当且仅当所有的$\dfrac{a_{ij}}{a_{0i}a_{0j}}(i,j=1,2,\cdots,n;i\neq j)$都相

---

① 钱黎文,王振. 三角形的面积Δθ的对数凸性. 数学的实践与认识,1988(2):75-77.

② 杨路. Cayley定理的一个应用. 数学通报,1981(6):29-30.

③ 孙明保. 涉及两个$n$维单形的两类不等式. 数学的实践与认识,2000,30(4):475-481.

等时等号成立.

**引理 4** 设 $n$ 维单形 $\Omega(A_n)$ 的顶点集为 $A_n=\{M_0,M_1,\cdots,M_n\}(n\geqslant 2)$,从 $A_n$ 中任取 $k+1$ 个顶点,以它们为顶点作一个 $k$ 维单形 $\sigma_h^{(k)}$,这些 $k$ 维单形 $\sigma_h^{(k)}$ 的体积与外接球半径分别记为 $V_h^{(k)}$ 和 $R_h^{(k)}(k=1,2,\cdots,n;h=1,2,\cdots,\mathrm{C}_{n+1}^{k+1})$,那么

$$\prod_{h=1}^{C_n} V_n^{(3)}R_n^{(3)} \geqslant (2\sqrt{3})^{-C_n}[(n-1)!\sqrt{n}V_nR_n]^{\frac{4C_n}{n+1}} \tag{4.14.11}$$

其中当且仅当所有由顶点集 $\{M_{h_0},M_{h_1},\cdots,M_{h_m}\}$ 张成的 $m$ 维单形 $\sigma_h^{(m)}(m=4,\cdots,n;h=1,2,\cdots,\mathrm{C}_{n+1}^{m+1})$ 满足 $V_{h_i}^{m-1}V_{h_j}^{m-1}R_{h_i}^{m-1}R_{h_j}^{m-1}[a_{h_ih_j}^{m}]^2(i,j=0,1,\cdots,m;i\neq j)$ 都相等时等号成立,这里 $h_0,h_1,\cdots,h_m\in\{0,1,\cdots,n\}$ 且 $0\leqslant h_0<h_1<\cdots<h_m\leqslant n$,$a_{h_ih_j}^{(m)}=|\overline{M_{h_i}M_{h_j}}|$ 为单形 $\sigma_h^{(m)}$ 的棱长,$V_{h_i}^{(m-1)}$ 和 $R_{h_i}^{(m-1)}$ 分别为单形 $6n^{(m)}$ 的顶点 $M_{h_i}$ 所对的 $m-1$ 维侧面的面积与外接球半径.

**3. 定理的证明**

定理 1 的证明:我们先证明不等式(4.14.4)是正确的,为方便起见,下面分三种情形:

**情形 1** $n\geqslant 3$ 且 $\lambda\leqslant 2$ 时,如果 $n=3,\lambda=2$,对两个三维单形 $\Omega(A_n)$ 和 $\Omega(A'_n)$,由引理 2,对分别以 $a_ia'_i$ 和 $b_ib'_i(i=1,2,3)$ 为边构成的三角形的面积 $\Delta(A_3)$ 和 $\Delta(A'_3)$,有

$$\Delta(A_3)=6V_3R_3 \tag{4.14.12}$$

$$\Delta(A'_3)=6V'_3R'_3 \tag{4.14.13}$$

由引理 1,对分别以 $(a_ia'_i)^{\frac{\alpha}{2}}$ 和 $(b_ib'_i)^{\frac{\beta}{2}}$ 为边构成的两个三角形,应用不等式(4.14.3)和(4.14.8),得

$$H_{\alpha,\beta}(2)=\sum_{i=1}^{3}a_i^{\alpha}a'^{\alpha}_i\left(\sum_{j=1}^{3}b_j^{\beta}b'^{\beta}_j-2b_i^{\beta}b'^{\beta}_i\right)$$
$$\geqslant\frac{3}{2}\left[\left(\frac{16}{3}\right)^{\frac{\alpha}{2}}\left(\frac{P'^{\beta}_3}{P^{\alpha}_3}\right)^{\frac{1}{3}}\Delta^{\alpha}(A_3)+\right.$$
$$\left.\left(\frac{16}{3}\right)^{\frac{\beta}{2}}\left(\frac{P^{\alpha}_3}{P'^{\beta}_3}\right)^{\frac{1}{3}}\Delta^{\beta}(A'_3)\right]\qquad(4.14.14)$$

(4.13.12)(4.13.13)代入(4.13.14)便得

$$H_{\alpha,\beta}(2)\geqslant\frac{3}{2}\left[2^{3\alpha}3^{\frac{\alpha}{2}}\left(\frac{P'^{\beta}_3}{P^{\alpha}_3}\right)^{\frac{1}{3}}(V_3R_3)^{\alpha}+\right.$$
$$\left.2^{3\beta}3^{\frac{\beta}{2}}\left(\frac{P^{\alpha}_3}{P'^{\beta}_3}\right)^{\frac{1}{3}}(V'_3R'_3)^{\beta}\right]\qquad(4.14.15)$$

由(4.14.8)和(4.14.3)中等号成立的条件可得:当$\alpha=\beta=2$时,(4.14.15)中等号成立当且仅当$\frac{a_1a'_1}{b_1b'_1}=\frac{a_2a'_2}{b_2b'_2}=\frac{a_3a'_3}{b_3b'_3}$;在其他情形等号成立当且仅当$a_1a'_1=a_2a'_2=a_3a'_3$且$b_1b'_1=b_2b'_2=b_3b'_3$,故$n=3$且$\lambda=2$时不等式(4.14.4)成立.

如果$n\geqslant3$且$\lambda\leqslant2$,则

$$H_{\alpha,\beta}(\lambda)=\sum_{i=1}^{3C_n}a_i^{\alpha}a'^{\alpha}_i\left(\sum_{j=1}^{3C_n}b_j^{\beta}b'^{\beta}_j-2b_i^{\alpha}b'^{\alpha}_i\right)+$$
$$(2-\lambda)\sum_{i=1}^{3C_n}a_i^{\alpha}a'^{\alpha}_ib_i^{\beta}b'^{\beta}_i$$
$$=\sum_{i=1}^{3C_n}a_i^{\alpha}a'^{\alpha}_iN_i+\sum_{i=1}^{3C_n}a_i^{\alpha}a'^{\alpha}_i(b_u^{\beta}b'^{\beta}_u+b_v^{\beta}b'^{\beta}_v-$$
$$b_i^{\beta}b'^{\beta}_i)+(2-\lambda)\sum_{i=1}^{3C_n}a_i^{\alpha}a'^{\alpha}_ib_i^{\beta}b'^{\beta}_i\quad(4.14.16)$$

其中$b_ub'_u,b_vb'_v,b_ib'_i$恰好为单形$\Omega(A'_n)$中某四个顶

点所作成的三维单形的三组对棱之积,而以某已知 $b_i b'_i$ 为三维单形的对棱的乘积的三维单形只有一个;$N_i$ 是 $3C_n-3$ 项 $b_j^\beta b'^\beta_j$ 之和且 $b_j^\beta b'^\beta_j$ 不包含在式(4.14.16)右边的第二项与第三项之中.

应用(4.14.15),得

$$\sum_{i=1}^{3C_n} a_i^\alpha a'^\alpha_i (b_u^\beta b'^\beta_u + b_v^\beta b'^\beta_v - b_i^\beta b'^\beta_i)$$
$$\geqslant \frac{3}{2}\Big[2^{3\alpha}3^{\frac{\beta}{3}}\sum_{i=1}^{3C_n}\left(\frac{P'^\beta_{i3}}{P^\alpha_{i3}}\right)^{\frac{1}{3}}(V_i^{(3)}R_i^{(3)})^\alpha +$$
$$2^{3\beta}3^{\frac{\beta}{3}}\sum_{i=1}^{3C_n}\left(\frac{P^\alpha_{i3}}{P'^\beta_{i3}}\right)^{\frac{1}{3}}(V'^{(3)}_i R'^{(3)}_i)^\beta\Big] \quad (4.14.17)$$

其中 $V_i^{(3)},R_i^{(3)}$ 与 $V'^{(3)}_i,R'^{(3)}_i$ 分别是由单形 $\Omega(A_n)$ 与 $\Omega(A'_n)$ 的 $n+1$ 个顶点所作成的共 $C_{n+1}^4$(即 $C_n$)个三维单形 $\sigma_i^{(3)}$ 和 $\sigma'^{(3)}_i(i=1,2,\cdots,C_n)$ 的体积与外接球半径,$P_{i3}$ 和 $P'_{i3}$ 分别为 $\sigma_i^{(3)}$ 和 $\sigma'^{(3)}_i$ 的棱长之积. 注意到

$$\prod_{i=1}^{3C_n} P_{i3} = P_n^{\frac{6C_n}{C_{n+1}^2}}$$
$$\prod_{i=1}^{3C_n} P'_{i3} = P_n^{\frac{6C_n}{C_{n+1}^2}}$$

且应用算术—几何平均不等式和(4.14.11)到(4.14.17)的右边,可得

$$\sum_{i=1}^{3C_n} a_i^\alpha a'^\alpha_i (b_u^\beta b'^\beta_u + b_v^\beta b'^\beta_v - b_i^\beta b'^\beta_i)$$
$$\geqslant \frac{3}{2}C_n\Big\{2^{3\alpha}3^{\frac{\alpha}{2}}\prod_{i=1}^{C_n}\left[\left(\frac{P'^\beta_{i3}}{P^\alpha_{i3}}\right)^{\frac{1}{3}}(V_i^{(3)}R_i^{(3)})^\alpha\right]^{\frac{1}{C_n}} +$$

$$2^{3\beta}3^{\frac{\beta}{2}}\prod_{i=1}^{C_n}\left[\left(\frac{P_{i3}^{\alpha}}{P'^{\beta}_{i3}}\right)^{\frac{1}{3}}(V'^{(3)}_{i}R'^{(3)}_{i})^{\beta}\right]^{\frac{1}{C_n}}\Bigg\}$$

$$=\frac{3}{2}C_n\Bigg\{2^{3\alpha}3^{\frac{\beta}{3}}\left(\frac{P'^{\beta}_{n}}{P^{\alpha}_{n}}\right)^{\frac{2}{C_{n+1}^2}}\left[\sum_{i=1}^{C_n}(V_i^{(3)}R_i^{(3)})^{\alpha}\right]^{\frac{1}{C_n}}+$$

$$2^{3\beta}3^{\frac{\beta}{2}}\left(\frac{P^{\alpha}_{n}}{P'^{\beta}_{n}}\right)^{\frac{2}{C_{n+1}^2}}\left[\sum_{i=1}^{C_n}(V'^{(3)}_{i}R'^{(3)}_{i})^{\beta}\right]^{\frac{1}{C_n}}\Bigg\}$$

$$\geqslant\frac{3}{2}C_n\Bigg\{2^{2\alpha}[(n-1)!\sqrt{n}]^{\frac{4\alpha}{n+1}}\left(\frac{P'^{\beta}_{n}}{P^{\alpha}_{n}}\right)^{\frac{2}{C_{n+1}^2}}(V_nR_n)^{\frac{4\alpha}{n+1}}+$$

$$2^{2\beta}[(n-1)!\sqrt{n}]^{\frac{4\beta}{n+1}}\left(\frac{P^{\alpha}_{n}}{P'^{\beta}_{n}}\right)^{\frac{2}{C_{n+1}^2}}(V'_{n}R'_{n})^{\frac{4\beta}{n+1}}\Bigg\}$$

$$(4.14.18)$$

另外,记

$$2I=\sum_{i=1}^{3C_n}a_i^{\alpha}a'^{\alpha}_{i}N_i+(2-\lambda)\sum_{i=1}^{3C_n}a_i^{\alpha}a'^{\alpha}_{i}b_i^{\beta}b'^{\beta}_{i}$$

应用算术—几何平均不等式及(4.14.10),得

$$I\geqslant\frac{9}{2}C_n(C_n-1)\left[\prod_{i=1}^{3C_n}(a_i^{\alpha}a'^{\alpha}_{i}b_i^{\beta}b'^{\beta}_{i})^{3(C_n-1)}\right]^{\frac{1}{9C_n(C_n-1)}}+$$

$$\frac{3}{2}(2-\lambda)C_n\left(\sum_{i=1}^{3C_n}a_i^{\alpha}a'^{\alpha}_{i}b_i^{\beta}b'^{\beta}_{i}\right)^{\frac{1}{3C_n}}$$

$$=\frac{3}{2}C_n(3C_n-\lambda-1)\left(\sum_{i=1}^{3C_n}a_i^{\alpha}a'^{\alpha}_{i}b_i^{\beta}b'^{\beta}_{i}\right)^{\frac{1}{3C_n}}$$

$$=\frac{3}{2}C_n(3C_n-\lambda-1)\left[\left(\prod_{0\leqslant i<j\leqslant n}a_{ij}^{\alpha}b_{ij}^{\beta}\right)^{\frac{6C_n}{C_{n+1}^2}}\right]^{\frac{1}{3C_n}}$$

$$=\frac{3}{2}C_n(3C_n-\lambda-1)\left(\frac{P^{\alpha}_{n}}{P'^{\beta}_{n}}\right)^{\frac{2}{C_{n+1}^2}}P'^{\frac{4\beta}{C_{n+1}^2}}_{n}$$

$$\geqslant\frac{3}{2}C_n(3C_n-\lambda-1)2^{2\beta}[(n-1)!\sqrt{n}]^{\frac{4\beta}{n+1}}\left(\frac{P^{\alpha}_{n}}{P'^{\beta}_{n}}\right)^{\frac{2}{C_{n+1}^2}}.$$

$$(V'_n R'_n)^{\frac{4\beta}{n+1}} \tag{4.14.19}$$

同理,得

$$I \geqslant \frac{3}{2}\mathrm{C}_n(3\mathrm{C}_n-\lambda-1)2^{2\alpha}[(n-1)!\sqrt{n}]^{\frac{4\alpha}{n+1}}\left(\frac{P'^{\beta}_n}{P^{\alpha}_n}\right)^{\frac{2}{\mathrm{C}^2_{n+1}}} (V_n R_n)^{\frac{4\alpha}{n+1}} \tag{4.14.20}$$

应用(4.14.18)(4.14.19)(4.14.20)到(4.14.16)的右边,得

$$H_{\alpha,\beta}(\lambda) \geqslant \frac{3}{2}C_n(3C_n-\lambda)\left\{2^{2\alpha}[(n-1)!\sqrt{n}]^{\frac{4\alpha}{n+1}}\cdot \left(\frac{P'^{\beta}_n}{P^{\alpha}_n}\right)^{\frac{2}{\mathrm{C}^2_{n+1}}}(V_n R_n)^{\frac{4\alpha}{n+1}}+2^{2\beta}[(n-1)!\sqrt{n}]^{\frac{4\beta}{n+1}}\cdot \left(\frac{P^{\alpha}_n}{P'^{\beta}_n}\right)^{\frac{2}{\mathrm{C}^2_{n+1}}}(V'_n R'_n)^{\frac{4\beta}{n+1}}\right\} \tag{4.14.21}$$

而 $n\geqslant3$ 且 $\lambda\leqslant2$ 时,不等式(4.14.4)成立. 现在讨论不等式(4.14.21)中等号成立的充要条件

注意到当且仅当(4.14.18)(4.14.19)与(4.14.20)中等号同时成立时(4.14.21)中等号成立.

若(4.14.19)和(4.14.20)中等号成立,则由算术—几何平均不等式中等号成立的条件,知所有 $a_i^{\alpha}a'^{\alpha}_i b_i^{\beta}b'^{\beta}_i$ 都相等,从而所有的 $a_i a'_i$ 与 $b_i b'_i$($i=1,2,\cdots,3C_n$)都分别相等,由此和引理 2 可知所有的 $V_i^{(3)}R_i^{(3)}$ 与 $V'^{(3)}_i R'^{(3)}_i$($i=1,2,\cdots,C_n$)都分别相等,这里的 $V_i^{(3)}R_i^{(3)}$ 与 $V'^{(3)}_i R'^{(3)}_i$ 分别是由单形 $\Omega(A_n)$ 与 $\Omega(A'_n)$ 的 $n+1$ 个顶点所作成的共 $C_n$ 个三维单形的体积与外接球半径之积;此时,若(4.14.18)中等号成

立，则由引理4且利用(4.14.11)中等号成立的条件，知分别由$\Omega(A_n)$与$\Omega(A'_n)$的$n+1$个顶点所作成的共$C_{n+1}^5$个四维单型$\sigma_h^{(4)}$与$\sigma'^{(4)}_h(h=1,2,\cdots,C_{n+1}^5)$均为正则单形，所以，$\Omega(A_n)$与$\Omega(A'_n)$均为正则单形.

反之，若$\Omega(A_n)$与$\Omega(A'_n)$均为正则单形，则易知(4.14.18)(4.14.19)与(4.14.20)中等号成立，从而有(4.14.21)中等号成立.

所以$n\geqslant 3$且$\lambda\leqslant 2$时不等式(4.14.4)是正确的.

**情形2**　当$n\geqslant 3$且$\lambda=n-1$时，由于

$$H_{\alpha,\beta}(n-1)=\sum_{i=1}^{3C_n}a_i^{\alpha}a'^{\alpha}_iQ_i+(n-2)\sum_{i=1}^{3C_n}a_i^{\alpha}a'^{\alpha}_i\cdot(b_u^{\beta}b'^{\beta}_u+b_v^{\beta}b'^{\beta}_v-b_i^{\beta}b'^{\beta}_i)\quad(4.14.22)$$

其中$b_ub'_u,b_vb'_v,b_ib'_i$恰为单形$\Omega(A'_n)$中某四个顶点所组成的三维单形的三组对棱之积，而以已知$b_ib'_i$为三维单形的对棱之积的三维单形只有一个，$Q_i$是由$3C_n-2(n-2)-1$项$b_j^{\beta}b'^{\beta}_j$之和且$b_j^{\beta}b'^{\beta}_j$不包含在(4.14.22)的右边第二项之中，类似于$n\geqslant 3$且$\lambda\leqslant 2$时(4.14.4)的证明过程可得

$$H_{\alpha,\beta}(n-1)\geqslant\frac{3}{2}C_n[3C_n-(n-1)]\left\{2^{2\alpha}[(n-1)!\cdot\sqrt{n}]^{\frac{4\alpha}{n+1}}\left(\frac{P'^{\beta}_n}{P_n^{\alpha}}\right)^{\frac{2}{C_{n+1}^2}}(V_nR_n)^{\frac{4\alpha}{n+1}}+2^{2\beta}[(n-1)!\cdot\sqrt{n}]^{\frac{4\beta}{n+1}}\left(\frac{P_n^{\alpha}}{P'^{\beta}_n}\right)^{\frac{2}{C_{n+1}^2}}(V'_nR'_n)^{\frac{4\beta}{n+1}}\right\}\quad(4.14.23)$$

其中等号成立的充要条件同$\lambda\leqslant 2$时不等式(4.14.4)中等号成立的条件.

**情形** 3　当 $n\geqslant 3$ 且 $\lambda\in[2,n-1]$ 时,因存在 $\theta\in[0,1]$,使得

$$\lambda=2\theta+(1-\theta)(n-1)$$

且易证

$$H_{\alpha,\beta}(\lambda)=\theta H_{\alpha,\beta}(2)+(1-\theta)H_{\alpha,\beta}(n-1) \tag{4.14.24}$$

应有不等式(4.14.21)与(4.14.23)到(4.14.24)的右边即得不等式(4.14.4)成立,其中等号成立的条件同 $\lambda=2$ 时不等式(4.14.4)中等号成立的条件.

综合情形1,2和3即得 $n\geqslant 3$ 且 $\lambda\leqslant n-1$ 时,不等式(4.14.4)是正确的.

下面证明不等式(4.14.5)成立.

由算术—几何平均不等式及单形 $\Omega(A_n)$ 的外接球半径 $R_n$ 与棱长 $a_{ij}(0\leqslant i<j\leqslant n)$ 间的关系①

$$\sum_{0\leqslant i<j\leqslant n}a_{ij}^2\leqslant(n+1)^2R_n^2$$

可得

$$R_n\geqslant\sqrt{\frac{n}{2(n+1)}}\prod_{0\leqslant i<j\leqslant n}a_{ij}^{\frac{2}{n(n+1)}} \tag{4.14.25}$$

其中当且仅当 $\Omega(A_n)$ 为正则单形时等号成立.

又由(4.14.25)和(4.14.10)可得

$$R_n\geqslant\left[\frac{n}{(n+1)(n+1)^{\frac{1}{n}}}\right]^{\frac{1}{2}}(n!)^{\frac{1}{n}}V_n^{\frac{1}{n}} \tag{4.14.26}$$

---

①　张晗方.高维正弦定理的再改进及其应用.数学的实践与认识,1992(2):74-79.

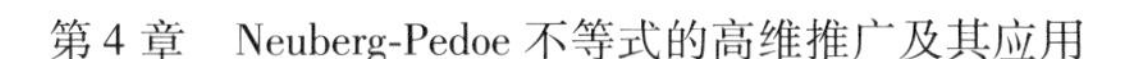

$$R'_n \geqslant \left[\frac{n}{(n+1)(n+1)^{\frac{1}{n}}}\right]^{\frac{1}{2}} (n!)^{\frac{1}{n}} V'^{\frac{1}{n}}_n \tag{4.14.27}$$

(4.14.26)(4.14.27)中当且仅当 $\Omega(A_n)$ 与 $\Omega(A'_n)$ 为正则单形时等号成立.

将(4.14.26)(4.14.27)两式代入(4.14.4)即得(4.14.5),其中等号成立的充要条件是 $\Omega(A_n)$ 与 $\Omega(A'_n)$ 均为正则单形. 定理1证毕.

**定理2的证明**　在(4.14.4)中取 $\alpha=\beta,\Omega(A_n)=\Omega(A'_n),b_{ij}=a_{ij}$,得

$$\left(\sum_{i=1}^{3C_n} a_i^{\alpha} a'^{\alpha}_i\right)^2 - \lambda \sum_{i=1}^{3C_n} a_i^{2\alpha} a'^{2\alpha}_i \geqslant 2^{2\alpha} K_n [(n-1)!\sqrt{n}]^{\frac{4\alpha}{n+1}} (V_n R_n)^{\frac{4\alpha}{n+1}} \tag{4.14.28}$$

对 $n=3,\alpha=2$ 时,(4.14.28)中等号成立;当 $n=3,0<\alpha<2$ 时,(4.14.28)中等号成立当且仅当 $a_1a'_1=a_2a'_2=a_3a'_3$;当 $n>3$ 时,(4.14.28)中等号成立当且仅当 $\Omega(A_n)$ 为正则单形.

令

$$\mu=\frac{S'_n(\beta)}{S_n(\alpha)}$$

$$D_i=\sqrt{\mu}(a_ia'_i)^{\alpha}-\sqrt{\mu^{-1}}(b_ib'_i)^{\beta}\quad(i=1,2,\cdots,3C_n)$$

易证

$$\sum_{i=1}^{3C_n} D_i = 0 \tag{4.14.29}$$

由(4.14.28)和(4.14.29),得

$$2H_{\alpha,\beta}(\lambda) - K_n\{2^{2\alpha}[(n-1)!\sqrt{n}]^{\frac{4\alpha}{n+1}}\mu(V_nR_n)^{\frac{4\alpha}{n+1}} +$$

$$2^{2\beta}[(n-1)!\sqrt{n}]^{\frac{4\beta}{n+1}}\mu^{-1}(V'_nR'_n)^{\frac{4\beta}{n+1}}\}$$

$$\geqslant 2H_{\alpha,\beta}(\lambda)-\mu[(\sum_{i=1}^{3C_n}a_i^{\alpha}a'^{\alpha}_i)^2-\lambda\sum_{i=1}^{3C_n}a_i^{2\alpha}a'^{2\alpha}_i]-$$

$$\mu^{-1}[(\sum_{i=1}^{3C_n}b_i^{\beta}b'^{\beta}_i)^2-\lambda\sum_{i=1}^{3C_n}b_i^{2\beta}b'^{2\beta}_i]$$

$$=\lambda\sum_{i=1}^{3C_n}D_i^2-(\sum_{i=1}^{3C_n}D_i)^2$$

$$=\lambda\sum_{i=1}^{3C_n}D_i^2 \tag{4.14.30}$$

由(4.14.30),解得不等式(4.14.6).从上述证明过程易知,当$n=3,\alpha=\beta=2$时,(4.14.6)中等号成立;当$n=3$,而$\alpha$与$\beta$不同时等于2时,(4.14.6)中等号成立当且仅当$a_1a'_1=a_2a'_2=a_3a'_3$且$b_1b'_1=b_2b'_2=b_3b'_3$;$n>3$时,(4.14.6)中等号成立当且仅当单形$\Omega(A_n)$与$\Omega(A'_n)$均为正则单形.

将(4.14.26)(4.14.27)两式代入(4.14.6)即得(4.14.7),其中等号成立当且仅当单形$\Omega(A_n)$与$\Omega(A'_n)$均为正则单形.定理2证毕.

由(4.14.4)(4.14.5)的右端应用算术—几何平均不等式,即得:

**推论** 对$E^n(n\geqslant3)$中两个$n$维单形$\Omega(A_n)$与$\Omega(A'_n)$有

$$H_{\alpha,\beta}(\lambda)\geqslant K_n2^{\alpha+\beta+1}[(n-1)\sqrt{n}]^{\frac{2(\alpha+\beta)}{n+1}}(V_n^{\alpha}V'^{\beta}_nR_n^{\alpha}R'^{\beta}_n)^{\frac{2}{n+1}} \tag{4.14.31}$$

$$H_{\alpha,\beta}(\lambda)\geqslant K_n2^{\alpha+\beta+1}\left(\frac{n!}{n+1}\right)^{\frac{2(\alpha+\beta)}{n}}(V_n^{\alpha}V'^{\beta}_n)^{\frac{2}{n}} \tag{4.14.32}$$

其中(4. 14. 31)与(4. 14. 32)中等号成立分别同(4. 14. 4)与(4. 14. 5)中等号成立的条件.

在本节的(4. 14. 6)(4. 14. 7)中,取 $\alpha=\beta,\alpha\in[2,n-1]$,则得文献①中的主要结果,在推论中,若 $\lambda\in[2,n-1]$,则得文献②中主要结果,从而本节定理1和定理2推广且改进了文献③中的主要结果.

## 4.15　杨路—张景中不等式的若干推论

扬州大学师范学院数学与计算机科学系的左铨如教授指出:

杨路—张景中不等式(简称"杨—张不等式"),是具有极广泛应用价值的一类与质点组有关的不等式.④⑤

设 $\mathfrak{S}=\{A_i(m_i),i=0,1,\cdots,N\}$ 是 $E^n(n\leqslant N)$ 中的

---

① SUN M B. Some inequalities for two simplexes Geom Dedicata, 2001,85:53-67.

② 孙明保. 涉及两个 $n$ 维单形的两类不等式. 数学的实践与认识,2000,30(4):475-481.

③ 杨路. Cayley 定理的一个应用. 数学通报,1981(6):29-30.

④ 杨路,张景中. 关于有限点集的一类几何不等式. 数学学报,1980,23(5):740-749.

⑤ 张景中,杨路. 关于质点组的一类几何不等式,中国科学技术大学学报,1981,11(2):1-8.

质点组，$m_i$ 是点 $A_i$ 所赋有的质量. $\mathfrak{S}$ 中任意 $k+1$ 个点 $A_{i_0}, A_{i_1}, \cdots, A_{i_k}$ 所支撑的单形的 $k$ 维体积记为 $V_{i_0 i_i \cdots i_k}$，令

$$M_k = \sum_{i_0 < i_1 < \cdots < i_k} \sum \cdots \sum m_{i_0} m_{i_1} \cdots m_{i_k} V^2_{i_0 i_1 \cdots i_k}$$

$$(1 \leqslant k \leqslant n)$$

$$M_0 = m_0 + m_1 + \cdots + m_N \neq 0$$

则有如下的杨 — 张不等式

$$\frac{M_k^l}{M_l^k} \geqslant \frac{[(n-l)!\ (l!)^3]^k}{[(n-k)!\ (k!)^3]^l} (n!\ M_0)^{l-k}$$

$$(1 \leqslant k < l \leqslant n, m_i \geqslant 0) \quad (4.15.1)$$

$$M_k^2 \geqslant \left(\frac{k+1}{k}\right)^3 \cdot \frac{n-k+1}{n-k} \cdot M_{k-1} M_{k+1}$$

$$(1 \leqslant k \leqslant n, m_i \text{ 可正可负}) \quad (4.15.2)$$

式中等号当且仅当 $\varphi$ 关于其质心的惯量椭球面是一个球面时成立.

如果 $\mathfrak{S}$ 不是有限质点组而是某个具有有限质量的区域，设质量分布函数为 $m(x)(x \in \mathfrak{S})$，则可定义

$$M_k = \frac{1}{k!} \iint \cdots \int m(x_0) m(x_1) \cdots m(x_k) V^2 (x_0, x_1, \cdots, x_k) \mathrm{d}x_0 \mathrm{d}x_1 \cdots \mathrm{d}x_k$$

$$M_0 = \int m(x) \mathrm{d}x$$

不等式(4.15.1)(4.15.2) 仍成立.

下面举例说明杨 — 张不等式在 $n$ 维单形方面的应用，可得到形形色色的几何不等式.

在(4.15.1) 中取 $l = n, k = n-1, N = n, m_i = \lambda_i V_i^2 > 0$，$V_i$ 是 $n$ 维单形 $A_0 A_1 \cdots A_n$ 中顶点 $A_i$ 所对的“侧面”的 $n-1$ 维体积，则有

$$\prod_{i=0}^{n}\lambda_i V_i^s\left(\sum_{j=0}^{n}\frac{1}{\lambda_j}V_j^{2-s}\right)^n \geqslant \frac{n^{3n}}{n!^2}V^{2(n-1)}\sum_{i=0}^{n}\lambda_i V_i^s$$

(4. 15. 3)

在(4. 15. 3) 中取 $\lambda_i = 1, s = 2$,得①

$$V^{2(n-1)} \leqslant \frac{(n+1)^n (n!)^2 \prod V_i^2}{n^{3n}\sum V_i^2} \quad (4. 15. 4)$$

$$V^{2(n-1)} \leqslant \frac{(n+1)^{n-1}(n!)^2}{n^{3n}} \cdot \prod_{i=0}^{n} V_i^{\frac{2n}{n+1}}$$

(4. 15. 5)

当且仅当单形为正则单形时式中等号成立.

运用 Bartoš(巴尔托斯) 有关单形的体积公式

$$V = \frac{1}{n}\left[(n-1)!V_0 V_1 \cdots V_{i-1}V_{i+1}\cdots V_n \sin A_i^{(n)}\right]^{\frac{1}{n-1}}$$

而将

$$V_i = \frac{(n-1)!\prod V_j}{(nV)^{n-1}}\sin A_j^{(n)}$$

代入式(4. 15. 3) 右端可得有关单形顶点角 $A_i^{(n)}$ 的不等式

$$\sum_{i=0}^{n}\lambda_i \sin^s A_i^{(n)} \leqslant \frac{(n!)^{2-s}\left(\prod \lambda_i\right)\left(\sum V_j^{2-s}/\lambda_j\right)^n}{n^{(3-s)n}V^{(2-s)(n-1)}}$$

(4. 15. 6)

式中 $\lambda_i$ 为正实数.

① 张景中,杨路. 关于质点组的一类几何不等式,中国科学技术大学学报,1981,11(2):1 - 8.

特别地,在式(4.15.6)中取 $\lambda_i=1,S=2$,得①

$$\sum_{i=0}^{n}\sin^2 A_i^{(n)}\leqslant\left(1+\frac{1}{n}\right)^n \qquad (4.15.7)$$

式中等号成立的充要条件是单形为正则的.

式(4.15.7)是蒋星耀于1987年证明的,由它亦可得式(4.15.4)(4.15.5).由式(4.15.5)运用数学归纳法易证有关单形的棱长 $\rho_{ij}$ 与体积 $V$ 的不等式

$$n!V\leqslant\left(\frac{n+1}{2^n}\right)^{\frac{1}{2}}\prod_{0\leqslant i<j\leqslant n}\rho_{ij}^{\frac{2}{n+1}} \qquad (4.15.8)$$

式中等号当且仅当单形为正则时成立.

式(4.15.8)是1970年D. Veljan提出的猜测,1974年被Korchmaros证实.此式亦可由单形的外接球半径的公式

$$R^2=\frac{\left|\det\left(-\frac{1}{2}\rho_{ij}^2\right)\right|}{(n!V)^2}$$

以及不等式

$$\sum_{i<j}m_im_j\rho_{ij}^2\leqslant\left(\sum_0^n m_i\right)^2R^2 \qquad (4.15.9)$$

式中等号成立的充要条件是单形的外心 $O$ 与其质心 $G=\frac{\sum_0^n m_iA_i}{\sum_0^n m_j}$ 重合.并运用不等式②

---

① 蒋星耀.关于高维单形顶点角的不等式,数学年刊,1987,8(A):668-670.

② 杨路,张景中.一个代数定理的几何证明.中国科学技术大学学报,1981,11(4):127-130.

$$\left|\det\left(-\frac{1}{2}\rho_{ij}^{2}\right)\right| \leqslant \frac{n}{2^{n+1}}\prod_{i<j}\rho_{ij}^{\frac{4}{n}} \quad (4.15.10)$$

式中等号成立的充要条件是所有的 $\rho_{ij}/\rho_{0i}\rho_{0j}(i \neq j, i, j=1,2,\cdots,n)$ 都相等. 从而可以得到较式(4.15.8)更强的不等式

$$(n!V)^{2} \leqslant \frac{\frac{n+1}{2^{n}}\prod_{i<j}\rho_{ij}^{\frac{4}{n}}\cdot C_{n+1}^{2}}{\sum_{i<j}\rho_{ij}^{2}} \quad (4.15.11)$$

又在(4.15.1)中取 $l=n-1, k=1$,则有

$$\left(\sum_{i<j}m_{i}m_{j}\rho_{ij}^{2}\right)^{n-1}$$

$$\geqslant (n-1)!^{2}n^{n-2}\left(\sum_{0}^{n}m_{i}\right)^{n-2}\left(\sum_{0}^{n}\frac{1}{m_{i}}V_{i}^{2}\right)^{n-2}\prod_{0}^{n}m_{i}$$

将高维正弦公式

$$\frac{V_{i}}{\sin A_{i}}=\frac{(2R)^{n-1}}{(n-1)!}$$

设单形的内切球半径为 $r$,侧面 $f_i$ 上的高线长为 $h_i$,将关系

$$r\sum_{i=0}^{n}V_{i}=nV, V_{i}h_{i}=nV$$

分别代入式(4.15.5),可依次得①

$$r \leqslant \left[\frac{n!^{2}}{n^{n}(n+1)^{n+1}}\right]^{\frac{1}{2n}}V^{\frac{1}{n}} \quad (4.15.12)$$

$$V \geqslant \frac{1}{n!}\left[\frac{n^{n}}{(n+1)^{n-1}}\right]^{\frac{1}{2}}\prod_{i=0}^{n}h_{i}^{\frac{n}{n+1}} \quad (4.15.13)$$

---

① 张景中,杨路. 关于质点组的一类几何不等式,中国科学技术大学学报,1981,11(2):1-8.

式中等号当且仅当单形为正则时成立.

若在不等式(4.15.2)中取$n=2,N=3$,$\triangle A_0A_1A_2$的三条边长$a,b,c$,其面积为$\Delta$,则对于任意实数$\lambda,\mu,\gamma$,有

$$(\lambda a^2+\mu b^2+\gamma c^2)^2\geqslant 16(\lambda\mu+\mu\gamma+\gamma\lambda)\Delta^2 \tag{4.15.14}$$

因此,得 Pedoe 不等式

$$a^2(-a_1^2+b_1^2+c_1^2)+b^2(a_1^2-b_1^2+c_1^2)+c^2(a_1^2+b_1^2-c_1^2)\geqslant 16\Delta\Delta_1$$

设单形$\{A_i(m_i),i=0,1,\cdots,n\}$的任意两个顶点$A_i,A_j$所对侧面$f_i$与$f_j$所夹的内二面角为$\theta_{ij}$,$f_i\cap f_j$为$\{A_i\}$的$n-2$维子单形,其$n-2$维体积为$V_{ij}$.在不等式(4.15.2)中取$k=n-1$,得

$$\left(\sum_{i=0}^{n}m_i^{-1}V_i^2\right)^2\geqslant 2\left(\frac{n}{n-1}\right)^3V^2\sum_{i<j}m_i^{-1}m_j^{-1}V_{ij}^2$$

再取$m_i^{-1}=x_iV_i^{-2}$,将公式

$$\sin\theta_{ij}=\frac{nVV_{ij}}{(n-1)V_iV_j}$$

代入,得

$$\sum_{i<j}x_ix_j\sin^2\theta_{ij}\leqslant\frac{n-1}{2n}\left(\sum x_i\right)^2 \tag{4.15.15}$$

设单形$A_i$内一点$M$到侧面$f_i$的距离为$r_i$,则

$$\sum_{i=0}^{n}V_ir_i=nV$$

在式(4.15.3)中取$s=1,\lambda_i=r_i^{-1}$,得

$$V^2\geqslant\frac{n^n}{n!^2}(nV)^n\prod_{i=0}^{n}(r_iV_i^{-1})\sum_{j=0}^{n}V_j/r_j$$

其中

$$\sin^2 A_i = -\begin{vmatrix} 0 & \cdots\cdots\cdots\cdots 1 \\ 1 & \\ \vdots & -\frac{1}{2}\sin^2\frac{1}{2}\angle A_j O A_k \\ 1 & \end{vmatrix}$$

$(0 \leqslant i,j,k \leqslant n, j,k \neq i)$（$O$ 为 $\{A_i\}$ 的外心）
以及式(4.15.9)代入可得类似式(4.15.7)的不等式

$$\sum \frac{1}{m_i}\sin^2 A_i \leqslant \left(\sum_0^n m_i\right)^n \Big/ 4(4n)^{n-2}\prod_0^n m_i \tag{4.15.7'}$$

运用Maclaurin不等式和Cauchy不等式，分别有

$$\left(\frac{nV}{n+1}\right)^n = \left(\frac{\sum V_i r_i}{n+1}\right)^n \geqslant \frac{\prod V_r r_i \sum \frac{1}{V_i r_i}}{(n+1)}$$

$$\sum \frac{1}{V_i r_i}\sum \frac{V_j}{r_j} \geqslant \left(\sum \frac{1}{r_i}\right)^2$$

故有①

$$V \geqslant \frac{n^{\frac{n}{2}}(n+1)^{\frac{n-1}{2}}}{n!}\prod_{i=0}^n r_i \sum_{j=0}^n \frac{1}{r_j} \tag{4.15.16}$$

当 $r_0 = r_1 = \cdots = r_n$（点 $M$ 为单形的内心）时，即得式(4.15.12).

在上述16个不等式的基础上，还可以导出许多不等式. 杨—张不等式先由杨路、张景中提出②，后经他

① 苏化明. 关于单形的三角不等式. 数学研究与评论，1993，13(4)：599－604.

② 杨路，张景中. 关于有限点集的一类几何不等式. 数学学报，1980，23(5)：740－749.

们加以推广①,其全部推导过程被 D. S. Mitrinovic 译成英文载入其专著《几何不等式的新进展》(Recent advances in geometric inequalities,1989).

## 4.16 Oppenheim 不等式推广的简单证明②

A. Oppenheim 曾建立了如下的结果③④:设 $\triangle A_iB_iC_i$ 的三边长、面积、外接圆半径分别为 $a_i,b_i,c_i,\Delta_i,R_i,i=1,2$. 则以

$$\sqrt{a_1^2+a_2^2}=a,\sqrt{b_1^2+b_2^2}=b,\sqrt{c_1^2+c_2^2}=c$$

为边长的 $\triangle ABC$ 的面积 $\Delta$ 与外接圆半径 $R$ 分别满足

$$\Delta \geqslant \Delta_1+\Delta_2 \tag{4.16.1}$$

和

$$R^2 \leqslant R_1^2+R_2^2 \tag{4.16.2}$$

1974 年,A. Oppenheim 把(4.16.1)推广到圆内接凸 $n$ 边形;1981 年,杨路与张景中把(4.16.1)和(4.16.2)推广到 $n$ 维空间的单形.

---

① 张景中,杨路. 关于质点组的一类几何不等式,中国科学技术大学学报,1981,11(2):1-8.

② 该节内容发表在《数学研究与评论》1996 年第 1 期.

③ OPPENHEIM A. Problem 5092, Amer. Math. Monthly, 1963,70:444.

④ OPPENHEIM A. Inequalities involving elements of triangles, quadrilaterals or tetrahedra, Univ. Beograd. Publ. Elektrotehn. Fak. Ser. Fiz., No. 461-497(1974),257-263.

时任中国科学院武汉数理所的王振研究员和宁波大学应用数学系的陈计教授分别给出上述三个推广的简单证明.

**1. 不等式(4.16.1)的多边形推广**

**引理 1**① 设平面凸 $n$ 边形 $A_1A_2\cdots A_n$ 的面积为 $F$,各边长 $A_1A_2=a_1,A_2A_3=a_2,\cdots,A_nA_1=a_n$;再设实数 $\alpha_1,\alpha_2,\cdots,\alpha_n\in(0,\pi)$,且 $\alpha_1+\alpha_2+\cdots+\alpha_n=\pi$,则

$$a_1^2\cot\alpha_1+a_2^2\cot\alpha_2+\cdots+a_n^2\cot\alpha_n\geqslant 4F \tag{4.16.3}$$

当且仅当此 $n$ 边形内接于圆时等号成立,且

$$\frac{a_1}{\sin\alpha_1}=\frac{a_2}{\sin\alpha_2}=\cdots=\frac{a_n}{\sin\alpha_n}=2R$$

$R$ 为圆半径.

**定理 1**② 设 $a_1,a_2,\cdots,a_n,F_1$ 和 $b_1,b_2,\cdots,b_n,F_2$ 分别是凸 $n$ 边形 $A_1A_2\cdots A_n$ 和 $B_1B_2\cdots B_n$ 的边长和面积. 则以

$$\sqrt{a_1^2+b_1^2}=c_1,\sqrt{a_2^2+b_2^2}=c_2,\cdots,\sqrt{a_n^2+b_n^2}=c_n$$

为边长的圆内接 $n$ 边形 $C_1C_2\cdots C_n$ 的面积 $F$ 满足不等式

$$F\geqslant F_1+F_2 \tag{4.16.4}$$

当且仅当 $A_1A_2\cdots A_n$ 和 $B_1B_2\cdots B_n$ 是相似的圆内接凸 $n$ 边形时等号成立.

**证明** 将不等式(4.16.3)分别用于凸 $n$ 边形

---

① 杨学枝. 问题 43 的评注(IV). 数学通讯,1991(6):41.

② OPPENHEIM A. Problem 5092, Amer. Math. Monthly, 1963,70:444.

$A_1A_2\cdots A_n$ 和 $B_1B_2\cdots B_n$，得

$$a_1^2\cot\alpha_1+a_2^2\cot\alpha_2+\cdots+\alpha_n^2\cot\alpha_n\geqslant 4F_1$$

和

$$b_1^2\cot\alpha_1+b_2^2\cot\alpha_2+\cdots+b_n^2\cot\alpha_n\geqslant 4F_2$$

现将上面两式的两边分别相加，得

$$c_1^2\cot\alpha_1+c_2^2\cot\alpha_2+\cdots+c_n^2\cot\alpha_n\geqslant 4(F_1+F_2) \tag{4.16.5}$$

再令

$$\sin\alpha_i=\frac{c_i}{2R}\quad (i=1,2,\cdots,n)$$

其中 $R$ 为凸 $n$ 边形 $C_1C_2\cdots C_n$ 的外接圆半径，则(4.16.5)的左边 $=4F$，所以

$$F\geqslant F_1+F_2$$

当且仅当 $A_1A_2\cdots A_n$ 与 $B_1B_2\cdots B_n$ 为相似的圆内接凸 $n$ 边形时等号成立.

**2. 不等式(4.16.1)的高维推广**

**引理 2**① 若 $B,C$ 是 $n$ 维单形，$V(B)$，$V(C)$ 分别表示 $B,C$ 的体积. 设 $A$ 的顶点是 $A_1,A_2,\cdots,A_{n+1}$；$B$ 的顶点是 $B_1,B_2,\cdots,B_{n+1}$，且 $b_{ij}=|\overline{B_iB_j}|$，$C_{ij}=|\overline{C_iC_j}|$，用 $S_i$ 来表示 $(C_1,C_2,\cdots,C_{n+1})/C_i$ 所成的 $n-1$ 维单形的面积，$\theta_{ij}$ 表示 $S_i$ 与 $S_j$ 的夹角，则有不等式

$$\sum_{i<j}b_{ij}^2S_iS_j\cos\theta_{ij}\geqslant n^3V(B)^{\frac{2}{n}}V(C)^{2-\frac{2}{n}} \tag{4.16.6}$$

① 杨路，张景中. Neuberg-Pedoe 不等式的高维推广及其应用. 数学学报，1981(3)：401－402.

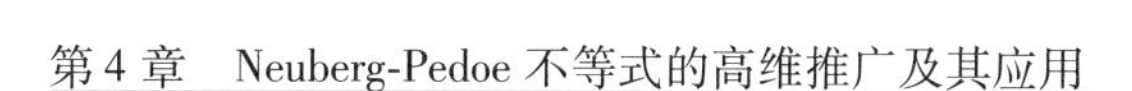



当且仅当两个单形对应相似时等号成立.

**定理 2**①　设 $n$ 维单形 $A$ 与 $B$ 的棱长及体积分别为 $a_{ij}, V(A)$ 与 $b_{ij}, V(B)$，$1 \leqslant i < j \leqslant n+1$. 则以

$$\sqrt{a_{ij}^2 + b_{ij}^2} = c_{ij} \quad (1 \leqslant i < j \leqslant n+1)$$

为棱长的 $n$ 维单形 $C_1C_2\cdots C_{n+1}$ 的体积 $V(C)$ 满足不等式

$$V(C)^{\frac{2}{n}} \geqslant V(A)^{\frac{2}{n}} + V(B)^{\frac{2}{n}} \tag{4.16.7}$$

当且仅当单形 $A$ 与 $B$ 对应相似时等号成立.

**证明**　将单形 $A$ 代替引理 2 中的 $B$，得

$$\sum_{i<j} a_{ij}^2 S_i S_j \cos\theta_{ij} \geqslant n^3 V(A)^{\frac{2}{n}} V(C)^{2-\frac{2}{n}} \tag{4.16.8}$$

将(4.16.8)与(4.16.6)相加，得

$$\begin{aligned} & n^3 V(C)^{2-\frac{2}{n}}[V(A)^{\frac{2}{n}} + V(B)^{\frac{2}{n}}] \\ \leqslant & \sum_{i<j} C_{ij}^2 S_i S_j \cos\theta_{ij} \\ = & n^3 V(C)^2 \end{aligned} \tag{4.16.9}$$

两边同除 $n^3 V(C)^{2-\frac{2}{n}}$，即得

$$V(A)^{\frac{2}{n}} + V(B)^{\frac{2}{n}} \leqslant V(C)^{\frac{2}{n}}$$

当且仅当 $A \backsim C$ 且 $B \backsim C$ 时等号成立，即 $A \backsim B$.

**3. 不等式(4.16.2)的高维推广**

**引理 3**②　设 $n$ 维单形 $P$ 的外接球半径及棱长分

---

① 杨路，张景中. 关于 Alexander 的一个猜想. 科学通报，1981(1)：1－3.

② KLAMKIN M S. An identity for simplexes and related inequalities. Simon Stevin，1974(48)：57－64.

别为 $R$ 和 $\rho_{ij}(1\leqslant i<j\leqslant n+1)$,则对满足

$$\lambda_1+\lambda_2+\cdots+\lambda_{n+1}=1$$

的实数 $\lambda_i(i=1,2,\cdots,n+1)$有

$$R^2=\operatorname*{Max}_{\sum\lambda_i=1}\left(\sum_{i<j}\lambda_i\lambda_j\rho_{ij}^2\right)\qquad(4.16.10)$$

**定理 3**① 设三个 $n$ 维单形 $A,B,C$ 的定义同定理2;用 $R_1,R_2,R$ 分别表示它们外接球的半径,则有

$$R^2\leqslant R_1^2+R_2^2\qquad(4.16.11)$$

**证明** 将(4.16.10)分别用于单形 $A$ 和 $B$,得

$$R_1^2\geqslant\sum_{i<j}\lambda_i\lambda_j a_{ij}^2$$

及

$$R_2^2\geqslant\sum_{i<j}\lambda_i\lambda_j b_{ij}^2$$

两式相加,得

$$R_1^2+R_2^2\geqslant\sum_{i<j}\lambda_i\lambda_j(a_{ij}^2+b_{ij}^2)=\sum_{i<j}\lambda_i\lambda_j c_{ij}^2\qquad(4.16.12)$$

所以

$$R_1^2+R_2^2\geqslant\operatorname*{Max}_{\sum\lambda_i=1}\left(\sum_{i<j}\lambda_i\lambda_j c_{ij}^2\right)=R^2$$

证毕.

① 杨路,张景中.高维度量几何的两个不等式.成都科技大学学报,1981(4):63-70.

# Finsler-Hadwiger 不等式的空间推广①

附录

本附录将给出 Finsler-Hadwiger 不等式的空间推广,需要以下几个引理.

**引理1** 在表面积相同的所有四面体中,以正四面体体积最大②.

**引理2** Finsler - Hadwiger 不等式

设 $a,b,c$ 分别表示 $\triangle ABC$ 的三边长,$\Delta$ 表 $\triangle ABC$ 的面积,则

$$a^2+b^2+c^2-(a-b)^2-(b-c)^2-(c-a)^2\geqslant 4\sqrt{3}\Delta$$

当且仅当 $a=b=c$ 时等号成立③.

---

① 来自微信公众号"许康华竞赛优学".

② 苏化明. 一个四面体问题的矩阵证明. 曲阜师范大学学报(自然科学版),1987(3):101 - 106.

③ 匡继昌. 常用不等式. 济南:山东科学技术出版社,2004.

**引理 3** 如果正四面体棱长为 $a$,则其体积 $V=\frac{\sqrt{2}}{12}a^3$.

由上述引理我们可以得到:

**定理 1** 如图 1,四面体 $A-BCD$ 中,设 $\triangle ABC$, $\triangle ACD$, $\triangle ABD$, $\triangle BCD$ 的面积分别为 $S_1,S_2,S_3,S_4$,棱 $AB,AC,AD,BD,BC,CD$ 的长分别为 $a,b,c,d,e,f$,体积为 $V$,则

$$(a^2+b^2+c^2+d^2+e^2+f^2)-$$
$$\frac{1}{2}[(a-b)^2+(b-e)^2+(a-e)^2+(b-c)^2+$$
$$(c-f)^2+(b-f)^2+(a-c)^2+(c-d)^2+(a-d)^2+$$
$$(d-e)^2+(e-f)^2+(d-f)^2]\geqslant 12\sqrt[3]{9V^2}$$

当且仅当四面体为正时等号成立.

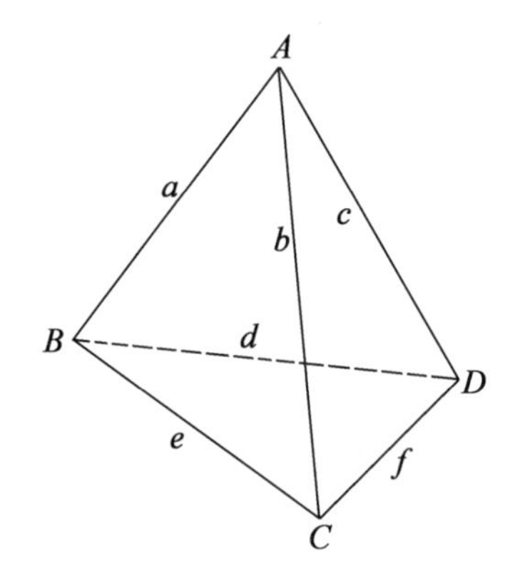


图 1

**证明** 设四面体 $A-BCD$ 中, $\triangle ABC$, $\triangle ACD$, $\triangle ABD$, $\triangle BCD$ 的面积分别为 $S_1,S_2,S_3,S_4$,棱 $AB,AC$,

$AD,BD,BC,CD$ 的长分别为 $a,b,c,d,e,f$，体积为 $V$，则与四面体 $A-BCD$ 表面积相同的正四面体每个面积为 $\frac{S_1+S_2+S_3+S_4}{4}$，每条棱长为

$$\sqrt{\frac{\sqrt{3}}{3}(S_1+S_2+S_3+S_4)}$$

由引理 3 可得正四面体体积

$$\frac{\sqrt{2\sqrt{3}}}{36}(S_1+S_2+S_3+S_4)^{\frac{3}{2}}$$

由引理 1 可得

$$V\leqslant\frac{\sqrt{2\sqrt{3}}}{36}(S_1+S_2+S_3+S_4)^{\frac{3}{2}}$$

即

$$S_1+S_2+S_3+S_4\geqslant 6\times 3^{\frac{1}{6}}\times V^{\frac{3}{2}}$$

由引理 2 可得

$$a^2+b^2+e^2-(a-b)^2-(b-e)^2-(a-e)^2\geqslant 4\sqrt{3}S_1$$

$$b^2+c^2+f^2-(b-c)^2-(c-f)^2-(b-f)^2\geqslant 4\sqrt{3}S_2$$

$$a^2+c^2+d^2-(a-c)^2-(c-d)^2-(a-d)^2\geqslant 4\sqrt{3}S_3$$

$$d^2+e^2+f^2-(d-e)^2-(e-f)^2-(d-f)^2\geqslant 4\sqrt{3}S_4$$

将上面四式相加得

$$\begin{aligned}&2(a^2+b^2+c^2+d^2+e^2+f^2)-\\&[(a-b)^2+(b-e)^2+(a-e)^2+(b-c)^2+(c-f)^2+\\&(b-f)^2+(a-c)^2+(c-d)^2+(a-d)^2+(d-e)^2+\\&(e-f)^2+(d-f)^2]\\\geqslant&4\sqrt{3}(S_1+S_2+S_3+S_4)\end{aligned}$$

又 $S_1+S_2+S_3+S_4\geqslant 6\times 3^{\frac{1}{6}}\times V^{\frac{2}{3}}$所以

$$(a^2+b^2+c^2+d^2+e^2+f^2)-$$
$$\frac{1}{2}[(a-b)^2+(b-e)^2+(a-e)^2+(b-c)^2+(c-f)^2+$$
$$(b-f)^2+(a-c)^2+(c-d)^2+(a-d)^2+(d-e)^2+$$
$$(e-f)^2+(d-f)^2]\geqslant 12\sqrt[3]{9V^2}$$

当且仅当四面体为正四面体时等号成立,命题得证.